CHULIANG HAICHONG
ZONGHE ZHILI JISHU YANJIU

储粮害虫综合治理技术研究

唐培安　吴学友　等著

化学工业出版社

·北京·

内容简介

《储粮害虫综合治理技术研究》系统讲述了我国主要储粮害虫磷化氢抗性评估、储粮害虫抗逆分子机理、储粮害虫绿色防控和磷化氢替代技术等最新研究成果，是作者团队在粮食储藏环节防虫治虫科学研究与实践的积累成果，开展储粮害虫的防控研究对保障我国粮食安全具有重大意义。

本书可作为粮食储藏、农产品加工及储藏工程专业研究生的教材，也可作为粮食工程专业高年级本科生学科前沿补充教材，也可作为从事粮食仓储、加工领域的工程师、技术人员的工具参考书。

图书在版编目（CIP）数据

储粮害虫综合治理技术研究 / 唐培安等著. —北京：化学工业出版社，2024.1
ISBN 978-7-122-44594-0

Ⅰ.①储… Ⅱ.①唐… Ⅲ.①粮食储备-仓库害虫-防治-研究 Ⅳ.①S379.5

中国国家版本馆 CIP 数据核字（2023）第 243342 号

责任编辑：李建丽　　　　　　　　　　文字编辑：朱雪蕊
责任校对：宋　玮　　　　　　　　　　装帧设计：韩　飞

出版发行：化学工业出版社（北京市东城区青年湖南街 13 号　邮政编码 100011）
印　　装：大厂回族自治县聚鑫印刷有限责任公司
710mm×1000mm　1/16　印张 18¼　彩插 1　字数 304 千字
2025 年 1 月北京第 1 版第 1 次印刷

购书咨询：010-64518888　　　　　　　售后服务：010-64518899
网　　址：http://www.cip.com.cn
凡购买本书，如有缺损质量问题，本社销售中心负责调换。

定　价：95.00 元　　　　　　　　　　　　　　　　版权所有　违者必究

前言
Preface

粮食安全是治国安邦的头等大事。我国粮食需求刚性增长，资源环境约束日益趋紧，如何"把中国人的饭碗牢牢端在自己手中"，是新时代中国面临的重大挑战。尽管每年国家和地方政府在保证粮食仓储方面花费高达数百亿元，但仍有大量粮食因技术缺乏、管理不当等诸多问题而造成损失。据相关部门统计，我国每年在仓储环节粮食损失高达200多亿斤，其中一半以上的储粮损失是由储粮害虫造成的。因此，开展储粮害虫防控研究对保障我国粮食安全具有重大意义。

本书是南京财经大学粮食储运工程与技术团队在粮食储藏环节防虫治虫科学研究与实践方面17年成果的积累，书中包含了大量的科学研究数据和图片资料，为储粮害虫生物学、触角感受器解析、新型检测技术、新型防治技术、分子生物学、磷化氢分子机制解析以及未来基因药剂应用前景与挑战等方面的研究提供了丰富的理论基础，并有大量基础实验数据支撑。

本著作由江苏省粮食储运工程与技术创新团队带头人唐培安和吴学友主笔，南京财经大学粮食储运工程与技术团队已毕业硕士研究生侯晓燕、薛昊、吴海晶、段锦艳、姜俊伊、李非凡、王亚洲、刘蔓文、孙为伟、陈锐、孟宏杰、程宏、沈旭等开展的科学实验为本书提供了大量原始实验数据和图片，在读硕士研究生孙德宏、严言、杨宁、范雨逍、袁国庆、陈梦秋、陈微等在书稿整理过程中提供了帮助。在此，一并表示感谢。

著者

目录

contents

绪论 ··· **001**
　参考文献 ·· 004

第一章　储粮害虫生物学 ·· **009**
　1.1　温度对无色书虱生长发育和繁殖的影响 ··· 009
　　1.1.1　温度对无色书虱生长发育的影响 ··· 009
　　1.1.2　温度对无色书虱繁殖力和生命参数的影响 ··································· 014
　　1.1.3　小结 ·· 025
　1.2　温度对印度谷螟生长发育和繁殖的影响 ··· 027
　　1.2.1　温度对印度谷螟生长发育的影响 ··· 027
　　1.2.2　温度对印度谷螟繁殖力和生命参数的影响 ··································· 032
　　1.2.3　小结 ·· 038
　参考文献 ·· 039

第二章　储粮害虫感受器的解析 ·· **043**
　2.1　锈赤扁谷盗触角感器的扫描电镜观察 ··· 043
　　2.1.1　触角的一般形态 ·· 043
　　2.1.2　触角感器类型和分布 ·· 044
　　2.1.3　雌、雄虫触角感器比较 ··· 047
　　2.1.4　小结 ·· 047
　2.2　杂拟谷盗触角感器的扫描电镜观察 ··· 048
　　2.2.1　触角的一般形态 ·· 048
　　2.2.2　触角感器的种类、形态和分布 ·· 049
　　2.2.3　雌、雄虫触角感器比较 ··· 054
　　2.2.4　小结 ·· 055

2.3 米象触角感器的扫描电镜观察 …………………………………… 057
    2.3.1 触角的一般特征 ……………………………………………… 058
    2.3.2 触角感器种类、形态和分布 ………………………………… 058
    2.3.3 雌雄虫触角及感器比较 ……………………………………… 062
    2.3.4 小结 …………………………………………………………… 065
  2.4 长角扁谷盗触角感器的扫描电镜观察 …………………………… 067
    2.4.1 触角的一般形态 ……………………………………………… 067
    2.4.2 触角感器类型、形态、分布与数量 ………………………… 068
    2.4.3 雌、雄虫触角感器比较 ……………………………………… 070
    2.4.4 小结 …………………………………………………………… 071
  参考文献 ………………………………………………………………… 072

第三章 电子鼻检测玉米象不同虫态的技术研究 …………………… 077
  3.1 不同密度的玉米象成虫电子鼻检测 ……………………………… 078
  3.2 玉米象不同虫态的电子鼻检测 …………………………………… 080
  3.3 玉米象混合虫态的电子鼻检测 …………………………………… 082
  3.4 小结 ………………………………………………………………… 083
  参考文献 ………………………………………………………………… 084

第四章 储粮害虫基因定量技术的建立及研究 ……………………… 087
  4.1 印度谷螟线粒体基因组测定及螟蛾总科系统发育分析 ………… 087
    4.1.1 印度谷螟线粒体基因组的特征 ……………………………… 087
    4.1.2 印度谷螟线粒体编码基因及其调控 ………………………… 091
    4.1.3 系统发育分析 ………………………………………………… 096
    4.1.4 小结 …………………………………………………………… 098
  4.2 印度谷螟实时荧光定量 PCR 中内参基因的选择 ………………… 098
    4.2.1 实时荧光定量 PCR 分析中基因的表达水平及引物扩增效率 … 098
    4.2.2 基因稳定性分析 ……………………………………………… 100
    4.2.3 讨论 …………………………………………………………… 103
  4.3 嗜卷书虱 AChE 基因克隆及表达研究 …………………………… 105
    4.3.1 嗜卷书虱 AChE 基因克隆 …………………………………… 105
    4.3.2 嗜卷书虱 AChE 基因表达研究 ……………………………… 110

  4.3.3 小结 …………………………………………………………… 112
 4.4 嗜卷书虱 CarE 基因克隆及表达研究 ………………………………… 113
  4.4.1 嗜卷书虱 CarE 基因克隆 …………………………………… 113
  4.4.2 嗜卷书虱 CarE 基因表达研究 ……………………………… 121
  4.4.3 小结 …………………………………………………………… 122
 4.5 嗜卷书虱 nAChR 基因克隆及其 mRNA 表达水平研究 …………… 124
  4.5.1 嗜卷书虱 nAChR 基因克隆 ………………………………… 124
  4.5.2 嗜卷书虱 nAChR 基因表达研究 …………………………… 131
  4.5.3 小结 …………………………………………………………… 132
 4.6 嗜虫书虱 AChE 基因克隆表达研究 ………………………………… 133
  4.6.1 嗜虫书虱 AChE 基因克隆 …………………………………… 133
  4.6.2 嗜虫书虱 AChE 基因表达研究 ……………………………… 141
  4.6.3 小结 …………………………………………………………… 141
参考文献 ……………………………………………………………………… 142

第五章　储粮害虫磷化氢抗性监测及其分子机制 …………………… **147**

 5.1 我国主要害虫磷化氢抗性水平测定及分析 ………………………… 147
  5.1.1 我国主要储粮害虫的磷化氢抗性监测 …………………… 147
  5.1.2 赤拟谷盗的磷化氢抗性发展趋势分析 …………………… 149
  5.1.3 小结 …………………………………………………………… 152
 5.2 赤拟谷盗细胞色素 P450 酶活力测定及磷化氢抗性相关性
    分析 …………………………………………………………………… 153
  5.2.1 不同品系细胞色素 P450 比活力比较 ……………………… 153
  5.2.2 P450 比活力与磷化氢抗性的相关性分析结果 …………… 154
  5.2.3 小结 …………………………………………………………… 154
 5.3 赤拟谷盗 CYP345 家族基因介导磷化氢抗性的机理研究 ………… 156
  5.3.1 不同品系间 CYP345 家族表达量比较 …………………… 156
  5.3.2 磷化氢胁迫前后 CYP345 家族表达量比较 ……………… 156
  5.3.3 赤拟谷盗 CYP345A 亚家族基因的 RNA 干扰分析 ……… 158
  5.3.4 小结 …………………………………………………………… 160
 5.4 赤拟谷盗 CYP346 家族基因介导磷化氢抗性的机理研究 ………… 162
  5.4.1 CYP346 家族 5 条基因的序列分析 ………………………… 162

  5.4.2 赤拟谷盗 CYP346 家族 5 条基因的表达模式及其与磷化氢抗性关系研究 ………………………………………………… 170

  5.4.3 基于 RNAi 技术对赤拟谷盗 CYP346 家族 5 条基因的功能验证 ……………………………………………………… 176

5.5 赤拟谷盗表皮相关基因介导磷化氢抗性研究 ………………………… 182

  5.5.1 赤拟谷盗表皮蛋白相关基因生物信息学分析 …………… 182

  5.5.2 赤拟谷盗表皮蛋白相关基因的发育和组织表达模式分析 … 186

  5.5.3 赤拟谷盗表皮蛋白相关基因在不同抗性种群及磷化氢胁迫后的表达模式 ……………………………………… 191

  5.5.4 基因沉默对赤拟谷盗磷化氢敏感性的影响 ……………… 194

5.6 尿苷二磷酸-葡糖醛酸转移酶基因与赤拟谷盗磷化氢抗性关系研究 ……………………………………………………………… 197

  5.6.1 *UGT2B7* 和 *UGT2C1* 基因不同发育阶段表达模式 …… 197

  5.6.2 *UGT2B7* 和 *UGT2C1* 基因在敏感品系和抗性品系中的表达模式 ……………………………………………… 198

  5.6.3 *UGT2B7* 和 *UGT2C1* 基因在磷化氢胁迫下的表达模式 … 198

  5.6.4 *UGT2B7* 和 *UGT2C1* 基因沉默对赤拟谷盗 PH_3 敏感性的影响 ………………………………………………………… 200

  5.6.5 小结 ……………………………………………………… 200

参考文献 …………………………………………………………………… 202

第六章 新型储粮害虫熏蒸剂——甲酸乙酯 …………………… **207**

6.1 甲酸乙酯对锯谷盗的熏蒸活性研究 ……………………………… 207

  6.1.1 熏蒸时间对甲酸乙酯熏蒸活性的影响 …………………… 207

  6.1.2 处理温度对甲酸乙酯熏蒸活性的影响 …………………… 208

  6.1.3 甲酸乙酯对锯谷盗成虫致死中浓度的测定 ……………… 208

  6.1.4 甲酸乙酯对不同储粮害虫致死中浓度的比较 …………… 209

  6.1.5 小结 ……………………………………………………… 209

6.2 甲酸乙酯对赤拟谷盗不同虫态的熏蒸活性研究 ………………… 210

  6.2.1 熏蒸时间对甲酸乙酯熏蒸活性的影响 …………………… 210

  6.2.2 处理温度对甲酸乙酯熏蒸活性的影响 …………………… 211

  6.2.3 甲酸乙酯对赤拟谷盗成虫致死中浓度的测定 …………… 212

  6.2.4 甲酸乙酯对赤拟谷盗未成熟期各虫态熏蒸活性比较 ……… 212
  6.2.5 小结 …………………………………………………… 214
6.3 甲酸乙酯对米象不同虫态的熏蒸作用 …………………………… 214
  6.3.1 浓度及熏蒸时间对甲酸乙酯熏蒸活性的影响 ………… 214
  6.3.2 处理温度对甲酸乙酯熏蒸效果的影响 ………………… 215
  6.3.3 甲酸乙酯对米象成虫致死中浓度的测定 ……………… 216
  6.3.4 甲酸乙酯对未成熟期各虫态熏蒸活性比较 …………… 217
  6.3.5 小结 …………………………………………………… 218
6.4 氮气与甲酸乙酯混合熏蒸对锯谷盗的毒力研究 ………………… 218
  6.4.1 氮气和甲酸乙酯浓度对熏蒸毒力的影响 ……………… 218
  6.4.2 熏蒸时间对氮气和甲酸乙酯混合熏蒸的影响 ………… 219
  6.4.3 温度对氮气和甲酸乙酯混合熏蒸毒力的影响 ………… 220
  6.4.4 小结 …………………………………………………… 222
6.5 甲酸乙酯与氮气混合熏蒸对赤拟谷盗的毒力研究 ……………… 222
  6.5.1 氮气浓度对甲酸乙酯熏蒸效果的影响 ………………… 222
  6.5.2 熏蒸时间对氮气和甲酸乙酯混合熏蒸效果的影响 …… 223
  6.5.3 温度对氮气和甲酸乙酯混合熏蒸效果的影响 ………… 224
  6.5.4 不同氮气浓度下甲酸乙酯对赤拟谷盗成虫致死中浓度
     LC_{50}的测定 ………………………………………… 225
  6.5.5 小结 …………………………………………………… 226
6.6 模拟仓中甲酸乙酯对4种储粮害虫的熏蒸活性研究 …………… 227
  6.6.1 小麦仓中甲酸乙酯对4种害虫的熏蒸活性 …………… 227
  6.6.2 玉米仓中甲酸乙酯对4种害虫的熏蒸活性 …………… 227
  6.6.3 稻谷仓中甲酸乙酯对4种害虫的熏蒸活性 …………… 228
  6.6.4 小结 …………………………………………………… 229
6.7 米象对甲酸乙酯的抗性风险评估 ………………………………… 229
  6.7.1 米象抗性品系的选育 …………………………………… 230
  6.7.2 米象对甲酸乙酯的抗性现实遗传力及风险评估 ……… 230
  6.7.3 小结 …………………………………………………… 232
6.8 甲酸乙酯对米象乙酰胆碱酯酶和羧酸酯酶的影响 ……………… 232
  6.8.1 甲酸乙酯对米象成虫的毒力 …………………………… 232
  6.8.2 乙酰胆碱酯酶活性 ……………………………………… 233
  6.8.3 羧酸酯酶活性 …………………………………………… 234

6.8.4　小结 ··· 236
　参考文献 ··· 236

第七章　其他储粮害虫防治技术 ································ **241**

　7.1　硅藻土 ··· 241
　　　7.1.1　硅藻土对不同储粮害虫的杀虫效果测定 ······················· 241
　　　7.1.2　硅藻土在不同粮食中对赤拟谷盗的杀虫效果测定 ··········· 243
　　　7.1.3　小结 ··· 244
　7.2　氮气气调 ··· 245
　　　7.2.1　富氮低氧条件下不同储粮害虫的致死效果 ····················· 245
　　　7.2.2　富氮低氧下不同磷化氢抗性水平的赤拟谷盗的致死效果 ··· 246
　　　7.2.3　不同温度下不同磷化氢抗性水平赤拟谷盗的死亡率 ········ 247
　　　7.2.4　小结 ··· 247
　7.3　臭氧 ·· 248
　　　7.3.1　臭氧对不同储粮害虫的毒力 ······································ 248
　　　7.3.2　臭氧对不同磷化氢抗性品系的赤拟谷盗、杂拟谷盗
　　　　　　的毒力 ··· 249
　　　7.3.3　不同品系的赤拟谷盗和杂拟谷盗经臭氧熏蒸后的行为
　　　　　　状态变化 ··· 249
　　　7.3.4　小结 ··· 251
　7.4　射频 ·· 251
　　　7.4.1　射频处理时间对小麦杀虫效果的影响 ·························· 251
　　　7.4.2　粮层厚度对小麦杀虫效果的影响 ································ 252
　　　7.4.3　极板间距对小麦杀虫效果的影响 ································ 253
　　　7.4.4　射频杀虫工艺优化及对其余4种害虫的杀灭效果 ············ 253
　　　7.4.5　射频处理对小麦成分的影响及成本预估 ······················· 254
　　　7.4.6　小结 ··· 255
　7.5　增效醚 ··· 255
　　　7.5.1　不同品系赤拟谷盗的磷化氢、敌敌畏抗性水平 ·············· 256
　　　7.5.2　PBO对细胞色素P450比活力的影响 ··························· 257
　　　7.5.3　PBO对磷化氢的增效作用 ·· 258
　　　7.5.4　小结 ··· 258

7.6 机械通风 259
    7.6.1 模拟仓及设备参数 259
    7.6.2 机械通风时间对嗜卷书虱死亡率的影响 261
    7.6.3 不同单位面积通风量对嗜卷书虱死亡率的影响 262
    7.6.4 机械通风对不同取样层嗜卷书虱死亡率的影响 263
    7.6.5 机械通风过程中温度及湿度变化对嗜卷书虱成虫的影响 264
    7.6.6 机械通风处理后粮仓小麦水分含量变化 265
    7.6.7 小结 266
参考文献 267

第八章 RNAi 在储粮害虫防治应用中的研究现状及展望 271

8.1 RNAi 在储粮害虫中的研究现状 271
    8.1.1 RNAi 应用于鞘翅目储粮害虫的可行性情况 271
    8.1.2 RNAi 应用于其他储粮害虫的可行性情况 273
8.2 影响储粮害虫 RNAi 效率的关键因素 274
    8.2.1 昆虫种类与递送方式影响 RNAi 效率 274
    8.2.2 靶标基因与 dsRNA 分子设计影响 RNAi 效率 276
8.3 提高储粮害虫 RNAi 率的有效方法 277
8.4 展望 278
参考文献 278

绪论

粮食产后储藏期间，储粮害虫的危害是造成储粮损失的主要因素之一。有关资料报道，全世界每年至少有5%的粮食被害虫为害，如果人力、物力和技术跟不上可能会达到20%～30%，我国国家粮食储备库中粮食损失约为0.2%（胡丽华 等，2007）。为了对害虫进行有效的防治，不仅要预测害虫发生的趋势、种群动态以及潜在的危害，还要评估各项防治措施和策略所得到的不同预期效果。早在1972年，联合国粮农组织就提出了建立在生态学基础上的有害生物综合治理（integrated pests management，IPM）策略。害虫的实时检测是进行综合防治的一种手段，也是IPM体系的重要组成部分。只有准确的检测，才能做到有目的的防治，把害虫种群控制在一定水平以下，既不会因害虫造成损失，也不会因盲目防治造成浪费，加重粮食和环境的污染（梁永生，1994）。粮食科技发展的一个重点任务是研制害虫传感器，实现粮堆虫害的自动化检测、智能分析和自动控制，以完善安全储粮综合治理专家决策支持系统。由此可见，研究有效的害虫在线检测技术，准确地给出害虫的种类、密度等信息，可为害虫的综合治理提供科学的决策依据，具有重要的实际应用价值（徐昉 等，2001）。

昆虫的触角是感受外界信息的主要部位，触角上着生多种感器，在觅食、择偶、交配、繁殖等活动中具有重要作用。感器是通过表皮特化形成的，是昆虫感受环境刺激的主要结构。昆虫触角感器在昆虫感受外界环境、实现信息交流方面具有重要意义。环境选择压力的变化及相互作用能够导致感器的数目及分布发生变化，其中重要的影响因素包括个体的大小、性别、食性、习性和栖境等。昆虫感器众多，不同昆虫其感器的分布、形态和功能也不同，借助扫描电镜技术，可以系统研究储粮害虫触角及感器种类、分布以及探索其功能，为储粮害虫科学防治提供重要基础理论支撑。

电子鼻系统由气体传感器阵列、信号处理单元、计算机模式识别3部分组成。气体传感器阵列是电子鼻的核心部件，它包含有多个传感器，当某种气味呈现在传感器面前时,传感器会将化学输入转换成电信号,由多个传感器对一种气味的响应便构成了传感器阵列对该气味的响应谱,当然不同的传感器对被测气体有不同的灵敏度。电子鼻是一种模拟生物嗅觉系统的现代检测方法,是利用对不同类别气体敏感的传感器阵列的响应信号和模式识别算法来识别气味的电子鼻系统,具有检测方便、快捷、客观性和重复性好以及不损伤样品的特点,在果蔬、谷物以及储粮害虫等领域得到了广泛的应用。与其它技术手段相比,电子鼻技术无需样品预处理,也不需要移动检测对象,可实现真正粮情实时监测与预警。

近年来,随着分子生物学技术的不断发展,实时荧光定量聚合酶链反应(PCR)技术在昆虫学研究中的应用越来越广泛,该技术具有灵敏度高、特异性强、准确可靠等优点,且能对模板进行精确的量化,越来越受到昆虫学家的青睐。借助实时荧光定量 PCR 技术,可以对昆虫不同品系、不同组织或不同个体间的基因表达水平进行比较研究,从分子水平上探究昆虫的生命活动过程。实时荧光定量 PCR 是一种实时监控核酸扩增的技术,在 PCR 反应体系中加入一定量的荧光基因,在扩增过程中,随着 PCR 产物的增加,荧光信号的强度也逐渐增加,利用荧光信号的变化对 PCR 全过程进行实时监控,然后使用循环阈值(cycle threshold,C_t)和标准曲线实现对初始模板浓度的定量研究分析。经大量的数据分析可知,每个模板中的 C_t 值与拷贝数的对数之间呈现线性关系,起始浓度越高,C_t 值就越低。实时荧光定量 PCR 技术凭借其高度敏感性和准确性的优点,在很多领域得以广泛运用,主要包括兽医学、植物学、昆虫学、转基因学、食品安全学和医学等多个领域,尤其在医学和昆虫学方面得到大力的推广(杨弘华 等,2016)。

磷化氢目前作为一种熏蒸剂被广泛用于粮库储粮保护,具有渗透效果好、残留低、价格便宜以及使用方便等优点,被广泛用来防治粮库储粮害虫,尤其在发展中国家使用更为广泛。我国每年大约有 90% 的储粮需要用磷化氢熏蒸,在磷化氢使用初期,其对储粮害虫的触杀效果十分明显,这对于粮库的储粮害虫防治、减少粮食损失等方面具有极其重要的意义。长期以来,磷化氢使用条件不合理,比如盲目加大磷化氢的用量、施药后熏蒸时间控制不够、粮仓密封条件差以及施药方式不科学等客观原因,导致多种主要储粮害虫对磷化氢产生了不同程度的抗性。储粮害虫对 PH_3 的抗药性,导致粮仓熏蒸失败的事件时有发生,据统计,粮库害虫防治不理想往往是储粮害虫的抗药性导致的,我国每年将近 50% 的粮库至少熏蒸两次才能达到效果,给我国的储粮防治管理技术带来巨大的挑战（曹阳 等，2003）。不仅我国的储粮害虫对磷化氢有很高的抗性，国外的粮库同样面临害虫抗药性问题，储粮害虫对于磷化氢的抗药性问题已经不容小觑。因此，深入了解储粮害虫对磷化氢的抗药性至关重要。

甲酸乙酯作为粮食熏蒸剂具有杀虫速度快、熏蒸后对粮食无不良影响、对哺乳动物低毒、对环境安全等许多优点，近年来国外已对其进行了较为全面的研究，并且其制剂产品 VAPORMATE™ 已在澳大利亚登记注册，这些都充分说明了将甲酸乙酯开发为熏蒸剂的巨大潜力。然而甲酸乙酯对不同种类害虫的防治效果不同，不同的粮食品种对甲酸乙酯的吸附能力也存在很大差异，因此在实仓应用中根据情况选择合适的药量是非常重要的。

硅藻土为天然物质，杀虫机理主要是利用其颗粒与昆虫表皮摩擦而损坏表皮蜡层从而导致昆虫失水死亡。硅藻土性质稳定，不会产生有毒化学残留或与环境中的物质发生反应，对哺乳动物毒性很低，不影响粮食的质量安全，是一种优良的天然杀虫剂，对防治储粮害虫具有广阔前景。且已有研究表明，提高环境温度、降低粮食水分或空气湿度会增强硅藻土杀虫效果。

高氮低氧技术，是指通过制氮设备制取高浓度氮气，降低环境中的氧气含量，形成高氮低氧环境，达到致死害虫或抑制害虫生长发育的技术。其机理主要是低氧致死，且国内在江苏、浙江、福建地区均有大量的应用。有学者报告了高大平房仓膜下高氮低氧气调储粮试验的情况，结果表明当仓房气密性接近气调储粮气密性要求时，再通过适当增加补气次数，可以有效抑制储粮害虫发展。研究发现，高氮低氧条件下一定量的磷化氢杀虫效果强于常量氧条件。

臭氧（O_3）是一种强氧化剂，在空气中极易被分解为氧气。臭氧具有广谱、高效的杀菌特性和对微小害虫的杀灭作用。相对于其它杀虫剂而言，臭氧无残留，杀菌快速，且在一定程度上能降解粮食表面残留的有机磷、有机氯等农药，更加环保，是一种优良的杀虫剂替代品。已有研究表明，臭氧对储粮害虫的呼吸作用等生理功能具有一定的影响，并且能在一定条件下杀死不同虫态的昆虫（Sousa et al.，2012；Isikber and Athanassiou et al.，2015；Mcdonough et al.，2011；Akbay et al.，2018）。

射频（radio frequency，RF）是一种高频交流电磁波，其频率范围为 3kHz~300MHz。射频能穿透到物料内部，引起物料内部带电离子的振荡迁移，将电能转化为热能，从而达到加热的目的。射频杀虫基本原理是在一定强度电磁场的作用下，农产品（如粮食）中的害虫、虫卵和微生物因分子极化现象，吸收电磁波而升温，使其蛋白质热变性，从而失去生物活性，达到杀虫的目的。在储粮害虫方面，有学者已经在实验室条件下研究了米象、赤拟谷盗、谷蠹、桃蛀螟、印度谷螟五龄幼虫等的热致死参数，为射频杀虫的应用奠定了一定的基础。

增效醚（piperonyl butoxide，PBO）属于亚甲基二氧苯基化合物，是目前国际公认的最好的增效剂之一，常作为多功能氧化酶的专一性抑制剂而被广泛用作研究昆虫抗药性机理的理想工具（Wang et al.，2017）。Sun 和 Johnson（1960）在家蝇体内代谢实验中首次发现 PBO 能够抑制杀虫剂的氧化代谢，从而第一次揭示 PBO 对杀虫剂的增效机理。Qu 等（2003）通过 PBO 对 P450 酶活性抑制作用实验发现二化螟对杀虫剂以及三唑磷的抗药性与 P450 酶活性增强有关，有研究者亦通过实验表明经过 PBO 处理可以使棉铃虫细胞色素 P450 含量下降。

机械通风技术利用风机强制将外界环境气体与粮堆孔隙内湿热气体进行交换，调控粮堆整体或局部的温度与湿度，提高粮食储藏稳定性和安全性。机械通风技术可以作为一种粮堆温湿度调控的有效手段，其工艺成熟、便于操作、成本低廉、应用广泛，在粮食仓储害虫防治、霉菌治理等工艺应用中发挥着不可替代的重要作用。

以 RNA 干扰（RNA interference，RNAi）为代表的基因沉默技术是当今生命科学领域最重要的革命性成果之一。通过向生物体内导入靶向目标基因的双链 RNA（double-strand RNA，dsRNA）片段，经过细胞识别和吸收后，在细胞质中 dsRNA 分子会被 Dicer-2（Dcr2）酶切割成为 18～25bp 左右的小干扰 RNA（small interfering RNA，siRNA），siRNA 能够招募相关蛋白质聚集形成沉默复合体（RISC），并通过 siRNA 序列互补特性引导 RISC 识别靶向 mRNA 使之降解，从而实现对目标基因的特异性抑制。目前，RNAi 技术被广泛用于功能基因组学、疾病治疗等领域。与此同时，RNAi 也给现代农业带来了巨大的发展契机，为作物性状改良、有害生物防控和粮食储藏等方面提供了新的研究思路和应用策略。

参考文献

艾国民，王庆敏，邹东云，等.2009.高效液相色谱法测定家蝇细胞色素 P450 O-脱氧基活性［J］.分析化学，37（8）：1157-1160.

曹阳，刘梅，郑彦昌.2003.五种储粮害虫 11 个品系的磷化氢抗性测定［J］.粮食储藏，32（2）：9-11.

陈洁，陈宏鑫，姚琼，等.2014.甜菜夜蛾 UAP 的克隆、时空表达及 RNAi 研究［J］.中国农业科学，47（7）：1351-1361.

陈渠玲，邓树华，周剑宇，等.2001.臭氧防霉、杀虫和去毒效果的探讨 [J].粮食储藏，30(2)：16-19.
陈锐，陈二虎，唐培安，等.2019.氮气气调对五种储粮害虫防治效果评估及与磷化氢交互抗性的研究 [J].粮食科技与经济，44(8)：45-48.
程奕星，刘东成.2008.RNAi 技的研究进展及其应用 [J].科技创新导报，9(4)：11-12.
邓树华，吴树会，潘琴，等.2019.储粮害虫物理防治技术研究 [J].粮食与油脂，32(1)：16-18.
翟燕萍，沈美庆，王军，等.2003.磷化氢熏蒸剂的研究进展 [J].化学工业与工程，20(4)：248-250.
高源，王殿轩，贺艳萍，等.2017.湖北省储粮昆虫区系调查（2016 年）[J]. 河南工业大学学报（自然科学版），38(5)：108-112.
胡丽华，郭敏，张景虎，等.2007.储粮害虫检测新技术及应用现状 [J].农业工程学报（11）：286-290.
李宝升，李岩峰，凌才青，等.2015.气调储粮技术的发展与应用研究 [J].粮食加工（5）：71-73.
李丹丹，何洋，郭道林，等.2018.西北 5 省（区）68 家粮食加工企业储粮昆虫区系调查 [J]. 河南工业大学学报（自然科学版），39(6)：115-118，132.
李丹丹，薛品丽，许胜伟，等.2017.陕西省储粮昆虫种类与分布 2016 年调查分析 [J].粮油仓储科技通讯（4）：38-41.
李雁声.1994.储粮害虫对磷化氢的抗性及其防治对策.粮食储藏 [J]，23(5)：3-8.
梁沛.2001.小菜蛾对阿维菌素抗性的分子机制研究 [D].北京：中国农业大学.
梁永生.1994.储粮害虫防治战略-害虫综合治理 [J].粮油仓储科技通讯（4）：7-11.
刘吉升，朱文辉，廖文丽，等.2016.昆虫 RNA 干扰中双链 RNA 的转运方式 [J].昆虫学报，59(6)：682-691.
刘进吉，陈伊娜，叶海军，等.2018.高温高湿区高堆浅圆仓氮气气调杀虫试验 [J]. 粮食加工，43(2)：73-75.
孟宏杰，陈锐，唐培安，等.2020.臭氧对不同磷化氢抗性储粮害虫作用效果研究 [J].植物保护，46(3)：291-296.
石力.2017.朱砂叶螨抗甲氰菊酯 P450 基因鉴定及其转录调控研究 [D].重庆：西南大学.
孙相荣.2012.25℃条件下不同氮气浓度对储粮害虫控制效果研究 [J].粮食储藏，41(1)：4-9.
覃章贵，严晓平，冉莉，等.2003.硅藻土防治储粮害虫研究 [J].粮食储藏，32(6)：8-11.
王锦达.2015.赤拟谷盗 RNAi 及 dsRNA 脱靶效应的研究 [D].南京：南京农业大学.
王力，陈赛赛，胡育铭.2016.充氮气调储粮技术研究与应用 [J].粮油食品科技，24(5)：102-105.
王亚洲，刘蔓文，唐培安，等.2018.湖南省 12 个赤拟谷盗品系对磷化氢和敌敌畏抗性测定 [J].粮食科技与经济，43(9)：42-45.
徐昉，白旭光，邱道尹，等.2001.国内外储粮害虫检测方法 [J].粮油仓储科技通讯（5）：41-43.
许新新，谭瑶，高希武.2012.绿盲 P450 基因的克隆及增效醚对 P450 酶活性的抑制作用 [J].应用昆虫学报，49(2)：324-334.
严晓平，宋永成，王强，等.2010.一定条件下 96％以上氮气控制主要储粮害虫试验 [J].粮食储藏，39(1)：3-5.
严晓平，黎万武，刘作伟，等.2004.我国主要储粮害虫抗性调查研究 [J]. 粮食储藏，33(4)：17-19＋25.
杨弘华，宋燕燕，林晓波，等.2016.实时荧光定量 PCR 技术应用研究 [J].山东化工，45(22)：46-47.
杨健，吴芳，宋永成，等.2011.30℃条件下不同氮气浓度对储粮害虫控制效果研究 [J].粮食储藏，40(6)：7-12.
杨长举，唐国文，薛东.2004.21 世纪的储粮害虫防治 [J].湖北植保（5）：45-48.
张建军，曲贵强，李燕羽，等.2007.高纯氮气对储粮害虫致死效果的研究 [J].粮食储藏，36(5)：11-14.
张英华.2013.利用冬季低温冷冻杀虫 [J].粮油仓储科技通讯，29(4)：34-35.
张友军，张文吉，姚桂兰.1996.增效剂 PBO、TPP 对田间棉铃虫抗性种群增效作用研究 [J].农药科学与管理（2）：12-14.

周天智，刘士强，马文斌. 2011. 鄂中地区四种储粮害虫对磷化氢抗性发展及对策研究［J］. 粮食储藏，40（4）：6-9.

周晓军，王凯，代永，等. 2016. 延长磷化氢熏蒸有效时间对储粮害虫熏蒸效果的影响［J］. 粮食流通技术（14）：85-89.

庄占兴，韩书霞. 1997. 增效剂的增效作用与棉铃虫抗性水平之间的关系研究［J］. 农药科学与管理，（1）：17-19.

Agrafioti P，Athanassiou C G，Subramanyam B. 2019. Efficacy of heat treatment on phosphine resistant and susceptible populations of stored product insects［J］. Journal of Stored Products Research，81(3)：100-106.

Akbay H，Isikber A A，Saglam O，et al. 2018. Efficiency of ozone gas treatment against *Plodia interpunctella* (Hübner) (*Lepidoptera*：*Pyralidae*) (Indianmeal Moth) in hazelnut［C］. Proceedings of the 12th International Working Conference on Stored-Product Protection，695-698.

Andrew Y L，Felix D G，John H P. 2007. Involvement of esterases in diazinon resistance and biphasic effects of piperonyl butoxide on diazinon toxicity to *Haematobia irritans* (*Diptera*：*Muscidae*)［J］. Pesticide Biochemistry Physiology，87(2)：147-155.

Ashraf O A，Subrahmanyam B. 2010. Pyrethroid synergists suppress esterase-mediated resistance in Indian strains of the cotton bollworm，*Helicoverpa armigera* (Hübner)［J］. Pest Management Science，97(3)：279-288.

Athanassiou C G，Kavallieratos N G，Vayias B J，et al. 2008. Evaluation of a new enhanced diatomaceous earth formulation for use against the stored products pest，*Rhyzopertha dominica* (*Coleoptera*：*Bostrychidae*)［J］. International Journal of Pest Management，54(1)：43-49.

Bradford M M. 1976. A rapid and sensitive method for the quantitation of microgram quantities of protein utilizing the principle of protein-dye binding［J］. Analytical Biochemistry，72(1-2)：248-254.

Feng Y N，Shu Z，Wei S，et al. 2011. The sodium channel gene in *Tetranychus cinnabarinus* (Boisduval)：identification and expression analysis of a mutation association with pyrethroid resistance［J］. Pest Management Science，67(8)：904-912.

Fields P G. 2018. Temperature：implications for biology and control of stored-product insects［C］. Proceedings of the 12th International Working Conference on Stored-Product Protection，412-413.

Fire A，Xu S，Montgomery M K，et al. 1998. Potent and specific genetic interference by double-stranded RNA in *Caenorhabditis elegans*［J］. Nature，391：806-811.

Hammond S M，Boettcher S，Caudy A A，et al. 2001. A link between genetic and biochemical analysis of RNAi［J］. Science，293：1146-1150.

Isikber A A，Athanassiou C G. 2015. The use of ozone gas for the control of insects and microorganisms in stored products［J］. Journal of Stored Products Research，64(5)：139-145.

Isin E M，Guengerich F P. 2007. Complex reactions catalyzed by cytochrome P450 enzymes［J］. Biochimica at Biophysica Acta-General Subjects，17(3)：314-329.

Katsuya N，Kei S，Toshihru T，et al. 2004. Phenobarbital induction of permethrim detoxification and phenobarbital metabolism in susceptible and resistant strains of the beet armyworm *Spodoptera exigua* (Hübner)［J］. Pesticide Biochemistry Physiology，79：33-41.

Li J，Li X，Bai R，et al. 2015. RNA interference of the P450 *CYP6CM1* gene has different efficacy in B and Q biotypes of *Bemisia tabaci*［J］. Pest Management Science，71(8)：1175-1181.

Liu Q，Rand T A，Kalidas S，et al. 2003. R2D2，a bridge between the initiation and effector steps of the Drosophila RNAi pathway［J］. Science，301：1921-1925.

Mcdonough M X，Mason L J，Woloshuk C P. 2011. Susceptibility of stored product insects to high concentrations of ozone at different exposure intervals［J］. Journal of Stored Products Research，47(4)：306-310.

Posnien N，Schinko J，Grossmann D，et al. 2009. RNAi in the red flour beetle (*Tribolium*)［J］. Cold Spring

Harbor protocols(8):pdb. prot 5256.

Qu M J, Han Z J, Xu X J, et al. 2003. Triazophos resistance mechanism in rice stem borer (*Chilo suppressalis* Walker) [J]. Plant Molecular Biology,77:99-105.

Shono T, Zhang L, Scott J G. 2004. Indoxacarb resistance in the housefly [J]. Pesticide Biochemistry Physiology,80(2):106-112.

Sousa A H, Faroni L R D'A, Silva G N, et al. 2012. Ozone toxicity and walking response of populations of *Sitophilus zeamais* (*Coleoptera*: *Curculionidae*) [J]. Journal of Economic Entomology, 105(6): 2187-2195.

Sun Y P, Johnson E R. 1960. Synergistic antagonistic actions of insecticide-synergist combinations and their mode of action [J]. Food Chemistry,8:261-266.

Wang J, Wu M, Wang B, et al. 2013. Comparison of the RNA interference effects triggered by dsRNA and siRNA in *Tribolium castaneum* [J]. Pest Management Science,69(7):781-786.

Wang R L, Zhang K, Baerson S R, et al. 2017. Identification of a novel cytochrome P450 *CYP321B1* gene from tobacco cutworm (*Spodoptera litura*) and RNA interference to evaluate its role in commonly used insecticides [J]. Insect Science,24(2):235-247.

Yang Y H, Wu YD, Chen S, et al. 2005. Jewess oxidases in pyrethroid resistance in *Helicoverpa armigera* from Asia [J]. Pesticide Biochemistry Physiology,34(8):763-773.

Yu X, Killiny N. 2018. RNA interference of two glutathione S-transferase genes, *DcGSTe2* and *DcGSTd1*, increase the susceptibility of *Asian citrus psyllid* (*Hemiptera*: *Liviidae*) to the pesticides, fenpropathrin and thiamethoxam [J]. Pest Management Science,74(3):638-647.

第一章 储粮害虫生物学

昆虫属于变温动物,温度对于昆虫的生长发育的影响非常明显。将生命表技术应用于昆虫自然种群的研究是从 Morris 等(1954)开始的,生殖力生命表是描述某一特定年龄(或龄期)生殖力与死亡率相互关系的生命表,将生命表技术应用于获取昆虫种群参数、预测种群数量、评价管理措施和手段对害虫种群数量控制的效果等,已经成为一种对昆虫种群预测和管理研究的非常重要的技术手段(赵志模 等,1984;徐汝梅,1987)。昆虫生命表可以明确不同致死因子对昆虫种群数量变动所起作用的大小,从而分析确定关键因子,并根据死亡和出生的数据估计下一代种群消长的趋势。

作者团队系统研究了储粮害虫无色书虱、印度谷螟在模拟生态环境下的生长发育,并构建了生命表,对扩充储粮害虫生物学理论研究提供了重要数据支撑,为储粮害虫防控提供理论支持。

1.1 温度对无色书虱生长发育和繁殖的影响

1.1.1 温度对无色书虱生长发育的影响

1.1.1.1 不同温度下无色书虱各未成熟阶段的发育历期

研究发现,无色书虱雌虫和雄虫的若虫龄期不同,雌虫有 4 个若虫龄期,而雄虫仅有 3 个,因此雌雄虫的数据分别统计。表 1-1 列出了在 8 个温度条件下的无色书虱雌虫各未成熟虫态的发育历期。表 1-2 列出了在 8 个温度条件下的无色书虱雄虫各未成熟虫态的发育历期。方差分析的结果表明,温度对无色书虱雌虫和雄虫的卵期、各若虫龄期、全若虫期及整个未成熟期的发育历期均有极显著的影响($P<0.01$)。雌虫卵的孵化历期在 32.5℃时最短,为 4.6d;在 20℃时最长,为 14.1d。在 20~32.5℃的温度范围内雌虫卵的孵化历期随着温度的升高而缩短,但当温度超过 32.5℃时卵的孵化历期有所延长。4 个不

同若虫阶段的历期，在35℃时一龄期、二龄期和三龄期的历期最短，分别是2.8d、2.7d和2.9d；四龄期在32.5℃下最短，为2.6d。整个若虫期和从卵到成虫的未成熟阶段在35℃时的历期最短，分别为11.3d和16.1d，20℃时最长，分别为32.5d和46.2d。

而雄虫卵的孵化历期在35℃时最短，为4.7d；在20℃时最长，为15.1d。在20～35℃的温度范围内雄虫卵的孵化历期随着温度的升高而缩短，但当温度超过35℃时卵的孵化历期有所延长。雄虫3个不同若虫阶段的历期，在35℃时一龄期和二龄期的历期最短，分别是3.1d和2.9d；三龄期在32.5℃下最短，为2.7d。整个若虫期和从卵到成虫的未成熟阶段在35℃时的历期最短，分别为8.9d和13.6d；20℃时最长，分别为26.6d和41.8d。

表1-1 不同温度条件下无色书虱雌虫不同虫态的发育历期　　　　　　单位：d

温度/℃	n	卵期	一龄期	二龄期	三龄期	四龄期	若虫期	卵至成虫历期
20.0	40	14.1±0.24a	9.5±0.34a	7.2±0.4a	7.7±0.38a	7.7±0.35a	32.5±0.68a	46.2±0.62a
22.5	38	8.7±0.16b	8.3±0.27b	5.1±0.34b	4.8±0.22b	4.8±0.19b	23.0±0.52b	31.7±0.52b
25.0	53	8.2±0.21bc	6.3±0.31c	4.8±0.22b	3.7±0.18c	3.8±0.17c	18.7±0.27c	26.9±0.31c
27.5	57	7.6±0.25c	4.9±0.13d	3.9±0.22c	3.3±0.20cd	3.1±0.17de	15.2±0.41d	22.8±0.47d
30.0	36	5.7±0.11d	3.8±0.23e	3.8±0.19c	3.6±0.20cd	3.1±0.22de	14.3±0.48d	20.0±0.47e
32.5	53	4.6±0.06e	3.6±0.14e	2.9±0.14d	3.0±0.13d	2.6±0.13e	11.6±0.22e	16.2±0.22f
35.0	28	4.8±0.15e	2.8±0.17f	2.7±0.14d	2.9±0.18d	2.9±0.20e	11.3±0.42e	16.1±0.40f
37.5	13	5.2±0.12de	4.7±0.17d	3.5±0.23cd	3.4±0.19cd	3.7±0.13cd	14.8±0.48d	20.0±0.48e
F		242.464	86.730	31.508	49.539	61.474	244.495	484.142
df		7, 310	7, 310	7, 310	7, 310	7, 310	7, 310	7, 310
P		<0.0001	<0.0001	<0.0001	<0.0001	<0.0001	<0.0001	<0.0001

注：表中同列数据后不同字母表示平均数之间存在显著性差异（$P<0.05$）。

表1-2 不同温度条件下无色书虱雄虫不同虫态的发育历期　　　　　　单位：d

温度/℃	n	卵期	一龄期	二龄期	三龄期	若虫期	卵至成虫历期
20.0	41	15.1±0.29a	10.3±0.33a	8.0±0.45a	8.3±0.25a	26.6±0.65a	41.8±0.80a
22.5	39	9.2±0.22b	8.1±0.29b	6.2±0.38b	5.5±0.27b	19.7±0.56b	28.9±0.58b
25.0	54	8.9±0.16b	6.4±0.29c	4.7±0.23c	4.0±0.21c	15.1±0.29c	24.0±0.31c
27.5	46	7.0±0.20c	6.0±0.31c	4.3±0.25c	3.5±0.20cd	13.7±0.37d	20.7±0.44d
30.0	36	6.2±0.20de	3.6±0.20de	3.9±0.23cd	3.9±0.19c	11.5±0.39e	17.7±0.36e
32.5	54	5.0±0.07f	3.4±0.18de	2.9±0.16e	2.7±0.13e	8.9±0.17f	14.0±0.17f
35.0	30	4.7±0.12f	3.1±0.22e	2.9±0.20e	2.9±0.16de	8.9±0.34f	13.6±0.36f

续表

温度/℃	n	卵期	一龄期	二龄期	三龄期	若虫期	卵至成虫历期
37.5	16	5.6±0.20e	4.2±0.38d	3.3±0.22de	3.2±0.29de	10.7±0.57e	16.3±0.55e
F		331.371	82.930	37.046	77.607	211.797	407.743
df		7, 308	7, 308	7, 308	7, 308	7, 308	7, 308
P		<0.0001	<0.0001	<0.0001	<0.0001	<0.0001	<0.0001

注：表中同列数据后不同字母表示平均数之间存在显著性差异（$P<0.05$）。

1.1.1.2 各虫态的发育速率与温度的关系模拟

在昆虫种群数量动态模拟中，一个很重要的模型是昆虫种群在各种温度条件下的发育速率模型。描述昆虫种群在各种温度条件下发育速率的方法主要有两类。一类是线性函数方法，另一类是非线性函数方法。Briere 等（1999）推导的非线性模型表达式为：

$$R(T)=0, T \leqslant T_0;$$
$$R(T)=aT(T-T_0)\sqrt{T_L-T}, T_0 \leqslant T \leqslant T_L;$$
$$R(T)=0, T \geqslant T_L。$$

式中，$R(T)$ 为平均发育速率；T 为温度梯度；T_0 和 T_L 分别为最低和最高发育温度；a 经验常数。

根据表 1-1 和表 1-2 转化成的不同温度下各虫态发育速率资料，求解出无色书虱各虫态发育速率与温度关系的参数，见表 1-3 和表 1-4。统计测验表明所拟合的曲线理论值与实际值显著符合，说明所有拟合出的模型很好地描述了无色书虱各虫态的发育速率与温度的关系。

表 1-3　无色书虱雌虫各虫态发育速率与温度关系模拟的参数估计及其标准误

阶段	$a/10^{-4}$	$SEMa/10^{-4}$	T_0/℃	SEM_0	T_L/℃	SEM_L	R^2
卵期	0.9640	0.2427	12.22	2.80	42.11	1.88	0.93
一龄期	2.0949	0.4944	16.08	2.22	39.44	1.02	0.86
二龄期	1.5783	0.4478	10.93	3.61	41.27	1.70	0.89
三龄期	1.5056	0.3680	8.88	3.60	40.92	1.26	0.90
四龄期	2.2049	0.1872	12.64	1.07	39.20	0.29	0.98
若虫历期	0.4838	0.0624	13.32	1.47	40.07	0.62	0.96
卵至成虫历期	0.3249	0.0459	13.02	1.60	40.52	0.76	0.96
产卵期前期	2.3017	0.5829	14.21	2.76	39.64	1.09	0.84

注：SEMa 为 a 的标准误，SEM_0 为 T_0 的标准误，SEM_L 为 T_L 的标准误。（后表 1-4 同）

从表 1-3 可以看出无色书虱雌虫的发育起点温度为 8.88～16.08℃，最高临界发育温度为 39.20～42.11℃。从表中可以看出无色书虱雌虫三龄期若虫忍受低温的能力最强，而卵耐受高温的能力最强，总的来说，一龄期若虫对温度的要求最高。各虫态的发育速率与温度间的拟合曲线见图 1-1。

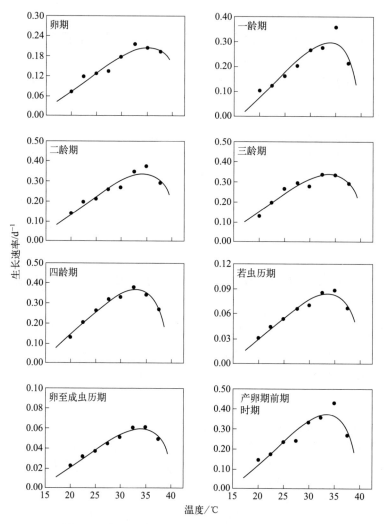

图 1-1　无色书虱雌虫各虫态发育速率与温度的关系模拟

圆点表示实际观测值，曲线表示模型拟合值

从表 1-4 可以看出无色书虱雄虫的发育起点温度为 11.68～15.86℃，最高临界发育温度为 40.19～42.04℃。与雌虫相比，无色书虱雄虫的发育起点温度更高，说明雌虫对低温的忍受能力高于雄虫。通过分析还可得出无色书虱雄虫的一龄期若虫对温度的要求最高。各虫态的发育速率与温度间的拟合曲线见图 1-2。

表 1-4　无色书虱雄虫各虫态发育速率与温度关系模拟的参数估计及标准误

阶段	$a/10^{-4}$	$SEMa/10^{-4}$	$T_0/℃$	SEM_0	$T_L/℃$	SEM_L	R^2
卵期	0.9900	0.1967	12.87	2.15	41.62	1.37	0.95
一龄期	1.9101	0.4269	15.86	2.03	40.19	1.22	0.90
二龄期	1.5393	0.3848	11.96	2.84	42.04	1.83	0.93
三龄期	1.7085	0.4542	11.68	3.22	41.13	1.59	0.89
若虫历期	0.5770	0.1030	13.63	1.87	41.06	1.12	0.95
卵至成虫历期	0.3655	0.0631	13.41	1.82	41.25	1.12	0.96

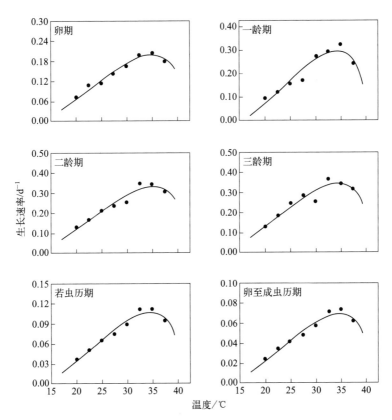

图 1-2　无色书虱雄虫各虫态发育速率与温度的关系模拟

圆点表示实际观测值，曲线表示模型拟合值

1.1.1.3 不同温度下无色书虱各虫态的存活率

不同温度下无色书虱各虫态存活率见表1-5。从表1-5中可以看出，温度在30℃条件下卵的孵化率最高（93.5%）；在27.5℃下次之（90.6%）；在37.5℃下最低为67.2%。对整个若虫期的存活率来讲，在32.5℃下最高为64.0%，27.5℃下次之（54.9%），在37.5℃下最低，仅有28.3%的若虫能够羽化为成虫。无色书虱整个未成熟期的存活率以32.5℃条件下最高（57.3%），而37.5℃条件下最低（19.0%）。

表1-5 不同温度条件下无色书虱不同虫态的存活率　　　　　　　　%

温度/℃	卵期	若虫期	卵至成虫历期
20.0	84.2±1.9c	45.6±1.2c	38.4±0.8d
22.5	86.5±0.7bc	49.0±0.8c	42.4±0.4c
25.0	89.0±1.3b	48.4±1.1c	43.1±0.8c
27.5	90.6±1.7ab	54.9±0.9b	49.7±1.1b
30.0	93.5±1.1a	54.7±1.0b	51.2±1.2b
32.5	89.4±1.4b	64.0±0.9a	57.3±0.8a
35.0	82.6±0.5c	48.9±1.3c	40.4±0.8cd
37.5	67.2±1.2d	28.3±1.7d	19.0±1.5e
F	39.266	81.457	136.440
df	7, 16	7, 16	7, 16
P	<0.0001	<0.0001	<0.0001

注：每个温度下有3个重复，每个重复处理的卵数为46～80粒，表中同列数据后不同字母表示平均数之间存在显著性差异（$P<0.05$）。

1.1.2 温度对无色书虱繁殖力和生命参数的影响

1.1.2.1 不同温度下无色书虱的繁殖情况及雌虫寿命

在温度20～37.5℃的范围内，无色书虱老熟若虫羽化为成虫后，经过2.3～6.8d后开始产卵。方差分析结果表明：温度对产卵前期、产卵历期、每雌虫平均产卵量及雌虫的平均寿命均有极显著的影响（$P<0.05$）。由表1-6可以看出，无色书虱每雌平均产卵量在32.5℃时最高（130.4粒），在37.5℃时每雌平均产卵量最低（24.7粒）。

温度对无色书虱雌成虫的寿命与产卵历期影响的趋势基本一致。随着温度的升高无色书虱雌成虫的寿命与产卵历期逐渐降低，雌成虫的寿命从 20℃ 的 101.5d 降低到 37.5℃ 的 26.8d；产卵历期从 20℃ 条件下的 85.0d 降低到 37.5℃ 条件下的 17.8d。

表1-6　无色书虱在不同温度下的产卵前期、产卵历期、平均产卵量及平均寿命

温度/℃	n	产卵前期/d	产卵历期/d	雌虫平均寿命/d	平均产卵量/粒
20.0	38	6.8±0.53a	85.0±8.35a	101.5±8.49a	65.1±6.94d
22.5	36	5.6±0.35b	61.4±7.04b	77.4±7.47b	68.5±8.12cd
25.0	51	4.2±0.29c	60.8±4.16b	70.5±4.27bc	87.8±4.44bc
27.5	52	4.2±0.26c	49.6±3.63bc	58.1±3.53cd	91.1±6.10bc
30.0	34	3.0±0.26de	41.4±4.12c	52.6±4.19d	107.5±8.14b
32.5	50	2.8±0.15de	51.4±3.03bc	56.8±3.33cd	130.4±7.20a
35.0	26	2.3±0.14e	37.0±3.11c	42.3±3.30de	74.3±5.64cd
37.5	12	3.8±0.33cd	17.8±2.10d	26.8±2.29e	24.7±3.99e
F		21.014	10.321	13.936	15.521
df		7，291	7，291	7，291	7，291
P		<0.0001	<0.0001	<0.0001	<0.0001

注：表中同一列数据后面不同的小写字母表示差异显著（$P<0.05$）。

1.1.2.2　不同温度下无色书虱生命表的组建

生殖力生命表是描述某一特定年龄生殖力与死亡率相互关系的生命表，用以估算种群内禀增长率和周限增长率。根据无色书虱在不同温度条件下的存活率和生殖力，分别组建无色书虱种群生殖力生命表。表中 x 表示以天为单位的时间间隔；l_x 表示任一个体在 x 期间存活的概率，亦即特定时间存活率；m_x 表示在 x 期间每雌平均产卵数，亦即特定时间产卵率。不同温度下的生殖力生命表见表1-7～表1-14。

表1-7　无色书虱在 20℃ 条件下的生殖力生命表

x	l_x	m_x	$l_x m_x$	$l_x m_x x$
0	1	—	—	—
8	1	—	—	—
16	0.9096			
24	0.6723			
32	0.5198			
40	0.4746			

续表

x	l_x	m_x	$l_x m_x$	$l_x m_x x$
48	0.4124	0.7682	0.3168	15.2073
56	0.3672	2.6612	0.9773	54.7271
64	0.3107	3.1098	0.9663	61.8441
72	0.2486	3.2699	0.8129	58.5263
80	0.2090	3.2099	0.6710	53.6793
88	0.1977	3.0194	0.5971	52.5410
96	0.1864	2.0052	0.3739	35.8904
104	0.1751	2.4532	0.4297	44.6844
112	0.1638	2.9630	0.4855	54.3712
120	0.1073	2.1948	0.2356	28.2718
128	0.1073	2.5853	0.2775	35.5227
136	0.0904	2.9049	0.2626	35.7118
144	0.0734	3.5626	0.2617	37.6791
152	0.0734	2.8732	0.2110	32.0757
160	0.0678	3.1425	0.2131	34.0885
168	0.0678	3.1605	0.2143	35.9975
176	0.0565	2.5185	0.1423	25.0429
184	0.0508	2.4691	0.1255	23.1011
192	0.0508	1.9048	0.0969	18.5956
200	0.0508	1.3404	0.0682	13.6311
208	0.0508	0.8466	0.0430	8.9534
216	0.0395	0.5644	0.0223	4.8210
224	0.0339	0.4938	0.0167	3.7497
232	0.0169	0.1235	0.0021	0.4854
240	0.0056	0.9877	0.0056	1.3391
248	0.0056	1.9753	0.0112	2.7676
256	0.0056	1.4815	0.0084	2.1427
264	0.0056	0.9877	0.0056	1.4731
272	0.0056	0	0	0
280	0	0	0	0
Σ			7.8573	776.9233

注：当 x 在 40d 以内时为未成熟期，m_x、$l_x m_x$ 及 $l_x m_x x$ 均无数据。

表 1-8 无色书虱在 22.5℃条件下的生殖力生命表

x	l_x	m_x	$l_x m_x$	$l_x m_x x$
0	1	—	—	—
8	0.9809	—	—	—
16	0.7643	—	—	—
24	0.5796	—	—	—
32	0.5032	0.1122	0.0564	1.806
40	0.4013	1.6497	0.662	26.4796
48	0.3248	3.3175	1.0776	51.727
56	0.2866	5.2915	1.5167	84.9334
64	0.242	4.8787	1.1808	75.5727
72	0.2102	3.861	0.8115	58.4309
80	0.1592	3.1615	0.5034	40.2742
88	0.1274	4.1948	0.5344	47.0246
96	0.1083	3.9221	0.4247	40.7696
104	0.0828	3.4545	0.286	29.7487
112	0.0637	3.9892	0.2541	28.4578
120	0.0573	4.5512	0.2609	31.3078
128	0.0255	1.4188	0.0361	4.62702
136	0.0255	5.0996	0.1299	17.6698
144	0.0255	3.619	0.0922	13.2775
152	0.0255	4.4416	0.1132	17.2004
160	0.0255	2.632	0.0671	10.7293
168	0.0255	4.6061	0.1174	19.7151
176	0.0255	3.29	0.0838	14.7528
184	0.0191	1.645	0.0314	5.78377
192	0.0191	3.29	0.0629	12.0705
200	0.0127	2.4675	0.0314	6.28671
208	0.0127	0.987	0.0126	2.61527
216	0.0127	0.7403	0.0094	2.03689
224	0.0127	0.7403	0.0094	2.11233
232	0.0064	0.2468	0.0016	0.36463
240	0.0064	0.987	0.0063	1.50881
248	0.0064	0	0	0
256	0	0	0	0
Σ			8.3733	647.2833

注：当 x 在 24d 以内时为未成熟期，m_x、$l_x m_x$ 及 $l_x m_x x$ 均无数据。

表 1-9　无色书虱在 25℃ 条件下的生殖力生命表

x	l_x	m_x	$l_x m_x$	$l_x m_x x$
0	1	—	—	—
8	1	—	—	—
16	0.6570	—	—	—
24	0.5291	—	—	—
32	0.4419	2.5179	1.1125	35.6013
40	0.3663	6.6681	2.4424	97.6958
48	0.3023	6.9521	2.1018	100.8860
56	0.2500	6.3238	1.5809	88.5330
64	0.2267	4.8021	1.0888	69.6860
72	0.2093	5.7235	1.1979	86.2512
80	0.1744	3.9553	0.6899	55.1905
88	0.1395	3.9640	0.5531	48.6748
96	0.1105	3.1138	0.3440	33.0202
104	0.0988	3.4760	0.3436	35.7305
112	0.0581	2.0399	0.1186	13.2833
120	0.0581	4.8469	0.2818	33.8154
128	0.0465	4.7734	0.2220	28.4186
136	0.0291	3.5087	0.1020	13.8715
144	0.0174	2.1215	0.0370	5.3249
152	0.0116	0.9792	0.0114	1.7306
160	0.0058	1.9583	0.0114	1.8217
168	0.0058	1.9583	0.0114	1.9127
176	0.0058	0.4896	0.0028	0.5009
184	0.0058	0	0	0
192	0.0058	0	0	0
200	0.0058	0	0	0
208	0.0058	0	0	0
216	0	0	0	0
Σ			12.2533	751.9552

注：当 x 在 24d 以内时为未成熟期，m_x、$l_x m_x$ 及 $l_x m_x x$ 均无数据。

表 1-10　无色书虱在 27.5℃ 条件下的生殖力生命表

x	l_x	m_x	$l_x m_x$	$l_x m_x x$
0	1	—	—	—

续表

x	l_x	m_x	$l_x m_x$	$l_x m_x x$
8	0.9948	—	—	—
16	0.5707	—	—	—
24	0.4031	1.7743	0.7153	17.1668
32	0.3141	5.4537	1.7132	54.8222
40	0.2356	7.6405	1.8001	72.0051
48	0.1780	6.5591	1.1676	56.0447
56	0.1414	6.5898	0.9315	52.1661
64	0.1152	6.2922	0.7248	46.3844
72	0.1099	6.5172	0.7165	51.5916
80	0.1047	5.9879	0.6270	50.1602
88	0.0942	4.7059	0.4435	39.0272
96	0.0576	2.6320	0.1516	14.552
104	0.0314	2.7869	0.0875	9.1072
112	0.0105	1.1216	0.0117	1.3139
120	0.0105	1.6920	0.0177	2.1261
128	0.0105	2.1714	0.0227	2.9104
136	0.0105	1.6450	0.0172	2.3465
144	0.0105	1.9740	0.0207	2.9754
152	0	0.7403	0	0
Σ			9.1688	476.6962

注：当 x 在 16d 以内时为未成熟期，m_x、$l_x m_x$ 及 $l_x m_x x$ 均无数据。

表 1-11　无色书虱在 30℃ 条件下的生殖力生命表

x	l_x	m_x	$l_x m_x$	$l_x m_x x$
0	1	—	—	—
8	0.9000	—	—	—
16	0.5353	—	—	—
24	0.4000	1.6471	0.6588	15.8118
32	0.3000	6.2500	1.8750	60.0000
40	0.2059	9.5385	1.9638	78.552
48	0.1471	9.3462	1.3744	65.9729
56	0.1471	9.0600	1.3324	74.6118
64	0.1235	9.3000	1.1488	73.5247
72	0.0882	6.6905	0.5903	42.5042

续表

x	l_x	m_x	$l_x m_x$	$l_x m_x x$
80	0.0588	7.0333	0.4137	33.0980
88	0.0471	5.8000	0.2729	24.0188
96	0.0412	5.9375	0.2445	23.4706
104	0.0294	3.4286	0.1008	10.4874
112	0.0118	2.5000	0.0294	3.2941
120	0.0059	2	0.0118	1.4117
128	0	0	0	0
Σ			10.0178	506.7568

注：当 x 在 16d 以内时为未成熟期，m_x、$l_x m_x$ 及 $l_x m_x x$ 均无数据。

表1-12　无色书虱在32.5℃条件下的生殖力生命表

x	l_x	m_x	$l_x m_x$	$l_x m_x x$
0	1	—	—	—
8	0.9246	—	—	—
16	0.5930	—	—	—
24	0.3819	6.8763	2.6261	63.0270
32	0.2613	11.7230	3.0632	98.0233
40	0.2412	11.8090	2.8483	113.9320
48	0.2161	12.0710	2.6083	125.1980
56	0.1960	9.8461	1.9296	108.0600
64	0.1608	8.5410	1.3734	87.8998
72	0.1457	6.7860	0.9889	71.2017
80	0.1307	4.9166	0.6424	51.3894
88	0.0955	4.1277	0.3941	34.6812
96	0.0503	2.1561	0.1083	10.4014
104	0.0302	0.8049	0.0243	2.5239
112	0.0201	0.3715	0.0075	0.8363
120	0.0151	0	0	0
128	0	0	0	0
Σ			16.6114	767.1356

注：当 x 在 16d 以内时为未成熟期，m_x、$l_x m_x$ 及 $l_x m_x x$ 均无数据。

表1-13　无色书虱在35℃条件下的生殖力生命表

x	l_x	m_x	$l_x m_x$	$l_x m_x x$
0	1	—	—	—

续表

x	l_x	m_x	$l_x m_x$	$l_x m_x x$
8	0.5901	—	—	—
16	0.3602	1.4161	0.5101	8.1623
24	0.2112	9.1188	1.9257	46.2169
32	0.1615	8.8276	1.4256	45.6183
40	0.1429	6.2944	0.8992	35.9682
48	0.118	5.8351	0.6886	33.0534
56	0.0807	3.2015	0.2585	14.4761
64	0.0497	5.4589	0.2712	17.3599
72	0.0373	4.2241	0.1574	11.3343
80	0.0186	2.1724	0.0405	3.2383
88	0.0124	4.0230	0.0500	4.3978
96	0.0062	1.4483	0.0090	0.8635
104	0	0.4828	0	0
∑			6.2359	200.6896

注：当 x 在 8d 以内时为未成熟期，m_x、$l_x m_x$ 及 $l_x m_x x$ 均无数据。

表1-14 无色书虱在37.5℃条件下的生殖力生命表

x	l_x	m_x	$l_x m_x$	$l_x m_x x$
0	1	—	—	—
8	0.6397	—	—	—
16	0.2721	0.9028	0.2456	3.9297
24	0.1618	1.5648	0.2531	6.0752
32	0.0882	4.7778	0.4216	13.4900
40	0.0735	5.0556	0.3717	14.8690
48	0.0368	3.0815	0.1133	5.4379
56	0.0147	1.2519	0.0184	1.0309
64	0	0	0	0
∑			1.4237	44.8332

注：当 x 在 8d 以内时为未成熟期，m_x、$l_x m_x$ 及 $l_x m_x x$ 均无数据。

1.1.2.3　不同温度下无色书虱种群存活曲线及其关系模拟

在某一特定时间，种群中同龄个体随时间推移而减少的现象，可以用一条曲线来表示，这条曲线称为种群存活曲线。该曲线因其用生殖力生命表中的存

活率 l_x 对时间作图，所以又称为 l_x 曲线。l_x 曲线是一条从 1 单调下降到 0 的曲线，它表示了某一同龄种群从出生时 100% 存活到死亡的全过程。不同物种或相同物种在不同条件下 l_x 曲线形式不同，它既反映了各物种的特征，又反映了环境的作用（赵志模和周新远，1984）。Deevey（1947）将存活曲线划分为三种类型，分为上拱形（Ⅰ型）、直线形（Ⅱ型）及下拱形（Ⅲ型）（丁岩钦，1994）。不同温度条件下无色书虱实验种群的 l_x 曲线见图 1-3，图中的 m_x 曲线表示种群在特定时间的繁殖情况。

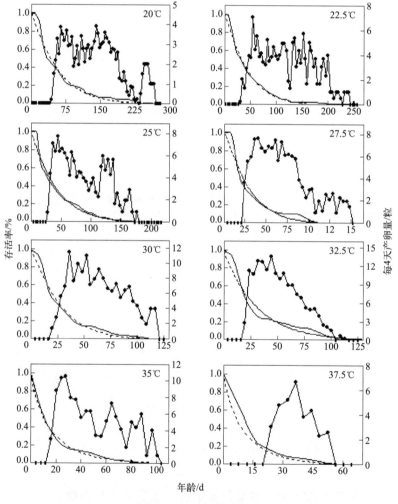

图 1-3　不同温度下无色书虱种群存活率与平均每雌产卵数

虚线：Weibull 方程；实线：实际观察的存活率（lx）；点线：平均每头雌虫每 4 天的产卵量

Pinder 等（1978）提出用 Weibull 频数分布（Weibull frequency distribution）作为统计模型来拟合种群的存活率，其模型为：

$$Sp(t)=\exp[-(t/b)^c],$$

其中 $Sp(t)$ 为年龄 t 时的存活率，c 为形状参数，b 为尺度参数。

在此模型中，当 $c>1$ 时，表示特定年龄死亡率是年龄 t 的增量函数，即存活曲线（l_x 曲线）为 Deevey Ⅰ 型，绝大多数个体都能实现其平均寿命；当 $c=1$ 时，表示特定年龄死亡率与年龄 t 为线性关系，即存活曲线为 Deevey Ⅱ 型，各个年龄组都维持大体相同的死亡率；当 $c<1$ 时，特定年龄死亡率是年龄 t 的递减函数，即存活曲线为 Deevey Ⅲ 型，幼年阶段具有较高的死亡率。b 值的大小反映了曲线落点的高低。世代平均历期（T）取决于 b 和 c 两个参数的大小

$$T = b \times \Gamma\left[1+\frac{1}{c}\right]$$（丁岩钦，1994）。

表 1-15 为不同温度下无色书虱存活率曲线 Weibull 模型参数及决定系数。

表 1-15　不同温度下无色书虱存活率曲线 Weibull 模型参数及决定系数

	20℃	22.5℃	25.0℃	27.5℃	30.0℃	32.5℃	35.0℃	37.5℃
b	57.82	46.12	42.40	30.74	28.31	30.99	16.08	10.32
c	1.0814	1.1547	1.0475	1.1523	1.1110	1.0045	0.8125	0.8544
R^2	0.98	0.99	0.98	0.95	0.97	0.95	0.99	0.99

从表 1-15 可知，在 20～32.5℃ 范围内的 6 个温度下存活率参数 c 均大于 1，属于 Ⅰ 型存活曲线，说明绝大多数个体均能实现其平均寿命，死亡率是年龄的增函数；而在 35.0℃ 和 37.5℃ 的条件下的存活率曲线的 c 值小于 1，曲线属于 Ⅲ 型存活率曲线，死亡率是年龄的减函数，说明在这两个温度下无色书虱卵期及低龄若虫期的死亡率较高。

1.1.2.4　不同温度下无色书虱种群生命参数

根据种群生殖力生命表可以求出种群的世代平均历期 T、内禀增长率 r_m、周限增长率 λ、净生殖率 R_0、种群翻倍时间 t 等影响种群增长的几个重要生命参数。内禀增长率（intrinsic rate of increase）定义为在给定的物理或生物条件下，具有稳定年龄组配种群的最大瞬间增长速率，即种群瞬间出生率（b）与瞬间死亡率（d）之差。按生命表资料其计算公式为：

$$r_m = \frac{\ln R_0}{T}$$

式中，R_0 为净生殖率，T 为平均世代周期。

净生殖率（net production rate，R_0）是昆虫经历一个世代所产生的尚存活的雌性个体数。其计算公式为：

$$R_0 = \sum l_x m_x$$

式中，l_x 为 x 年龄开始时存活的数量；m_x 为 x 年龄期间每雌的产卵数。

世代平均历期（mean generation time，T）是昆虫经历一个世代的平均时间。其计算公式为：

$$T = \frac{\sum l_x m_x x}{R_0}$$

式中，x 是以发育阶段来区分的时间间隔；l_x、m_x 和 R_0 的含义同上。

周限增长率（finite rate of increase，λ）是种群经过单位时间后的增长倍数。其计算公式为：

$$\lambda = e^{r_m}$$

种群倍增时间（population doubling time，t）表示昆虫种群平均增长一倍所需要的时间。其计算公式为：

$$t = \frac{\ln 2}{r_m}$$

根据所组建的无色书虱实验室种群的特定时间生命表及上述各生命参数的计算公式，计算出不同温度条件下无色书虱实验种群生命参数，见表 1-16。

由表 1-16 看出，在 32.5℃ 时，无色书虱实验种群的 r_m 最大（0.0609），其次为 35℃（0.0517）；32.5℃ 时无色书虱实验种群的 R_0 最大。在 32.5℃ 时无色书虱的 t 最小为 11.39d，其次是 35℃ 条件下（13.4d）。以上结果可以看出，32.5℃ 和 35℃ 的条件比较适合无色书虱的生长发育。

表 1-16　8 个温度条件下无色书虱的种群参数

温度/℃	n	r_m	R_0	T/d	t/d
20.0	38	0.0208	7.85	98.92	33.27
22.5	36	0.0275	8.37	77.30	25.21
25.0	51	0.0408	12.25	61.37	16.98
27.5	52	0.0428	9.17	51.77	16.20
30.0	34	0.0455	10.02	50.59	15.22
32.5	50	0.0609	16.61	46.17	11.39

续表

温度/℃	n	r_m	R_0	T/d	t/d
35.0	26	0.0517	6.24	35.39	13.40
37.5	12	0.0112	1.42	31.49	61.78

注：n 用于数据分析的雌虫数。

20~37.5℃温度条件下比较了嗜卷书虱、嗜虫书虱、三色书虱和无色书虱种群内禀增长率，比较结果见图1-4。从图中可以看出嗜卷书虱的种群增长优势最大，其次是嗜虫书虱，三色书虱的种群增长优势最小。无色书虱的种群增长优势介于嗜虫书虱和三色书虱之间，但当超过一定温度时，无色书虱的种群增长优势大于嗜虫书虱。

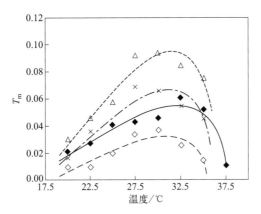

图1-4　不同温度条件下嗜卷书虱、嗜虫书虱、三色书虱和无色书虱种群内禀增长率的比较

空心三角和点线代表嗜卷书虱；叉和虚线代表嗜虫书虱；空心点和破裂线代表三色书虱；实心点和实线代表无色书虱

1.1.3　小结

研究发现无色书虱雌虫和雄虫具有不同的若虫龄期，雌虫有4个若虫期，而雄虫却只有3个若虫龄期。

在供试的温度（20~37.5℃）范围内，随着温度的升高，无色书虱的卵、若虫及世代发育历期都逐渐缩短，亦即发育速率都逐渐增快；但在35℃以上的高温条件下无色书虱未成熟期的发育速率有所降低；通过Briere等（1999）所推荐的模型，计算出了无色书虱各虫态的发育极限温度。无色书虱雌虫的三龄若虫耐受低温的能力最强，而卵耐受高温的能力最强。总的来看，卵的温度范围最广为12.22~42.11℃，说明受环境因素的影响相对较小；一龄若虫的温度范围最小为16.08~39.44℃，这一温度范围与实际结果基本一致。

无色书虱雄虫的理论极限发育温度与雌虫基本一致，同样一龄若虫对温度反应最为敏感。与三色书虱和嗜卷书虱相比，无色书虱各虫态的发育极限温度均比较高。

在供试温度范围内，无色书虱卵的孵化率以 30℃ 条件下最高，若虫的存活率以 32.5℃ 下最高，且各个温度下差异均达显著水平。若虫期存活率从 20℃ 时的 45.6% 上升到 32.5℃ 时的 64.0%，再逐渐下降到 37.5℃ 时的 28.3%；其它虫态也得到相似的变化趋势，可见虽然无色书虱可以在 37.5℃ 的高温下生存，但同时也付出了沉重的"代价"。

在温度为 32.5℃ 时，无色书虱平均每雌产卵量最大（130.4 粒），而在 37.5℃ 下最少为 24.7 粒。成虫寿命在 20℃ 下最长为 101.5 天，在 37.5℃ 下最短，仅存活了 26.8 天。

自 Morris 和 Miller 等（1954）把生命表技术应用于研究昆虫自然种群以来，生命表技术已成为害虫种群数量动态研究的一个重要手段（徐汝梅，1987）。昆虫生命表具有系统性、阶段性、层次性、综合性和主次分明的特点（赵志模和周新远，1984）。它系统记录了实验条件下，昆虫种群在整个生活周期中各个年龄或发育阶段的死亡数、死亡原因和生殖力，由此可以明确不同致死因子对昆虫种群数量变动所起作用的大小，从而分析确定关键因子，并根据死亡和出生的数据估计下一代种群消长的趋势。有学者用生命表技术研究了温度对嗜卷书虱的直接作用，表明温度对书虱生命参数有明显影响，表现为净生殖率(R_0)、内禀增长率(r_m)、周限增长率(λ)、世代平均周期(T) 明显降低，而种群翻倍时间(t) 明显延长。

作者研究团队通过组建无色书虱实验种群特定时间生命表（time-specific life table），明确了种群生命参数与温度之间的关系。在供试的 8 种温度条件下，内禀增长率(r_m) 在 32.5℃ 时最大（0.0609），相对应的种群翻倍时间最短（11.39d），净增值率(R_0) 在 32.5℃ 时最大（16.61）。不同温度条件下无色书虱种群的存活曲线均可用 Weibull 频率分布函数拟合，从拟合模型的形状参数 c 值可以判断出在 20～32.5℃ 范围内的 6 个温度下无色书虱种群 l_x 曲线属于 Deevey I 型存活曲线，说明绝大多数个体均能实现其平均寿命；而在 35.0 和 37.5℃ 的条件下的种群 l_x 曲线属于 Ⅲ 型存活曲线，即在这些条件下无色书虱卵期及低龄若虫期的死亡率较高。实际观察值与所拟合的种群存活曲线基本相吻合。

温度是影响无色书虱生长和繁殖的重要生态因子之一，尤其是对该虫的各个虫态的发育速率。从该虫的发育、存活及繁殖情况来看，当温度高于 30℃ 时，无色书虱发育速度快、存活率高、繁殖迅速等，说明该虫喜居高温，但应低于 37.5℃ 的极端高温。在低温条件下，无色书虱的卵期、若虫期和未成熟期明显延长，雌成虫的产卵率明显降低。

由于内禀增长率能敏感地反映出环境的细微变化，它不仅能考虑到动物的出生率、死亡率，同时还将种群的年龄组配、产卵力、发育速率等因素包括在内。因此用不同温度条件下的内禀增长率（r_m）值的大小并结合其他生命参数，可以得出无色书虱种群生长发育、存活及繁殖的最适温度为 32.5～35℃。

1.2 温度对印度谷螟生长发育和繁殖的影响

1.2.1 温度对印度谷螟生长发育的影响

1.2.1.1 不同温度下印度谷螟各虫态发育历期

研究发现，印度谷螟刚产下的卵为椭圆粒状，略透明，白色，在几个小时内透明度下降，白色加深，胚胎发育完成时，可以在体式显微镜下看到卵内的幼虫；随后，已完成胚胎发育的幼虫咬破卵膜出来后即开始取食，幼虫不吞食卵膜，幼虫的体色会随着其龄期的增长依次经过初孵化的略透明的淡白色、低龄的淡红色、高龄的青色、蛹化前期的青白色等一系列的变化，4 龄左右的雄虫可见其背部的淡紫色斑点（第 5 腹节），在幼虫期有 5 次脱皮 6 个龄期；在蛹化前期大部分幼虫会离开饲料，爬到培养小盒的顶部吐丝结网，继而化蛹，其蛹附肢和翅芽等紧贴在蛹体，属于被蛹，初蛹化的蛹呈淡白色略带黄色，2d 左右颜色逐渐加深转为黄色；在临近羽化前，翅芽、复眼等处转为黑色，最终在蛹的头部与躯干连接处破裂，羽化为成虫；羽化的成虫最为显著的特征是其翅膀近基部约 1/3～2/5 处为灰白色，翅端约 2/3～3/5 部分为灰褐色，有灰褐色鳞片。

研究表明，印度谷螟的生长发育和温度的关系联系紧密，在 21～39℃ 的供试温度范围内，除了 39℃ 下，印度谷螟的卵不能孵化外，其余温度下均能完成世代发育。表 1-17 列出了在 21℃、24℃、27℃、30℃、33℃、36℃ 和 39℃ 共 7 个温度下的印度谷螟各虫态发育历期。单因素方差分析表明，温度对

表 1-17 不同温度下印度谷螟各虫态的发育历期

单位:d

温度/°C	卵期	一龄期	二龄期	三龄期	四龄期	五龄期	六龄期	蛹期	卵至六龄幼虫	卵至成虫
21	7.31±0.10d	15.38±0.52d	9.31±0.66d	8.44±0.34e	9.69±0.48e	14.06±0.50e	20.06±0.17e	12.20±0.28e	84.20±0.26f	111.80±0.17f
24	6.50±0.03c	8.35±0.14c	6.83±0.15c	6.27±0.07d	8.67±0.14d	9.87±0.11d	18.13±0.55d	11.18±0.16d	64.60±0.16e	87.00±0.17e
27	3.56±0.03b	5.50±0.13b	4.50±0.10b	4.89±0.08b	5.53±0.12b	7.55±0.13c	16.47±0.10c	8.21±0.09c	47.93±0.12d	63.20±0.14d
30	3.50±0.00b	5.45±0.13a	4.43±0.13ab	4.27±0.10a	4.75±0.09a	5.96±0.14a	10.80±0.43a	6.76±0.09b	39.13±0.19a	53.00±0.17a
33	2.95±0.05a	5.22±0.08a	3.91±0.06a	4.72±0.08a	5.11±0.09ab	7.42±0.10bc	11.10±0.17a	6.52±0.07ab	40.33±0.19b	54.27±0.15b
36	3.57±0.07b	6.29±0.13b	4.93±0.37b	5.86±0.29c	6.14±0.29c	6.93±0.27b	12.57±0.34b	6.14±0.21a	46.27±0.21c	59.27±0.18c
39	不能孵化	—							—	
F	966.405	335.158	119.368	102.653	165.885	190.823	108.956	340.580	8206.534	19787.471
df	5, 304	5, 304	5, 304	5, 304	5, 304	5, 304	5, 304	5, 304	5, 84	5, 84
P	0.00	0.00	0.00	0.00	0.00	0.00	0.00	0.00	0.00	0.00

注:表中数据为平均值±标准误,同一列数值后面不同字母者表示单因素分析在 0.05 水平上差异显著。

印度谷螟的各虫态发育所需时间影响是极显著的（$P<0.05$）。印度谷螟完成世代所需时间在 21～30℃范围内，随着温度的增加而逐渐缩短，在 30～36℃温度范围内，随着温度的增加而逐渐延长。在 30℃下，最短为 53.00d，在 21℃下最长为 111.80d。卵期、一龄期、二龄期在 33℃下历期最短分别为 2.95d、5.22d、3.91d；三龄期、四龄期、五龄期、六龄期在 30℃下历期最短，分别为 4.27d、4.75d、5.96d、10.80d；蛹期发育在 36℃下仅需 6.14d。

1.2.1.2　各虫态发育速率与温度关系的模拟

昆虫的生长发育不但需要在一定的温度范围内，而且需要在这个适宜昆虫生长发育的温度阈值内，昆虫的生长发育速度同样受到温度的影响。对印度谷螟各虫态生长发育速率的研究发现，其生长发育速率与温度的关系是非线性的，在 21～30℃其趋势为类似对数增长，在高于 30℃之后，该曲线迅速下降，在最高发育速度的两侧曲线并不对称。Briere 等（1999）推导的非线性模型表达式为：

$$R(T)=0, T \leqslant T_0;$$
$$R(T)=aT(T-T_0)\sqrt{T_L-T}, T_0 \leqslant T \leqslant T_L;$$
$$R(T)=0, T \geqslant T_L。$$

其中，$R(T)$ 表示平均发育速率，是昆虫某一虫态发育所需时间的倒数，单位为 d^{-1}；T 表示温度，单位为℃；T_0 表示最低发育温度，单位为℃，在计算之初，可以根据实验观察予以推测出大概范围；T_L 表示最高发育温度，单位为℃，在计算之初，可以根据实验观察予以推测出大概范围；a 表示经验常数，某一昆虫种群各虫态的 a 值在一定范围内。

将表 1-17 获取的基础数据转化成印度谷螟在不同温度条件下的生长速率资料数据，依据上述非线性模型方程，利用 SPSS19.0 统计软件进行回归方程拟合，并求出印度谷螟生长发育各虫态发育的 a、T_0、T_L 三个参数，并确定印度谷螟各虫态的发育速率与温度关系的非线性模型。

印度谷螟各虫态发育速率与温度关系的非线性方程的 a、T_0、T_L 三个参数值见表 1-18。从统计分析结果可以看出，印度谷螟的发育起点温度（T_0）为 7.40～15.94℃，其中，卵、六龄期、蛹的起始温度分别为 15.15℃、9.92℃和 7.40℃，可见印度谷螟六龄幼虫和蛹对低温的耐受能力很强；印度谷螟发育最高温度（T_L）在 37.60～44.11℃，其中，卵孵化的温度上限为 38.71℃，在 39℃下的印度谷螟卵未能发育也证实了这一推断结果。各虫态的

发育速率 $R(T)$ 与温度 T 间的拟合非线性曲线模型见图 1-5。

表 1-18 印度谷螟生长发育速率与温度关系模型参数

发育阶段	参数值			R^2
	$a/10^{-4}$	T_0/℃	T_L/℃	
卵期	2.3093±0.5771	15.15±2.34	38.71±1.18	0.92
一龄期	1.6599±0.2229	15.94±1.26	37.60±0.43	0.96
二龄期	1.7842±0.2790	14.25±1.65	38.13±0.58	0.96
三龄期	1.4900±0.1769	11.50±1.58	37.76±0.34	0.97
四龄期	1.4219±0.2909	13.36±2.35	37.94±0.68	0.92
五龄期	0.9112±0.3389	11.82±4.51	39.05±1.70	0.85
六龄期	0.4395±0.2103	9.92±6.37	39.89±2.54	0.82
蛹期	0.5549±0.1954	7.40±4.73	44.11±3.61	0.97
卵至六龄期	0.1657±0.0187	13.18±1.27	38.49±0.46	0.98
卵至成虫	0.1178±0.0150	12.78±1.44	38.90±0.58	0.98

1.2.1.3　不同温度下印度谷螟各虫态存活率

在 21～39℃试验温度条件下印度谷螟各虫态的存活率，详见表 1-19，从统计结果可以看出，在 39℃下印度谷螟的卵不能孵化，在 21～36℃范围内，印度谷螟卵的孵化率为 60.44%～90.42%，大多数在 72%左右，这可能是与试验采取体式显微镜下挑取卵粒单头培养，在挑取时，破损的、不饱满、色泽暗淡的被舍弃有关。在幼虫期，印度谷螟存活率大幅下降。最终能够羽化出成虫的印度谷螟呈现出一定的规律性，在 27～33℃范围内羽化率较高，在 21℃和 36℃下羽化率不足 20%。在 30℃下，印度谷螟羽化率最高为 58.58%。

表 1-19 不同温度下印度谷螟的存活率

温度/℃	卵孵化率/%	幼虫期存活率/%	羽化率/%
21	70.28±2.33	14.94±1.22	13.55±2.01
24	90.42±3.10	52.28±2.01	39.29±1.99
27	60.44±1.27	47.58±1.76	41.27±1.76
30	75.76±2.22	59.60±1.53	58.58±1.23
33	76.74±1.58	57.63±1.55	54.79±1.21
36	70.00±2.01	20.00±2.11	17.00±2.22
39	0.00	—	—

注：表中数据为 160～200 组重复的平均值±标准误。

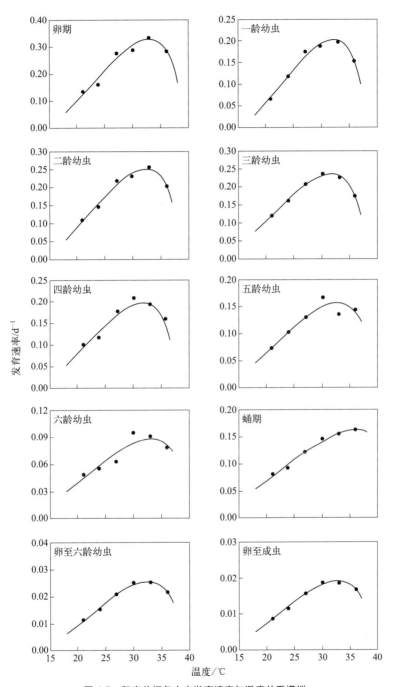

图 1-5 印度谷螟各虫态发育速率与温度关系模拟

1.2.1.4 不同温度下存活曲线与发育历期关系模拟

在实验种群中,昆虫的种群存活曲线描绘了在某一时间段内,该种群中个体随着时间的增加而逐渐减少的现象,即它描绘了某一同龄种群从出生时100%存活到全部死亡的这一过程。种群的存活曲线在不同环境条件、不同物种间是不一样的,具有物种特异性,并可以反映环境对昆虫种群存活的影响(赵志模,周新远,1984)。

拟合种群的存活率可以 Weibull 频数分布作为统计模型(Pinder 等,1978),即 Weibull 方程:

$$Sp(t)=\exp[-(t/b)^c]$$

式中,$Sp(t)$ 表示年龄为 t 时的存活率,c 为曲线的形状参数,b 为曲线的尺度参数。

种群存活曲线分为 3 种(Deevey ES,1947):Ⅰ型为上拱形,此时 $c>1$,表明种群中绝大多数个体都能实现其平均寿命;Ⅱ型为直线形,此时 $c=1$,表明种群中各个年龄组都维持大体相同的死亡率;Ⅲ型为下拱形,此时 $c<1$,表明种群中幼年阶段具有较高的死亡率。图 1-6 为不同温度条件下印度谷螟实验种群的种群存活曲线。

表 1-20 中各参数为图 1-6 拟合 Weibull 方程计算所得,从表中数据可以看出,21~33℃范围内,印度谷螟实验种群存活曲线为上拱形($c>1$),表明种群中绝大多数个体都能实现其平均寿命,且在 21~30℃范围内随着温度上升,c 值增大,在 30~36℃范围内,随着温度上升,c 值下降,c 值反映了种群存活曲线的形状。在 36℃条件下,$c<1$,表明种群中幼年阶段具有较高的死亡率。

表 1-20 不同温度下印度谷螟实验种群存活曲线(Weibull 方程)参数

项目	21℃	24℃	27℃	30℃	33℃	36℃
b	23.268	75.995	56.930	55.167	52.085	30.268
c	1.208	1.486	1.559	1.601	1.202	0.837
R^2	0.942	0.906	0.852	0.889	0.834	0.921

1.2.2 温度对印度谷螟繁殖力和生命参数的影响

1.2.2.1 不同温度下印度谷螟的繁殖情况

通过研究观察发现,在 27~33℃试验温度范围内,印度谷螟羽化后即可交

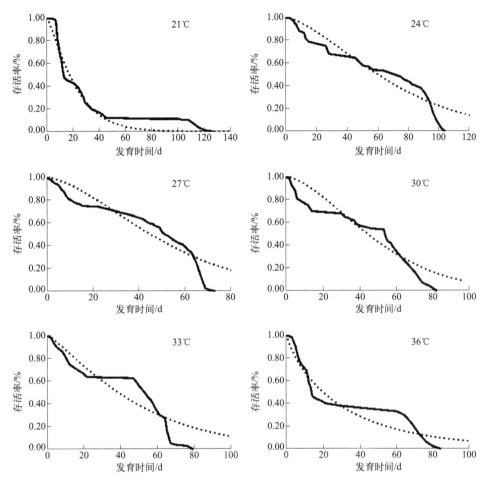

图 1-6 不同温度下印度谷螟实验种群存活曲线模拟

点线为拟合的 Weibull 方程；实线为实际观察的存活率

配产卵，在第 3 天产卵数量达到高峰，印度谷螟雌虫产卵时喜在烧杯边沿处，卵为单产和聚产。印度谷螟雌虫的产卵期较短，在 5.21~10.42d，且高温下产卵期比低温下短。平均产卵量受温度的影响较大，在 30℃ 条件下，印度谷螟平均产卵量为 82.12 粒，在 36℃ 下平均产卵量最少，为 24.00 粒。印度谷螟幼虫在四龄期即辨别雌雄，本研究在统计印度谷螟雌性比时发现，雌性个体占总体的比率在 0.49~0.53 范围内，总体而言，雌性个体比雄性个体略多一些（表 1-21）。

表 1-21 不同温度下印度谷螟的雌性比率、产卵期、产卵量

温度/℃	雌性比率	产卵期/d	平均产卵量/粒
21	0.52	10.42±2.32	26.10±2.11

续表

温度/℃	雌性比率	产卵期/d	平均产卵量/粒
24	0.53	8.89±1.89	34.64±2.05
27	0.52	7.72±0.97	80.05±3.33
30	0.52	7.94±0.77	82.12±2.21
33	0.49	5.58±0.81	56.72±1.97
36	0.50	5.21±0.45	24.00±3.18
39	—	—	—

注：表中数据为160~200组重复的平均值±标准误。

1.2.2.2　不同温度下印度谷螟实验种群生殖力生命表的组建

生命表是深入研究昆虫种群的变化规律，合理制定害虫防控策略的有力工具。生殖力生命表是描述某一特定年龄（如成虫）生殖力与死亡率相互关系的生命表。根据印度谷螟在不同温度下的生长发育时间（x）、存活率（l_x）和对应的产卵量、雌性比率等原始数据，分别组建了印度谷螟在21~36℃共6个培养温度条件下的印度谷螟实验种群生殖力生命表，见表1-22~表1-27。

表1-22　印度谷螟实验种群在21℃条件下的生殖力生命表

x	l_x	m_x	$l_x m_x$	$x l_x m_x$
0	1.000	—	—	—
96	0.111	0.000	0.000	0.000
100	0.111	0.260	0.029	2.889
102	0.111	1.040	0.116	11.787
104	0.100	2.080	0.208	21.632
106	0.100	5.200	0.520	55.120
108	0.100	4.576	0.458	49.421
110	0.089	0.364	0.032	3.560
112	0.067	0.000	0.000	0.000
114	0.556	0.052	0.029	3.296
116	0.033	0.000	0.000	0.000
118	0.022	0.000	0.000	0.000
120	0.011	0.000	0.000	0.000
122	0.000	0.000	0.000	0.000
Σ	—	—	1.391	147.704

注：x 为以 d 为单位的时间间隔；l_x 为实验种群中个体在 x 期间存活的概率；m_x 为在 x 期间平均每雌产卵数；当 x 在96d以内时，为未成熟期，m_x、$l_x m_x$、$x l_x m_x$ 均无数据。

表 1-23 印度谷螟实验种群在 24℃条件下的生殖力生命表

x	l_x	m_x	$l_x m_x$	$x l_x m_x$
0	1.000	—	—	—
76	0.453	0.000	0.000	0.000
77	0.430	0.530	0.228	17.544
81	0.411	2.544	1.046	84.737
82	0.402	8.141	3.272	268.266
84	0.379	4.070	1.541	129.416
88	0.346	1.357	0.469	41.287
90	0.304	1.187	0.361	32.454
92	0.252	0.530	0.134	12.304
94	0.164	0.000	0.000	0.000
96	0.103	0.000	0.000	0.000
98	0.061	0.000	0.000	0.000
Σ	—	—	7.050	586.008

注：x 为以 d 为单位的时间间隔；l_x 为实验种群中个体在 x 期间存活的概率；m_x 为在 x 期间平均每雌产卵数；当 x 在 76d 以内时，为未成熟期，m_x、$l_x m_x$、$x l_x m_x$ 均无数据。

表 1-24 印度谷螟实验种群在 27℃条件下的生殖力生命表

x	l_x	m_x	$l_x m_x$	$x l_x m_x$
0	1.000	—	—	—
49	0.560	0.000	0.000	0.000
50	0.520	0.510	0.265	13.260
51	0.504	1.020	0.514	26.218
53	0.480	4.514	2.166	114.823
55	0.448	19.339	8.664	476.518
57	0.424	9.670	4.100	233.695
59	0.408	3.223	1.315	77.589
61	0.368	1.020	0.375	22.897
63	0.336	1.020	0.343	21.591
65	0.248	0.510	0.126	8.221
67	0.128	0.000	0.000	0.000
69	0.024	0.000	0.000	0.000
71	0.008	0.000	0.000	0.000
Σ	—	—	17.869	994.813

注：x 为以 d 为单位的时间间隔；l_x 为实验种群中个体在 x 期间存活的概率；m_x 为在 x 期间平均每雌产卵数；当 x 在 49d 以内时，为未成熟期，m_x、$l_x m_x$、$x l_x m_x$ 均无数据。

表 1-25　印度谷螟实验种群在 30℃条件下的生殖力生命表

x	l_x	m_x	$l_x m_x$	$x l_x m_x$
0	1.000	—	—	—
42	0.596	0.000	0.000	0.000
44	0.590	0.441	0.260	11.449
46	0.589	2.068	1.218	56.030
48	0.586	11.700	6.854	329.010
50	0.570	15.675	8.935	446.750
52	0.500	8.929	4.464	232.143
54	0.300	3.128	0.938	50.671
56	0.300	0.517	0.155	8.686
70	0.162	0.000	0.000	0.000
78	0.040	0.000	0.000	0.000
Σ	—	—	22.825	1134.740

注：x 为以 d 为单位的时间间隔；l_x 为实验种群中个体在 x 期间存活的概率；m_x 为在 x 期间平均每雌产卵数；当 x 在 42d 以内时，为未成熟期，m_x、$l_x m_x$、$x l_x m_x$ 均无数据。

表 1-26　印度谷螟实验种群在 33℃条件下的生殖力生命表

x	l_x	m_x	$l_x m_x$	$x l_x m_x$
0	1.000	—	—	—
45	0.624	0.000	0.000	0.000
47	0.620	0.287	0.178	8.346
49	0.577	1.315	0.759	37.201
51	0.548	7.878	4.317	220.163
53	0.498	8.132	4.047	214.495
55	0.451	7.077	3.189	175.419
56	0.437	3.561	1.555	87.062
57	0.413	0.000	0.000	0.000
58	0.380	0.000	0.000	0.000
59	0.352	0.000	0.000	0.000
61	0.300	0.000	0.000	0.000
70	0.038	0.000	0.000	0.000
Σ	—	—	14.045	742.686

注：x 为以 d 为单位的时间间隔；l_x 为实验种群中个体在 x 期间存活的概率；m_x 为在 x 期间平均每雌产卵数；当 x 在 45d 以内时，为未成熟期，m_x、$l_x m_x$、$x l_x m_x$ 均无数据。

表 1-27 印度谷螟实验种群在 36℃条件下的生殖力生命表

x	l_x	m_x	$l_x m_x$	$x l_x m_x$
0	1.000	—	—	—
50	0.357	0.000	0.000	0.000
52	0.357	0.120	0.043	2.229
54	0.357	1.680	0.600	32.400
56	0.357	5.760	2.057	115.200
58	0.357	2.880	1.029	59.657
60	0.327	0.960	0.313	18.808
68	0.224	0.600	0.135	9.159
76	0.061	0.000	0.000	0.000
84	0.000	0.000	0.000	0.000
Σ	—	—	4.177	237.453

注：x 为以 d 为单位的时间间隔；l_x 为实验种群中个体在 x 期间存活的概率；m_x 为在 x 期间平均每雌产卵数；当 x 在 50d 以内时，为未成熟期，m_x、$l_x m_x$、$x l_x m_x$ 均无数据。

从上述印度谷螟实验种群在各实验温度（21～36℃）条件下的生殖力生命表（表 1-22～表 1-27）可以看出，该昆虫生长发育的世代时间、死亡率、产卵期、产卵量等受到温度因素的影响，这与印度谷螟为变温动物的生物特性有关。

1.2.2.3 不同温度下印度谷螟实验种群生命参数

内禀增长率的定义为：具有稳定年龄结构的种群，在食物与空间不受限制、同种其他个体的密度维持在最适水平、环境中没有天敌并在某一特定的温度、湿度、光照和食物性质的环境条件组配下，种群的最大瞬时增长率。反映了种群在理想状态下，生物种群的扩繁能力。

参照 Wang 等（2000）方法，根据在不同温度（21～36℃）条件下建立的印度谷螟实验种群生殖力生命表（表 1-22～表 1-27），按照下列公式求出对应实验条件下的净生殖率 R_0、世代平均历期 T、内禀增长率 r_m、种群翻倍时间 t 等影响种群增长的重要生命参数。

（1）净生殖率 R_0：

$$R_0 = \sum l_x m_x$$

（2）世代平均历期 T：

$$T = \frac{\sum l_x m_x x}{R_0}$$

（3）内禀增长率 r_m：

$$r_m = \frac{\ln R_0}{T}$$

（4）种群翻倍时间 t：

$$t = \frac{\ln 2}{r_m}$$

从表 1-28 中各参数值和图 1-7 中 r_m 曲线，可以看出，印度谷螟的内禀增长率受温度影响很大，在 21～30℃时，r_m 随着温度的增加而提高，在 30～36℃时，r_m 随着温度的增加而减小。在 30℃时，印度谷螟实验种群 r_m 最大（0.063），其次是 33℃（0.050）和 27℃（0.052）。印度谷螟种群翻倍时间 t 与 r_m 呈反向关系，r_m 增大时，t 随之减小，r_m 减小时，t 随之增大。在 30℃时，印度谷螟的实验种群翻倍时间 t 最小（11.017d），其次是 27℃（13.385d）和 33℃（13.872d），在 21℃时印度谷螟的实验种群翻倍时间 t 最大（222.817d）。

表 1-28　不同温度下印度谷螟实验种群的生命参数

温度/℃	R_0	T/d	r_m	t/d
21	1.391	106.161	0.003	222.817
24	7.050	83.125	0.023	29.503
27	17.869	55.672	0.052	13.385
30	22.825	49.714	0.063	11.017
33	14.045	52.879	0.050	13.872
36	4.177	56.851	0.025	27.566

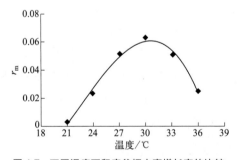

图 1-7　不同温度下印度谷螟内禀增长率的比较

1.2.3　小结

在试验过程中对印度谷螟个体生长发育的观察结果与前人的研究相一致，

并进一步对印度谷螟个体生长发育观察过程的描述予以充实和丰富。观察发现，以稻谷为食料的印度谷螟幼虫期有6个龄期，在幼虫发育过程中伴随着体色的变化，蛹为被蛹，羽化后的成虫存活时间比未成熟期短。

温度显著影响印度谷螟各虫态的发育历期和发育速度。依据 Briere 等（1999）推导的昆虫种群生长发育速率与温度关系的非线性模型，拟合了印度谷螟各虫态生长发育速率 $R(T)$ 与温度 T 的非线性模型，并绘制了该模型曲线。印度谷螟的发育起点温度（T_0）为 7.40～15.94℃，其中卵孵化的起始温度和最高温度分别为 15.15℃、38.71℃，在 39℃下的印度谷螟卵未能发育也证实了这一结论。

通过观察发现，在 27～33℃试验温度范围内，印度谷螟羽化后即可交配产卵，在第 3 天产卵数量达到高峰。研究统计显示印度谷螟雌性个体占总体的比率在 0.49～0.53 范围内，总体而言，雌性个体比雄性个体略多一些，与其他学者对印度谷螟自然种群的观察结果相一致。印度谷螟雌虫的产卵期较短，在 5.21～10.42d，且高温下产卵期比低温下短。平均产卵量受温度的影响较大，在 30℃和 21℃条件下，印度谷螟平均产卵量分别为 82.12 粒和 26.10 粒。

将生命表技术应用于昆虫自然种群的研究是从 Morris 等（1954）开始的，生殖力生命表是描述某一特定年龄（或龄期）生殖力与死亡率相互关系的生命表，将生命表技术应用于获取昆虫种群参数、预测种群数量、评价管理措施和手段对害虫种群数量控制的效果等，已经成为一种对昆虫种群预测和管理研究的非常重要的技术手段（赵志模，周新远，1984；徐汝梅，1987）。昆虫生命表可以明确不同致死因子对昆虫种群数量变动所起作用的大小，从而分析确定关键因子，并根据死亡和出生的数据估计下一代种群消长的趋势。

本研究组建了不同温度下印度谷螟实验种群生殖力生命表，明确了与印度谷螟种群变化相关的净生殖率 R_0、世代平均历期 T、内禀增长率 r_m、种群翻倍时间 t 等重要的生命参数。在 6 个供试温度条件下，在 30℃试验条件下，印度谷螟实验种群的内禀增长率均达到最大值，为 0.063，平均发育时间达到最小值，为 49.714d，种群翻倍时间达到最小值，为 11.017d。

参考文献

白旭光，曹阳.1997.中国储粮虱啮（书虱）昆虫两新种记录及两已知种补记［J］.中国粮油学报，12(1)：1-3.

程伟霞，柴玉鑫，王进军.2006.四种杀虫剂对两种书虱谷胱甘肽-S-转移酶和超氧化物歧化酶的影响［J］.植物保护学报（03）：333-334.

程伟霞, 王进军, 陈志永. 2005. 杀虫剂胁迫下嗜卷书虱和嗜虫书虱能源物质的代谢比较 [J]. 动物学研究, 26(5): 545-550.

程伟霞, 王进军, 王梓英, 等. 2002. 嗜卷书虱和嗜虫书虱酯酶性质的比较研究 [J]. 农药学学报, 4(4): 47-51.

程伟霞, 王进军, 赵志模, 等. 2004. 四种杀虫剂对两种书虱羧酸酯酶和乙酰胆碱酯酶的抑制作用 [J]. 动物学研究, 25(4): 321-326.

丁伟, 赵志模, 李小珍. 2001. 熏蒸杀虫药剂的作用机理及昆虫的抗性 [C]. 第二届全国植物农药暨第六届药剂毒理学术讨论会论文集, 433-437.

丁岩钦. 1994. 昆虫数学生态学 [M]. 北京: 科学出版社, 153-201.

董鹏, 王进军, 赵志模. 2006. Wolbachia 对储藏物害虫三色书虱的感染及对其生殖的影响 [J]. 中国科技论文在线, (2016-01-30) [2023-11-22]. paper.edu.cn/releasepaper/content/200601-311.

董鹏, 王进军. 2004. 三色书虱体内共生微生物 Wolbachia 的 *wsp* 基因的分子检测 [J]. 动物学研究, 25(5): 456-459.

董鹏, 王进军. 2006. Wolbachia 对宿主的生殖调控作用及其研究进展 [J]. 昆虫知识, 43(3): 284-290.

李志红, 李法圣, 张宝峰. 1999. 中国书虱属的分类研究 [J]. 植物检疫, 13(2): 77-79.

李志红, 李法圣. 1995. 中国书虱属四新种 (啮目: 虱啮科) [J]. 北京农业大学学报, 21(2): 215-222.

李志红. 1994. 中国虱啮属 (*Psocoptera*: *Liposcelididae*) 昆虫分类学研究 [D]. 北京: 中国农业大学.

陆安邦, 曹阳, 白旭光. 1988. 嗜卷书虱生活史及习性初步研究 [J]. 郑州粮食学院学报, 2: 44-47.

孟香清, 芮昌辉, 赵建周, 等. 1998. 抗三氟氯氢菊酯棉铃虫种群相对适合度研究 [J]. 植物保护, 24: 12-14.

陶卉英. 2005. 嗜卷书虱乙酰胆碱酯酶生化特性及其 cDNA 片段的克隆 [D]. 重庆: 西南农业大学.

王进军, 赵志模, 郭依泉, 等. 1996a. 温度、湿度对嗜虫书虱生长发育和繁殖的影响 [J]. 植物保护学报, 23(2): 147-152.

王进军, 赵志模, 郭依泉. 1996b. 嗜虫书虱的有效积温及气调致死作用研究 [J]. 西南农业大学学报, 18(2): 155-158.

王进军, 赵志模, 李隆术. 1998. 气调、红桔油及温度对嗜卷书虱熏蒸作用的交互效应 [J]. 中国粮油学报, 13(6): 55-58.

王进军, 赵志模, 李隆术. 1999a. 嗜卷书虱的实验生态研究 [J]. 昆虫学报, 42(3): 277-283.

王进军, 赵志模. 1999b. 不同食物对嗜卷书虱发育和繁殖的影响 [J]. 昆虫知识, 36(2): 95-97.

王进军, 赵志模, 李隆术. 2001. 嗜卷书虱实验种群生命表的研究 [J]. 应用生态学报, 12(1): 83-85.

王进军. 1997. 嗜卷书虱种群生态及其对气调抗性的机理研究 [D]. 重庆: 西南农业大学.

王梓英. 2006. 几种书虱与胞内共生菌共生关系的研究 [D]. 重庆: 西南大学.

徐汝梅. 1987. 昆虫种群生态学 [M]. 北京: 北京师范大学出版社, 20-26.

赵志模, 周新远. 1984. 生态学引论 [M]. 北京: 科学技术文献出版社, 16-85.

Broadhead B A. 1944. Studies on a species of *Liposcelis* (*Corrodentia*, *Liposcelididae*) occurring in stored products in Britain-Part 1[J]. Entomologist's monthly Magazine, 80: 45-55.

Deevey E S. 1947. Life tables for natural populations[J]. Quarterly Review of Biology, 22: 283-314.

Dong P, Wang J J, Hu F, et al. 2007a. Influence of Wolbachia infection on the fitness of the stored-product pest *Liposcelis tricolor* (*Psocoptera*: *Liposcelididae*)[J]. Journal of Economic Entomology, 100(4): 1476-1481.

Finlayson L R. 1932. Some notes on the biology and life history of psocids[J]. Ontario Dept Agr 63rd Ann Rept Ent Soc, 2: 56-58.

Ghani M A. 1951. Ecological studies of the book louse, *Liposcelis divinatorius* (Mull)[J]. Ecology, 32: 230-243.

Guedes R N C, Zhu K Y, Opit G P, et al. 2008. Differential heat shock tolerance and expression of heat-inducible proteins in two stored-product psocids[J]. Journal of Economic Entomology, 101: 1974-1982.

Jiang H B, Liu J C, Wang Z Y, et al. 2008. Temperature-dependent development and reproduction of a novel stored product ssocid,*Liposcelis badia* (*Psocoptera*：*Liposcelididae*) [J]. Environmental Entomology, 37: 1105-1112.

Lienhard C. 1990. Revision of the Western Palaearctic species of *Liposcelis Motschulsky* (*Psocoptera*：*Liposcelididae*) [J]. Zoologische Jahrbücher, Abteilung für Systematik, Ökologie und Geographie der Tiere, 117(2): 117-174.

Morris R F, Miller C A. 1954. The development of life tables for the spruce budworm[J]. Canadian Journal of Zoology, 32: 283-301.

Nayak M K, Daglish M K. 2006. Potential of imidacloprid to control four species of *psocids* (*Psocoptera*：*Liposcelididae*) infesting stored grain[J]. Pest Management Science, 62: 646-650.

Nayak M K, Daglish M K. 2007. Combined treatments of spinosad and chlorpyrifos-methyl for management of resistant psocid pests (*Psocoptera*：*Liposcelididae*) of stored grain[J]. Pest Management Science, 63: 104-109.

New T R. 1987. Biology of the *Psocoptera*[J]. Orient Insects, 21: 101-109.

Pinder J E, Wiener J G, Smith M H. 1978. The Weibull distribution: a new method of summarizing survivorship data[J]. Ecology, 59: 75-179.

Qin M, Li H, Kucerova Z, et al. 2008. Rapid discrimination of the common species of the stored product pest *Liposcelis* (*Psocoptera*：*Liposcelididae*) from China and the Czech Republic, based on PCR-RFLP analysis[J]. European Journal of Entomology, 105(4): 713-717.

Roush R T, Tabbashnik B E. 1990. Pesticide Resistance in Arthropods[M]. New York: Chapman and Hall Press, 97-153.

Tang P A, Wang J J, He Y, et al. 2008. Development, Survival, and Reproduction of the *Psocid Liposcelis decolor* (Pearman) (*Psocoptera*：*Liposcelididae*) at Constant temperatures[J]. Annals Of the Entomological Society of America, 101(6): 1017-1025.

Turner B D, Ali N. 1996. The pest status of *Psocids* in the UK [C]. Proceedings of the Second International Conference on Insect Pests in the Urban Environment, 515-523.

Turner B D. 1986. What's moving in the muesli[J]. New Scientist, 43-45.

Turner B D. 1990. A simple device for extracting small insects and mites from powdered foodstuffs [J]. Entomologist's monthly Magazine, 126: 201-203.

Yusuf M, Turner B D, Whitfield P, et al. 2000. Electron microscopical evidence of a vertically transmitted Wolbachia-like parasite in the parthenogenetic, stored-product pest *Liposcelis bostrychophila Badonnel* (Psocoptera) [J]. Journal of Stored Products Research, 36: 169-175.

Yusuf M, Turner B D. 2004. Characterisation of Wolbachia-like bacteria isolated from the parthenogenetic stored-product pest psocid *Liposcelis bostrychophila Badonnel* (Psocoptera) [J]. Journal of Stored Products Research, 40: 207-225.

第二章

储粮害虫感受器的解析

昆虫的触角是感受外界信息的主要部位，触角上着生多种感器，在觅食、择偶、交配、繁殖等活动中具有重要作用。感器是通过表皮特化形成的（孙虹霞等，2006），是昆虫感受环境刺激的主要结构。昆虫感器众多，不同昆虫其感器的分布、形态和功能也不同。昆虫触角上的感器大致可分为十多个种类：刺形感器（sensillum chaeticum，SC），毛形感器（sensillum trichodeum，ST），锥形感器（sensillum basiconicum，SB），腔锥感器（sensillum coeloconicum，SCo），板形感器（sensillum placodeum，SP），栓锥形感器（sensillum styloconicum，SSt），鳞形感器（sensilla squamiformia，SSq），剑梢感器（sensilla scolopalia，SSc），钟形感器（sensillum campaniformium，SCa），Böhm 氏鬃毛（Böhm bristle，BB）（Schneider D 等，1964）等。本研究团队围绕重要储粮害虫，基于扫描电镜技术开展其触角感器观察与识别研究。

2.1 锈赤扁谷盗触角感器的扫描电镜观察

利用扫描电镜对锈赤扁谷盗触角感器进行观察，发现其触角由柄节、梗节和鞭节组成，鞭节分 9 个亚节。雄虫触角各节均显著长于雌虫，而直径除鞭节 5、7、8、9 四节外，其余各节均显著大于雌虫。成虫触角感器主要有刺形感器、毛形感器和 Böhm 氏鬃毛 3 种主要类型。其中，刺形感器具有 4 种形态，主要分布于鞭节第 7、8、9 节，毛形感器有 2 种形态，毛形感器Ⅰ各节都有分布，毛形感器Ⅱ仅有 1 根，位于柄节腹面，Böhm 氏鬃毛主要分布于柄节与梗节连接处。雌、雄虫感器的类型、分布无明显差异，雄虫感器密度略大于雌虫。

2.1.1 触角的一般形态

锈赤扁谷盗雌雄虫触角均为线状，共有 11 节，柄节（scape，Sc）、梗节

(pedicel，Pe) 各1节，鞭节 (flagellum，F) 分为9个亚节。其中，第9亚节端部表面光滑，而基部与其他各节表面均呈鳞片状。锈赤扁谷盗雄虫触角 (991.2～1027.4μm) 显著长于雌虫 (636.3～679.1μm)，雌雄触角各节长度均有显著差异 ($P<0.05$)；雄虫触角的柄节、梗节以及鞭节的1、2、3、4、6节直径显著大于雌虫，鞭节的8、9两节显著小于雌虫，而鞭节的5、7两节直径没有显著差异 ($P>0.05$)。锈赤扁谷盗成虫触角各节长度和直径数据见表2-1和表2-2。

表2-1 锈赤扁谷盗触角各节平均长度　　　　　　　　　　单位：μm

性别	柄节	梗节	鞭节									全长
			F1	F2	F3	F4	F5	F6	F7	F8	F9	
雄	(107.9±9.2)a	(81.6±4.3)a	(59.2±4.4)a	(70.8±6.4)a	(86.5±6.6)a	(85.6±7.2)a	(91.6±8.4)a	(79.4±6.6)a	(101.6±1.1)a	(105.9±5.9)a	(139.3±3.7)a	(1009.4±24.2)a
雌	(72.4±6.8)b	(65.1±3.7)b	(41.6±2.9)b	(43.7±2.9)b	(48.3±2.5)b	(47.2±3.0)b	(53.5±3.5)b	(47.3±2.1)b	(77.6±0.8)b	(69.8±2.2)b	(91.1±5.9)b	(657.6±16.5)b

注：表中数据为平均值±标准误，同一列中不同字母表示雌雄虫触角各节长度有显著差异 ($P<0.05$)。

表2-2 锈赤扁谷盗触角各节直径　　　　　　　　　　单位：μm

性别	柄节	梗节	鞭节								
			F1	F2	F3	F4	F5	F6	F7	F8	F9
雄	(71.7±5.1)a	(60.9±3.8)a	(53.7±3.0)a	(52.0±3.5)a	(52.2±3.8)a	(51.4±4.3)a	(51.2±2.9)a	(50.1±1.7)a	(58.2±1.9)a	(54.3±2.7)a	(48.0±1.6)a
雌	(59.0±1.9)b	(52.1±2.7)b	(44.7±2.0)b	(44.8±2.2)b	(46.2±2.2)b	(46.4±0.6)b	(48.9±1.8)b	(47.2±0.9)b	(59.6±2.7)a	(60.7±5.8)b	(49.8±1.3)b

注：表中数据为平均值±标准误，同一列中不同字母表示雌雄虫触角各节长度有显著差异 ($P<0.05$)。

2.1.2 触角感器类型和分布

利用扫描电镜观察锈赤扁谷盗触角感器，发现有3种类型的感器，分别为刺形感器、毛形感器和Böhm氏鬃毛。感器呈环状排列，从基部至端部感器数量和类型越来越多。触角末节端部感器呈菊花状分布，囊括了除Böhm氏鬃毛外的所有感器类型，密度大，其上感器基部均凸起（图2-1）。

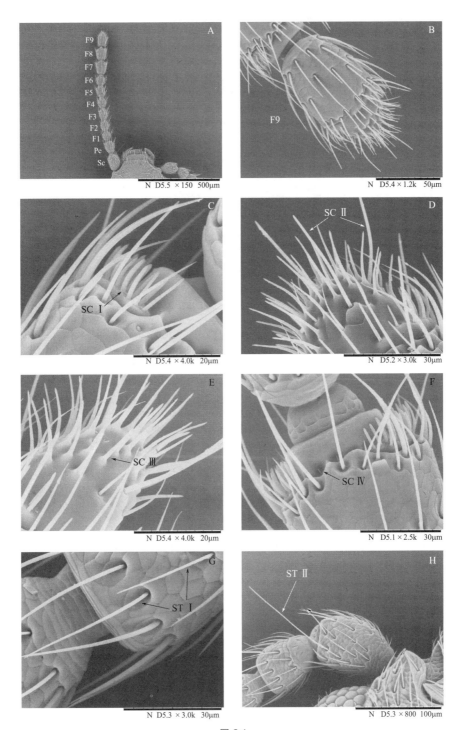

图 2-1

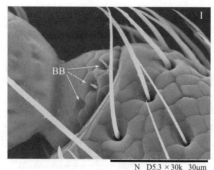

图 2-1 锈赤扁谷盗触角形态及感器类型

Sc：柄节；Pe：梗节；F1~F9：第1至第9鞭亚节；SC Ⅰ：刺形感器Ⅰ；SC Ⅱ：刺形感器Ⅱ；
SC Ⅲ：刺形感器Ⅲ；SC Ⅳ：刺形感器Ⅳ；ST Ⅰ：毛形感器Ⅰ；ST Ⅱ：毛形感器Ⅱ；BB：Böhm氏鬃毛。

2.1.2.1 刺形感器

感器由基部向端部渐细，端部圆钝，感器整体刚直如刺，直立生长于触角表面。数量较少，分布于鞭节第7、8、9三节，基部多生长于表皮凸起部位。按长度和形状不同，可分为四种类型：Ⅰ型、Ⅱ型、Ⅲ型和Ⅳ型。刺形感器Ⅰ（SC Ⅰ，见图2-1C）分布于鞭节7、8、9三个亚节靠近端部位置两侧，每个亚节有两簇感器，每簇感器生长于同一个凸起的基座上。长度大约 7.9~11.5μm，基部直径 1.2μm。刺形感器Ⅱ（SC Ⅱ，见图2-1D）和刺形感器Ⅲ（SC Ⅲ，见图2-1E）分布于末节端部，其中刺形感器Ⅱ生长于凸起的基部上，长度大约 5.7~12.2μm，基部直径 1.02μm。刺形感器Ⅲ底部无基座，直立生长于皮肤表面，略短于刺形感器Ⅱ，长度大约 4.7~10.1μm，基部直径 1.00μm。刺形感器Ⅳ（SC Ⅳ，见图2-1F）数量很少，仅分布于鞭节7、8亚节腹面两个锥形感器簇之间，约2~3根。感器细而短，形似芽状，基部生长于凹陷的浅窝中，长度大约 1.3~1.8μm，基部直径 0.4μm。

2.1.2.2 毛形感器

感器细长，与刺形感器外形相似，但靠近端部略微弯曲，器壁有纵纹，是数量最多分布最广的一类感器。按长度和形状不同，可分为两种类型：Ⅰ型和Ⅱ型。毛形感器Ⅰ（ST Ⅰ，见图2-1G）是毛形感器中数量最多的感器，在各节均有分布，多生长于表皮浅窝中。长度 12.3~79.8μm，基部直径 1.2μm。毛形感器Ⅱ（ST Ⅱ，见图2-1H）仅生长于柄节腹面处，且仅有一根，是所有感器中最长的，大约95.6～160.2μm，基部直径2.1μm。

2.1.2.3 Böhm 氏鬃毛

成簇分布于柄节与梗节连接处，被柄节表皮包裹，形似断刺，无基窝（BB，见图2-1I），长度大约1.5～1.9μm，基部直径0.4μm。

2.1.3 雌、雄虫触角感器比较

通过对雌、雄触角感器的比较观察，发现二者的感器类型与分布规律类似，均具有刺形感器（Ⅰ型、Ⅱ型、Ⅲ型和Ⅳ型）、毛形感器（Ⅰ型、Ⅱ型）和Böhm氏鬃毛。对锈赤扁谷盗成虫感器的长度、基部直径和密度测量表明，雌、雄虫各类型的感器长度、基部直径并无明显差异；雄虫的感器密度略大于雌虫。

研究结果表明，锈赤扁谷盗雌、雄虫触角形态类似，均属于线状触角，由柄节、梗节和鞭节组成。雌、雄虫触角上着生的感器数量、类型和分布无明显差异。触角感器主要有刺形感器、毛形感器和Böhm氏鬃毛3种。刺形感器分为Ⅰ型、Ⅱ型、Ⅲ型和Ⅳ型4种亚型，其中，刺形感器Ⅰ分布于鞭节第7、8两节端部，成簇分布；刺形感器Ⅱ和Ⅲ分布于末节端部；刺形感器Ⅳ分布于鞭节第7、8两节，位于刺形感器Ⅰ之间，数量较少。毛形感器Ⅰ是数量最多的感器，触角各节均有分布；毛形感器Ⅱ仅有1根，分布于触角柄节腹面；Böhm氏鬃毛主要分布于柄节与梗节连接处。

2.1.4 小结

锈赤扁谷盗触角感器类型属于鞘翅目昆虫常见类型，其主要生理功能在其他鞘翅目昆虫种已有报道（高宇 等，2013；费仁雷 等，2012；阎雄飞，等，2010）。刺形感器一般认为具有感受外界机械力的作用和感受化学信息的作用（马瑞燕 等，2000）。锈赤扁谷盗刺形感器Ⅰ、Ⅲ和Ⅳ分布于7、8、9鞭节，且分布较集中，长度较短，故认为其为化学感器。刺形感器Ⅱ分布于触角末节端部，直立生长在触角表皮，高于其他感器，较先接触到外界物体，因此推测刺形感器Ⅱ为机械感器。毛形感器Ⅰ是锈赤扁谷盗触角上数量最多、分布最广的一类感器，多数膜翅目昆虫的毛形感器Ⅰ被认为具有感受机械刺激的功能（Bartlet 等，1999）。但是，天牛科（费仁雷 等，2012）、小蠹科（Faucheux，1994）、象甲科（Lopes 等，2002；Isidoro 等，1992）、步甲科（Saïd 等，2003）

及其他科甲虫毛形感器Ⅰ已经推测或证实其功能为嗅觉感受，因此，推测锈赤扁谷盗毛形感器Ⅰ为嗅觉感器。毛形感器Ⅱ在其他昆虫中未见报道，因其着生于柄节腹面，长度为毛形感器Ⅰ的2~3倍，生长方向向口部靠拢，便于感受口部周围的化学信息，有助于觅食，推测锈赤扁谷盗毛形感器Ⅱ为化学信息感器。几乎所有的鞘翅目昆虫都发现分布有Böhm氏鬃毛（Onagbola等，2008），大部分研究表明当遇到机械刺激时有缓冲重力的作用，因此其被认为是一种重力感器（马瑞燕 等，2000；Kim 等，1996；陆宴辉 等，2007；宫田睿 等，2012）。研究发现锈赤扁谷盗跟其他鞘翅目昆虫一样，在触角柄节与梗节连接处分布有Böhm氏鬃毛，推测其功能也是缓冲触角重力，从而控制触角位置及下降速度。

作者团队对锈赤扁谷盗触角感器的超微结构进行了扫描电镜观察，并参考近缘种昆虫触角感器的研究结果，对其触角感器的功能做了推测。而更深层次的研究有待于借助透射电镜以及电生理实验技术，从本质上探讨锈赤扁谷盗各类感器的功能以及在行为反应中的作用。

2.2 杂拟谷盗触角感器的扫描电镜观察

利用扫描电子显微镜对杂拟谷盗成虫触角形态及感器进行了观察，结果表明，杂拟谷盗成虫触角为棒形，由柄节、梗节和鞭节组成，其中鞭节又分为9个亚节，不存在雌雄二型现象。雌、雄成虫触角上均存在以下6类14种感器，包括Böhm氏鬃毛、3种毛形感器、1种栓锥形感器、6种锥形感器、1种刺形感器、2种指形感器。雌雄个体之间触角感器的类型、分布、长度、基部直径没有明显差异。

2.2.1 触角的一般形态

杂拟谷盗雌雄成虫触角形态相似，均呈棒状（见图2-2A和图2-2B），共11节：柄节（scape, Sc）圆柱形，较粗壮；梗节（pedicel, Pe）较柄节细短；鞭节（flagellum, F）由9个亚节组成。除雌虫触角鞭节第2、6、8亚节长度以及第1、7亚节的端部直径显著大于雄虫外，雌雄成虫触角其余各节长度及端部直径和基部直径、总长度均无显著性差异（$P>0.05$）。杂拟谷盗与赤拟谷盗形态相似，杂拟谷盗鞭节末端三亚节直径、长度逐渐膨大成棒形，而赤拟谷盗末端三亚节突然膨大成锤状（胡飞，2009），为两者的区别之一。鞭节第9

亚节似球形，为鞭节中最粗壮亚节。触角表面除鞭节末端端部光滑外其余各节表面均呈鳞片状。杂拟谷盗雌雄成虫触角各节长度、端部、基部直径数据见表 2-3～表 2-5。

表 2-3 杂拟谷盗成虫触角各节平均长度　　　　　　　　　　　单位：μm

性别	柄节	梗节	鞭节									全长
			F1	F2	F3	F4	F5	F6	F7	F8	F9	
雌虫	72.6±10.3	62.1±7.4	66.8±7.9	(49.9±4.6)*	49.4±10.4	48.5±8.7	51.6±8.2	(58.0±5.8)*	62.2±9.5	(66.1±5.0)*	93.2±7.4	653.8±49.4
雄虫	78.3±15.5	57.4±4.9	65.0±5.6	(45.1±6.0)*	46.0±5.0	44.3±6.4	49.0±4.5	(52.0±5.5)*	56.7±6.3	(56.7±6.1)*	95.5±7.4	638.9±38.8

注：表中数据为平均值±标准误，*表示雌雄虫触角各节长度有显著差异（$P<0.05$）。

表 2-4 杂拟谷盗成虫触角各节端部直径　　　　　　　　　　　单位：μm

性别	柄节	梗节	鞭节								
			F1	F2	F3	F4	F5	F6	F7	F8	F9
雌虫	80.1±4.6	70.2±4.7	(62.8±3.5)*	67.4±3.9	72.6±4.5	76.5±4.2	84.1±10.0	102.9±7.1	(118.1±6.5)*	121.2±4.3	118.0±7.4
雄虫	78.3±6.3	67.2±6.2	(59.1±4.5)*	65.9±5.1	71.3±4.9	75.5±4.9	86.2±7.7	100.8±9.1	(110.0±10.3)*	117.1±9.2	114.0±9.3

注：表中数据为平均值±标准误，*表示雌雄虫触角各节长度有显著差异（$P<0.05$）。

表 2-5 杂拟谷盗成虫触角各节基部直径　　　　　　　　　　　单位：μm

性别	柄节	梗节	鞭节								
			F1	F2	F3	F4	F5	F6	F7	F8	F9
雌虫	51.2±4.7	64.0±8.2	51.2±3.9	56.2±6.8	58.9±5.4	61.6±6.2	69.7±8.5	79.9±6.9	88.7±9.3	90.7±10.3	88.6±10.2
雄虫	45.8±3.3	63.0±5.2	51.7±4.6	57.5±1.5	60.4±3.6	67.0±5.5	74.4±7.7	80.7±8.7	86.5±14.3	91.1±14.2	88.6±11.9

注：表中数据为平均值±标准误。

2.2.2　触角感器的种类、形态和分布

利用扫描电镜观察杂拟谷盗触角感器，发现有 14 种感器，包括 Böhm 氏鬃毛、毛形感器（Ⅰ、Ⅱ、Ⅲ）、栓锥形感器、锥形感器（Ⅰ、Ⅱ、Ⅲ、Ⅳ、Ⅴ、Ⅵ）、刺形感器和指形感器（Ⅰ、Ⅱ）。感器呈环状排列，柄节存在于触角窝中，其上感器分布较少，其余节上触角感器的种类和数量逐步增加，主要集中在鞭节第 6～9 亚节上。触角末节端部感器呈菊花状分布，囊括了除 Böhm

氏鬃毛外的所有感器类型，排列紧密，密度较大。

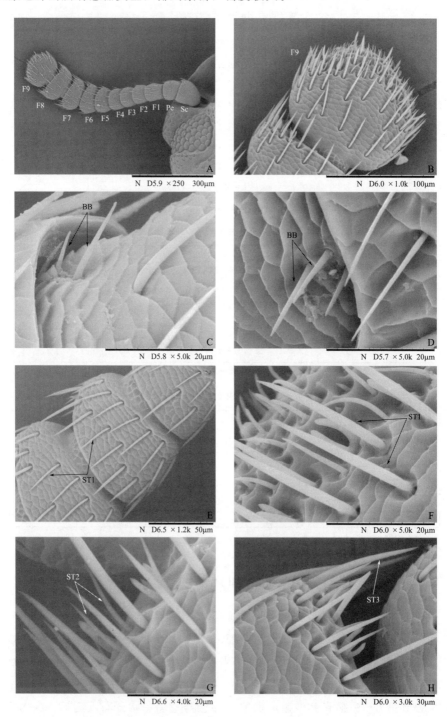

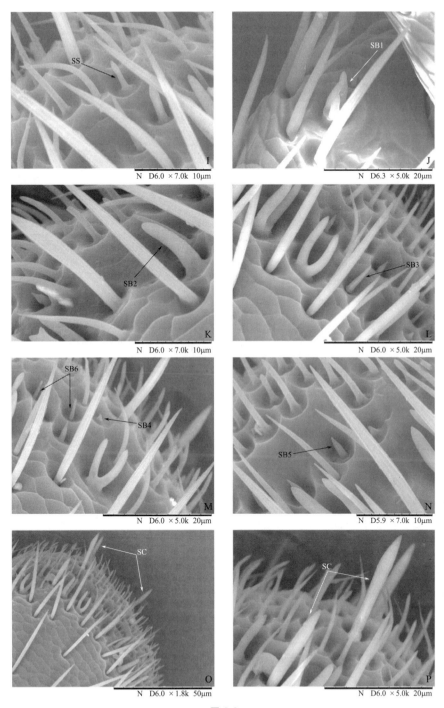

图 2-2

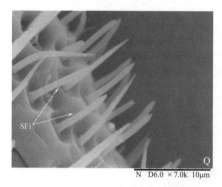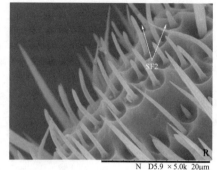

图 2-2 杂拟谷盗触角形态及感器类型

A：柄节（Sc）、梗节（Pe）、第1至第9鞭亚节（F1~F9）；B：第9鞭亚节（F9）；
C、D：Böhm氏鬃毛（BB）；E、F：毛形感器Ⅰ（ST1）；G：毛形感器Ⅱ（ST2）；H：毛形感器Ⅲ（ST3）；
I：栓锥形感器（SS）；J：锥形感器Ⅰ（SB1）；K：锥形感器Ⅱ（SB2）；L：锥形感器Ⅲ（SB3）；M：锥形感器Ⅳ（SB4）、
锥形感器Ⅵ（SB6）；N：锥形感器Ⅴ（SB5）；O、P：刺形感器（SC）；Q：指形感器Ⅰ（SF1）；R：指形感器Ⅱ（SF2）

2.2.2.1 Böhm氏鬃毛

外形类似短刺，比刺形更短而尖，表面光滑，不具基窝（BB，见图2-2C和D）。成簇分布于杂拟谷盗触角的柄节及柄节与梗节节间周围，长短不一。侧面和背面分布较多，鞭节上无此感器。基部直径 $1.1\sim1.7\mu m$，长度 $7.5\sim11.5\mu m$。数量较少。

2.2.2.2 毛形感器

该类感器是杂拟谷盗触角上分布最多的感器，在柄节、梗节、鞭节均有分布。直立或略弯曲，端部尖细，着生部凹陷，密集着生于整个触角。根据其长度和形状，又可分为Ⅰ型、Ⅱ型和Ⅲ型。

毛形感器Ⅰ型（ST1，见图2-2E和图2-2F）：着生于凹陷的窝内，窝口平展。毛状体外形纤长，顶端最为尖细，特点是与触角方向平行，端部指向触角末端，感器上有明显的纵纹。基部直径 $0.8\sim2.4\mu m$，长度 $23.7\sim33.8\mu m$。分布于杂拟谷盗触角每一节上。数量较多。

毛形感器Ⅱ型（ST2，见图2-2G）：着生于凹陷的窝内。直立或略弯曲，外形与ST1相似，顶端尖细，表面具明显纵纹，但比ST1短且细。基部直径 $0.6\sim1.3\mu m$，长度 $9.0\sim18.1\mu m$。普遍存在于杂拟谷盗触角鞭节的末端，在鞭节第6~8亚节近端部两侧也少量存在。

毛形感器Ⅲ型（ST3，见图2-2H）：着生于凹陷的窝内，窝口平展，端部略向外伸展，不与触角平行。外形与ST1相似，顶端尖细，表面具明显纵纹，但比 ST1 明显粗且长。基部直径 1.41～2.77μm，长度 35.4～40.0μm。仅分布于杂拟谷盗鞭节第 5～8 亚节近端部的两侧，数量较少。

2.2.2.3　栓锥形感器

呈拇指状，着生于凹窝内。其表皮突起成栓状，端部有一锥状突起，表面有较浅的纵纹（SS，见图 2-2I）。基部直径 0.9～1.6μm，长度 3.0～5.9μm。分布于鞭节末端的前缘位置，数量较多。

2.2.2.4　锥形感器

末端钝圆，依据其形状差异分为 6 种，即锥形感器Ⅰ、锥形感器Ⅱ、锥形感器Ⅲ、锥形感器Ⅳ、锥形感器Ⅴ和锥形感器Ⅵ。

锥形感器Ⅰ型（SB1，见图 2-2J）：着生于宽阔的凹穴中。圆台底座上的小锥分为 2～4 个分叉，基部联合，锥体光滑。底座直径 3.4～5.5μm，底座部分至锥体顶端的长度 9.0～12.2μm。主要集中在鞭节末端，鞭节第 6～8 亚节近端部的两侧也有分布，数量较少。

锥形感器Ⅱ型（SB2，见图 2-2K）：着生于较浅的凹穴内。类似于锥形感器Ⅰ上的分支小锥，上下粗细均匀，近端部有小锥，端部圆润，表面光滑，为锥形感器中最为粗壮的一种。基部直径 1.5～3.0μm，长度 7.0～15.6μm。集中分布于鞭节末端，少量发现于鞭节第 6～8 亚节近端部的两侧。

锥形感器Ⅲ型（SB3，见图 2-2L）：着生于较窄的凹窝内。直立细长，从基部到端部逐渐变细如锥状，端部较其他锥形感器略尖细，表面光滑。基部直径 0.8～1.6μm，长度 4.5～7.0μm。仅分布于鞭节末端，数量较少。

锥形感器Ⅳ型（SB4，见图 2-2M）：着生于较浅的凹陷窝内。短锥形感器，锥体很小，表面光滑。端部圆润，为所有感器中最短的一种，紧贴于表皮，不易被发现。基部直径 0.8～1.6μm，长度 1.2～2.4μm。分布于鞭节末端前缘上，数量较少。

锥形感器Ⅴ型（SB5，见图 2-2N）：着生于较深的凹穴内。短粗形圆锥体，可分为两部分，椎体下半部分为粗壮直立的柱体，端部钝圆为小锥体，呈乳头状突起，感器表面具较浅的纵纹。基部直径 0.6～1.4μm，长度 2.0～4.5μm。分布于鞭节末端前缘上，数量较少。

锥形感器Ⅵ型（SB6，见图 2-2M）：着生于较深的凹穴内。外形类似于锥形感器Ⅳ型，但比其短且极细，端部圆润，表面光滑。基部直径 0.7～1.0μm，长度 2.8～4.5μm。分布于鞭节末端，数量较少。

2.2.2.5 刺形感器

刚直如刺,较为粗大,顶端钝圆。直立于触角表面,比其他感器明显高出许多,表面有明显的纵纹(SC,见图 2-2O 和图 2-2P)。基部直径 $1.4\sim 2.2\mu m$,长度 $15.0\sim 21.0\mu m$。集中分布在鞭节的最后一节上。同时发现于鞭节第 7 亚节近端部的侧面,两侧各一根。

2.2.2.6 指形感器

指形感器Ⅰ型(SF1,见图 2-2Q):着生于较深的凹穴内。长指形,高度与毛形感器Ⅱ相似,但端部直径比毛形感器明显粗,并呈钝圆状,与毛形感器区分明显。整体形似手指,上下粗细均匀,表面具较浅纵纹。基部直径 $0.7\sim 1.4\mu m$,长度 $5.5\sim 9.5\mu m$。集中分布在鞭节末端的前缘,数量较多。

指形感器Ⅱ型(SF2,见图 2-2R):着生于凹穴内。短指形,与长指形形状相近,但大小差异显著。短指形感器粗壮且短小,端部圆润,表面具浅纵纹。基部直径 $1.1\sim 1.6\mu m$,长度 $2.8\sim 3.8\mu m$。仅在触角鞭节末端发现两三根,数量极少。

2.2.3 雌、雄虫触角感器比较

杂拟谷盗雌雄个体之间触角感器的类型、分布均不存在二型性。均具有 Böhm 氏鬃毛、毛形感器(Ⅰ、Ⅱ、Ⅲ)、栓锥形感器、锥形感器(Ⅰ、Ⅱ、Ⅲ、Ⅳ、Ⅴ、Ⅵ)、刺形感器、指形感器(Ⅰ、Ⅱ)。触角各节表面均密布感器,但梗节和鞭节之间的节间膜没有感器。从柄节到鞭节的各亚节,感器类型越来越丰富,尤以鞭节末端节上的感器类型最多。虽然各类感器的分布位置在雌雄间没有差异,但各类感器的数量在雌雄间是否存在差异有待进一步观察。

对雌、雄成虫各类感器的基部直径和长度进行测量,结果表明除雌虫刺形感器的基部直径和长度,锥形感器Ⅲ的基部直径显著大于雄虫外,其余各类感器的基部直径和长度均不存在显著性差异($P>0.05$)。雌雄虫间比较数据见表 2-6。

表 2-6 杂拟谷盗触角感器的外部特征　　　　　单位:μm

感器类型	性别	感器的外部特征					
		长度	基部直径	顶端	外壁	形状	基窝
Böhm 氏鬃毛	雌	11.0±2.8	1.4±0.2	较尖	光滑的	直立的	—
	雄	10.8±1.2	1.3±0.3				

续表

感器类型	性别	感器的外部特征					
		长度	基部直径	顶端	外壁	形状	基窝
栓锥形感器	雌	3.6±0.9	1.2±0.3	圆润	具纵纹	直立的	宽阔
	雄	4.2±0.8	1.1±0.3				
刺形感器	雌	(18.6±1.4)*	(2.0±0.2)*	圆润	具纵纹	直立的	宽阔
	雄	(17.4±1.6)*	(1.7±0.2)*				
毛形感器Ⅰ	雌	27.7±2.8	1.5±0.4	尖细	具纵纹	直立或微弯曲	狭窄
	雄	28.0±2.8	1.6±0.2				
毛形感器Ⅱ	雌	14.4±2.6	0.9±0.1	尖细	具纵纹	直立的	宽阔
	雄	13.8±3.3	1.0±0.2				
毛形感器Ⅲ	雌	37.7±1.4	2.6±0.2	尖细	具纵纹	直立的	狭窄
	雄	37.4±1.3	2.2±0.4				
锥形感器Ⅰ	雌	10.7±1.0	4.1±0.7	圆润	光滑的	直立的	宽阔
	雄	10.3±1.2	3.9±0.6				
锥形感器Ⅱ	雌	10.6±2.0	2.3±0.4	圆润	光滑的	直立的	宽阔
	雄	10.7±0.9	2.0±0.3				
锥形感器Ⅲ	雌	6.3±0.7	(1.5±0.06)*	圆润	光滑的	直立的	宽阔
	雄	5.5±1.1	(0.9±0.1)*				
锥形感器Ⅳ	雌	1.6±0.5	1.5±0.5	圆润	光滑的	直立的	宽阔
	雄	1.6±0.4	1.1±0.2				
锥形感器Ⅴ	雌	3.0±0.3	1.1±0.3	圆润	具纵纹	直立的	宽阔
	雄	3.1±0.7	0.9±0.2				
锥形感器Ⅵ	雌	3.7±0.7	0.8±0.03	圆润	光滑的	直立的	宽阔
	雄	3.8±0.5	0.8±0.1				
指形感器Ⅰ	雌	7.6±1.0	1.0±0.1	圆润	具纵纹	直立的	宽阔
	雄	8.1±0.8	1.0±0.2				
指形感器Ⅱ	雌	3.8±1.0	1.6±0.4	圆润	具纵纹	直立的	宽阔
	雄	3.5±0.7	1.6±0.8				

注：表中数据为平均值±标准误，*表示雌雄虫触角各节长度有显著差异（$P<0.05$）。

2.2.4 小结

研究发现，杂拟谷盗每一种感器都有其特定的数量和分布位置。数量较多的是长直毛形感器，其次是锥形感器。毛形感器Ⅰ广泛分布于触角的每一节上。毛形感器Ⅱ主要分布于鞭节末端，也发现于触角鞭节第6～8亚节近端部的两侧，数量较少。毛形感器Ⅲ在毛形感器中数量最少，仅在鞭节第5～8亚节端部的两侧发现几根。栓锥形感器仅分布于触角鞭节末端，数量较多。锥形感器（Ⅲ、Ⅳ、Ⅴ、Ⅵ）散布在触角鞭节的末端，其中锥形感器Ⅲ数量最多，其余类型数量较少。而锥形感器Ⅰ、Ⅱ分布在鞭节末端和第6～8亚节近端部的两侧，主要集中在鞭节末端，两侧数量极少。刺形感器集中分布在触角鞭节的末端，有10根左右，同时在鞭节的第7亚节近端部两侧各发现1根。指形感器分布于鞭节末端，Ⅰ型数量远远大于Ⅱ型。Böhm氏鬃毛仅成簇分布于柄节及柄节和梗节连接处。

昆虫触角感器在昆虫感受外界环境、实现信息交流方面具有重要意义。环境选择压力的变化及相互作用能够导致感器的数目及分布发生变化，其中重要的影响因素包括个体的大小、性别、食性、习性和栖境等（李竹 等，2010）。

Böhm氏鬃毛在几乎所有的鞘翅目昆虫中均有分布，它为一种感受重力的机械感器，当遇到机械刺激时，有缓冲重力的作用，从而控制触角位置下降的速度（Schneider，1964）。毛形感器现已被发现具有触觉、嗅觉、味觉、感受机械刺激等功能，是昆虫感受性信息素的主要器官（Castrejón Gómez 等，2003；陈湖海 等，1998；Dolzer 等，2003）。杂拟谷盗的毛形感器Ⅰ型外部形态与许多报道的昆虫中毛形感器类似，如绿盲蝽、白背飞虱等（孙虹霞 等，2006；陆宴辉 等，2007）。诸多文献中膜翅目昆虫的毛形感器Ⅰ型被认为具有感受机械刺激的功能（Onagbola 等，2008；Pettersson 等，2001）。但毛形感器Ⅰ型的功能是嗅觉感受器，已经在鞘翅目小蠹科（Faucheux，1994）、象甲科（Saïd 等，2003）、天牛科（Lopes 等，2002）和其他科甲虫中被证实或推测。因此，推测杂拟谷盗触角上的毛形感器Ⅰ型具有嗅觉感受功能。毛形感器Ⅱ型，与锥须步甲（Merivee 等，2002）的毛形感器Ⅱ型外部形态很相似，被认为很可能是聚集信息素的接收器。毛形感器Ⅲ型分布在鞭节末端四节近端部两侧，接触不到表面，其功能可能为负责与其他昆虫的接触，有利于其防御天敌的进攻，因此推测毛形感器Ⅲ型具有机械功能。

刺形感器底部较大的凹陷是其典型特点，其在触角上着生特点是直立于触角表面，并且比其他感器明显高出许多。刺形感器的这一形态特点，利于最先接触外界，因而具有感受机械刺激的功能，也可能在对寄主植物和异性近距离识别中发挥作用（Faucheux，1994）。此外，刺形感器壁上无孔，且具有纵脊，是机械和味觉感器的特点（Bartlet 等，1999；王焱 等，2011）。

杂拟谷盗栓锥形感器与油菜蚤跳甲的栓锥形感器外部形态很相似，Bartlet等通过超微结构研究表明，其内部有丰富的神经细胞，且是触角内容物质的延伸，具有感受湿度、味觉和嗅觉功能（Bartlet 等，1999），据此推测杂拟谷盗栓锥形感器具有与此相似的功能。

锥形感器被推测具有嗅觉、触觉功能（李科明 等，2012；陈丽 等，2013）。杂拟谷盗锥形感器Ⅰ型为分叉锥形感器，与青杨脊虎天牛的"锥形感器Ⅵ"（程红 等，2008）外形相近，推测为嗅觉感器。杂拟谷盗锥形感器Ⅱ型较为粗壮，且着生于末端前缘，易与外界接触，推断其可能为触觉感器。杂拟谷盗锥形感器Ⅲ型外部形态与桉嗜木天牛的锥形感器Ⅱ（Lopes 等，2002）和沟眶象触角感器的锥形感器 b1（杨贵军 等，2008）相似。Lopes（2002）等通过对桉嗜木天牛电生理试验证明，锥形感器具有识别植物气味分子的功能。据此推断，杂拟谷盗锥形感器Ⅲ型可能具有嗅觉感受功能。杂拟谷盗锥形感器Ⅴ型与红缘吉丁的锥形感器Ⅳ（刘玉双 等，2005）形态相似，杂拟谷盗锥形感器Ⅵ型和Ⅳ型分别与东北大黑鳃金龟锥形感器 ba1 和 ba2（孙凡 等，2007）类似，研究者通过透射电镜扫描发现这些感器表皮为单壁，表皮上有许多微孔，分布在锥形感器的锥体部分表面有孔道贯穿于表皮和体腔之间，符合嗅觉感器的特征。因此推断杂拟谷盗锥形感器Ⅴ、锥形感器Ⅳ、锥形感器Ⅵ也为嗅觉感器。

有关指形感器的报道很少，在松褐天牛触角上分布两种指形感器（为直形和弯形）（王四宝 等，2005），而在中华微蛾触角上的指形感器为长指形和短指形（高素红 等，2010）。指形感器具有明显的端部单孔，壁上无深刻纹。

鉴于不同感器的功能只在少数虫种中得以证实，并且感器类型和功能依据外部形态来划分并非总是一致的，因此，对于杂拟谷盗触角上各类感器的功能，需进一步采用单细胞记录、触角电位等技术给予明确。

2.3 米象触角感器的扫描电镜观察

应用扫描电镜分别观察了米象 Sitophilus oryzae（Linnaeus）（鞘翅目，象甲科）雌、雄成虫的触角及感器，比较研究了雌、雄成虫触角形态、感器类型、数量和分布上的差异。结果表明，米象成虫的触角为膝状，由柄节、梗节和鞭节（6 个亚鞭节）组成。成虫触角上具有 9 种类型的感器：毛形感器、刺形感器、锥形感器、叉形感器、锯齿形感器、槽纹形感器、Böhm 氏鬃毛、指形感器以及腔形感器。其中，毛形感器的数量最多，锯齿形感器和槽纹形感器在已有的象甲科昆虫资料中尚未见报道。

2.3.1 触角的一般特征

米象雌、雄成虫触角均呈膝状弯曲，包括柄节（scape，Sc）、梗节（pedicel，Pe）和鞭节（flagellum，F1-F6）3 部分（图 2-3A），共 8 节。其中，柄节 1 节，呈棒槌状，粗长，长约 293.4～340.4μm、最宽处约 80.6～82.5μm、最窄处约 41.9～42.0μm，与头部接触处有 1 凹陷。梗节 1 节，长约 78.5～80.0μm。鞭节包括 6 个亚鞭节，第 1～5 节呈套筒状，每节都近梯形，从第 2 节开始逐渐变粗，第 6 亚鞭节膨大，整体呈长椭圆形，端部略微向腹面凹陷，形似毛笔头，截面近圆形（图 2-3B）。触角总长度约为 765.3～829.4μm，触角表皮普遍具有明显的多边形或瓦楞状花纹。触角各节长度和直径数据见表 2-7～表 2-9。

表 2-7 米象触角每节的长度　　　　　　　　　　　　　　单位：μm

性别	柄节	梗节	鞭节						全长
			F1	F2	F3	F4	F5	F6	
雌虫	(340.4±8.4)*	(78.5±6.1)*	62.5±1.7	47.1±1.1	(50.1±0.8)*	(55.5±1.8)*	64.5±1.8	146.9±3.6	829.4±15.9
雄虫	(293.4±9.8)*	(80.0±3.5)*	58.3±1.6	43.1±1.2	(46.2±1.0)*	(49.7±1.1)*	61.1±1.7	141.2±4.1	765.3±18.7

注：表中数据为平均值±标准误；*表示雌雄成虫触角各节长度有显著差异（$P<0.05$）。

表 2-8 米象触角每节的端部直径　　　　　　　　　　　　单位：μm

性别	柄节	梗节	鞭节					
			F1	F2	F3	F4	F5	F6
雌虫	82.5±1.0	62.9±0.9	56.9±0.8	58.5±0.8	62.1±1.0	68.4±0.8	78.2±1.0	112.9±1.1
雄虫	80.6±1.0	62.5±0.9	54.8±0.9	57.4±0.6	60.3±0.8	65.4±0.9	74.2±1.0	107.1±1.2

注：表中数据为平均值±标准误。

表 2-9 米象触角每节的基部直径　　　　　　　　　　　　单位：μm

性别	柄节	梗节	鞭节					
			F1	F2	F3	F4	F5	F6
雌虫	42.0±1.2	37.5±1.7	33.5±0.7	(44.9±0.7)*	47.6±0.7	53.4±0.7	58.3±0.8	(71.5±0.7)*
雄虫	41.9±1.4	41.0±1.6	32.4±0.7	(44.0±0.9)*	46.4±0.9	51.1±0.8	57.8±1.0	(67.3±1.0)*

注：表中数据为平均值±标准误；*表示雌雄成虫触角各节长度有显著差异（$P<0.05$）。

2.3.2 触角感器种类、形态和分布

米象雌、雄成虫触角感受器的类型相同，包括毛形、刺形、锥形、叉形、锯齿形、槽纹形、Böhm 氏鬃毛、指形以及腔形。总体上看，触角从柄节到鞭

节的各亚节，感器类型越来越丰富，尤以鞭节第 6 亚节端部形似毛笔头状部位的感器类型最多、密度最大，说明此亚节是米象触角感受能力最强和最敏感的部位。触角感器的分布、长度、基部直径和数量见表 2-10 和表 2-11。

2.3.2.1 毛形感器

毛形感器（sensilla trichodea，ST）是米象触角上着生最多的一种感器，呈毛发状，较其他感器柔软，基部着生于凸起的臼状窝，表面光滑无脊或纹。根据形态特点及大小将其分为 2 种亚型：STⅠ（图 2-3C）和 STⅡ（图 2-3D）。STⅠ斜生，较短小，顶端较细，呈角度较小的弯曲弧形，长度约为 $12.3\sim13.7\mu m$，基部宽约 $1.3\sim1.4\mu m$，数量约占全部感器的 $50.4\%\sim50.8\%$。STⅡ外形较 STⅠ细长，端部略弯曲且顶部稍尖，数量比 STⅠ少，长度约为 $22.0\sim23.1\mu m$，基部宽约 $1.8\sim2.0\mu m$，数量约占全部感器的 $11.4\%\sim11.5\%$。STⅠ和 STⅡ都簇生于触角鞭节第 6 亚节形似毛笔头状部位。

2.3.2.2 刺形感器

刺形感器（sensilla chaetica，SCH）外形刚直如刺，直立于触角表面，明显高于其他类型感器（图 2-3E），长度约 $21.3\sim24.5\mu m$，基部宽约 $1.7\sim1.9\mu m$，数量约占全部感器的 $3.4\%\sim3.6\%$，多数散生在触角鞭节第 6 亚节形似毛笔头状部位周围，少数与毛形感器混生。

2.3.2.3 锥形感器

锥形感器（sensilla basiconca，SB）直立，外形呈锥状，着生于凸起的臼状窝内，端部较尖，表面光滑（图 2-3F），长度约为 $3.4\sim3.8\mu m$，基部宽约 $0.8\sim0.9\mu m$，1～3 个聚集着生，数量约占全部感器的 $0.3\%\sim0.5\%$，分布在触角鞭节第 6 亚节形似毛笔头状部位。

2.3.2.4 叉形感器

叉形感器（sensilla furcation，SF）着生在浅凹窝内，表面光滑无纹饰。根据其表面结构和叉状分支情况可分为以下 2 种亚型：SFⅠ和 SFⅡ。SFⅠ表面光滑，端部二叉或三叉状分支（图 2-3G），分支较长且长度不等，自分叉处逐渐变细，夹角约 50°，感器主体长约 $5.3\sim5.8\mu m$，分支长约 $6.2\sim6.7\mu m$，基部宽约 $1.2\sim1.3\mu m$，数量约占全部感器的 $4.3\%\sim4.7\%$，多数环生于第 6 鞭节形似毛笔头部位的边缘，少数与毛形感器混生。SFⅡ分支较短，端部钝圆（图2-3H），长约4.4~4.7μm，基部宽约0.9~1.1μm，数量约占全部感器的0.3%，分布于鞭节第6亚节形似毛笔头部位。

2.3.2.5 锯齿形感器

锯齿形感器（sensilla zigzag，SZ）在已有的象甲科资料中尚未见报道，形似锯齿，分锯数目0~30不等，整体比叉形感器扁平，根据是否在一侧长有指状突起分为SZⅠ（图2-3I）和SZⅡ（图2-3J），从柄节到鞭节，SZⅠ的数量渐多而SZⅡ渐少。SZⅠ在其上表面具有指状突起，突起数量不定，长度约21.1~23.0μm，基部宽约2.1~2.4μm，约占感器总数的8.2%~8.4%。SZⅡ表面光滑，没有指状突起，长度约20.7~23.1μm，基部宽约2.0~2.3μm，约占感器总数的12.2%~12.6%。锯齿形感器在触角的每一节均有分布，是米象触角分布最广的感器。

2.3.2.6 槽纹形感器

槽纹形感器（sensilla fluted，SFL）在已有的象甲科资料中尚未见报道，根据其表面结构分为上、下两部分，长度比约为2∶3；下半部表面光滑，上半部有纵向扭曲向顶端延伸的条纹，形成凹槽状，沟纹明显（图2-3K）。长约6.5~6.8μm，基部宽约1.4~1.7μm，约占感器总数的1.2%~1.3%，随机分布于鞭节第6亚节形似毛笔头部位。

2.3.2.7 Böhm氏鬃毛

Böhm氏鬃毛（Böhm bristles，BB）短而尖，呈尖刺状，数量较少，几乎直立于表面，表面光滑，长度约2.1~2.5μm，基部宽约1.3~1.4μm，约占感器总数的0.6%~1.0%，其特定分布在触角腹面的柄节与梗节的连接处（图2-3L）。

2.3.2.8 指形感器

指形感器（finger-like sensilla，FS）着生于开阔的凹窝，形如上翘的食指，从基部至端部近等粗（图2-3M），端部稍弯曲，长度约6.2~6.3μm，基部宽约1.6~1.7μm，数量较少，约占感器总数的0.2%~0.4%，分布在鞭节第6亚节中部。

2.3.2.9 腔形感器

腔形感器（sensilla cavity，SCA）呈圆形凹陷的空腔（图2-3N），直径约为 0.9~1.1μm，约占感器总数的 5.7%~6.7%，成群分布在雌雄成虫触角鞭节第 6 亚节中部。

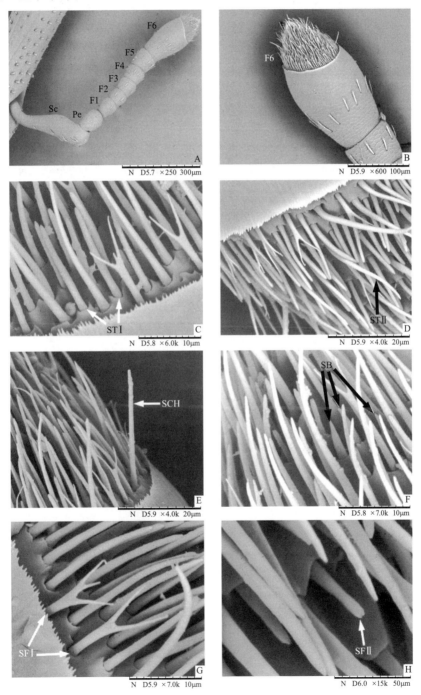

图 2-3

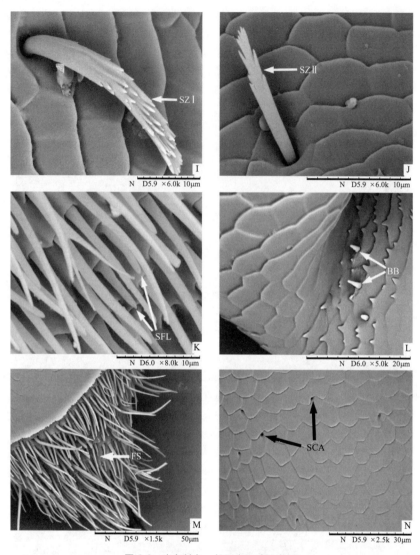

图 2-3 米象触角一般形态及感器类型

A：柄节（Sc）、梗节（Pe）、第 1 至第 9 亚鞭节（F1~F9）；
B：第 9 亚鞭节（F9）；C：毛形感器Ⅰ（STⅠ）；D：毛形感器Ⅱ（STⅡ）；E：刺形感器（SCH）；
F：锥形感器（SB）；G：叉形感器Ⅰ（SFⅠ）；H：叉形感器Ⅱ（SFⅡ）；I：具有指状突起的锯齿形感器Ⅰ（SZⅠ）；
J：无指状突起的锯齿形感器Ⅱ（SZⅡ）；K：槽纹形感器（SFL）；L：Böhm 氏鬃毛（BB）；M：指形感器（FS）；N：腔形感器（SCA）

2.3.3 雌雄虫触角及感器比较

对米象雌雄成虫触角长度、端部及基部直径进行测量，结果表明，雌、雄成虫触角总长度不存在显著差异（$t=2.589$，$df=30$，$P=0.850$）；雌虫柄节长度显著大于雄虫（$t=0.047$，$df=30$，$P=0.017$），梗节长度显著小于雄虫（$t=-0.206$，$df=30$，$P=0.007$），鞭节第3、4亚节长度显著大于雄虫（$t=3.066$，$df=30$，$P=0.048$），其他各亚节长度不存在显著差异；雌虫鞭节第2、6亚节基部直径显著大于雄虫（$t=2.764$，$df=30$，$P=0.016$），其余各节（亚节）端部和基部直径不存在显著差异。

米象雌、雄成虫感器的类型及着生方式相同，感器总数量不存在显著差异，雌虫的锥形感器和叉形感器Ⅰ数量显著多于雄虫（$t=1.926$，$df=30$，$P=0.020$），其余感器的数量无显著差异。

表2-10 米象雌雄成虫触角感器的形态类型

感器类型	性别	感器的外部特征					
		长度/μm		基部直径/μm	顶端	外壁	形状	基窝
毛形感器Ⅰ	雌	12.3±0.4		1.4±0.2	较尖	光滑的	直立的	宽阔
	雄	13.7±0.6		1.3±0.1				
毛形感器Ⅱ	雌	22.0±1.1		1.8±0.1	较尖	光滑的	微弯曲	宽阔
	雄	23.1±0.9		2.0±0.1				
刺形感器	雌	21.3±1.2		1.7±0.2	圆润	有孔的	直立的	宽阔
	雄	24.5±0.9		1.9±0.2				
锥形感器	雌	3.4±0.9		0.8±1.1	较尖	光滑的	直立的	宽阔
	雄	3.8±0.8		0.9±0.9				
叉形感器Ⅰ	雌	主体	5.8±0.1	1.2±0.2	尖细	光滑的	微弯曲	狭窄
		分支	6.7±0.3					
	雄	主体	5.3±0.3	1.3±0.1				
		分支	6.2±0.4					
叉形感器Ⅱ	雌	4.4±0.1		0.9±0.1	较尖	光滑的	直立的	宽阔
	雄	4.7±0.3		1.1±0.1				
锯齿形感器Ⅰ	雌	21.1±1.0		2.4±0.9	尖细	光滑的	微弯曲	狭窄
	雄	23.0±0.9		2.1±0.1				
锯齿形感器Ⅱ	雌	20.7±0.8		2.3±0.7	尖细	光滑的	微弯曲	狭窄
	雄	23.1±0.9		2.0±0.2				
槽纹形感器	雌	6.5±0.7		1.7±2.3	圆润	具纵纹	直立的	宽阔
	雄	6.8±0.2		1.4±2.1				
Böhm氏鬃毛	雌	2.1±0.5		1.3±0.2	较尖	光滑的	直立的	宽阔
	雄	2.5±0.8		1.4±0.2				

续表

感器类型	性别	感器的外部特征					
		长度/μm	基部直径/μm	顶端	外壁	形状	基窝
指形感器	雌	6.2±0.6	1.6±0.2	圆润	光滑的	直立的	宽阔
	雄	6.3±0.5	1.7±0.3				
腔形感器	雌	—	1.1±0.1	—	—	—	—
	雄	—	0.9±0.1				

注:"—"表示无此项值。

表2-11 米象雌雄成虫触角感器的数量

类型	性别	柄节	梗节	鞭节						总数	所占比例/%
				1	2	3	4	5	6		
ST I	F	0.0	0.0	0.0	0.0	0.0	0.0	0.0	163.0±24.6	163.0±24.6	50.4
	M	0.0	0.0	0.0	0.0	0.0	0.0	0.0	159.4±20.1	159.4±20.1	50.8
ST II	F	0.0	0.0	0.0	0.0	0.0	0.0	0.0	37.0±23.8	37.0±23.8	11.4
	M	0.0	0.0	0.0	0.0	0.0	0.0	0.0	36.0±22.7	36.0±22.7	11.5
SCH	F	0.0	0.0	0.0	0.0	0.0	0.0	0.0	11.5±1.0	11.5±1.0	3.6
	M	0.0	0.0	0.0	0.0	0.0	0.0	0.0	10.6±0.5	10.6±0.5	3.4
SB	F	0.0	0.0	0.0	0.0	0.0	0.0	0.0	1.5±0.8	(1.5±0.8)*	0.5
	M	0.0	0.0	0.0	0.0	0.0	0.0	0.0	0.8±0.4	(0.8±0.4)*	0.3
SF I	F	0.0	0.0	0.0	0.0	0.0	0.0	0.0	15.3±0.2	(15.3±0.2)*	4.7
	M	0.0	0.0	0.0	0.0	0.0	0.0	0.0	13.6±1.9	(13.6±1.9)*	4.3
SF II	F	0.0	0.0	0.0	0.0	0.0	0.0	0.0	1.0±0.3	1.0±0.3	0.3
	M	0.0	0.0	0.0	0.0	0.0	0.0	0.0	1.0±0.3	1.0±0.3	0.3

续表

类型	性别	柄节	梗节	鞭节 1	鞭节 2	鞭节 3	鞭节 4	鞭节 5	鞭节 6	总数	所占比例/%
SZ I	F	19.0±0.4	3.1±0.2	2.2±0.2	2.5±0.2	1.4±0.3	2.1±0.3	1.6±0.3	2.2±0.4	26.4±0.3	8.2
SZ I	M	19.8±0.5	3.1±0.3	2.1±0.2	2.2±0.2	1.3±0.2	2.3±0.2	1.4±0.2	2.3±0.4	26.4±0.4	8.4
SZ II	F	0.3±0.4	0.8±0.2	1.0±0.2	1.6±0.2	2.2±0.3	4.9±0.3	6.8±0.3	15.1±0.4	39.6±0.3	12.2
SZ II	M	0.2±0.5	0.8±0.2	0.9±0.2	1.4±0.2	2.1±0.2	5.2±0.2	6.2±0.2	16.4±0.4	39.6±0.4	12.6
SFL	F	0.0	0.0	0.0	0.0	0.0	0.0	0.0	3.8±1.1	3.8±1.1	1.2
SFL	M	0.0	0.0	0.0	0.0	0.0	0.0	0.0	4.0±1.7	4.0±1.7	1.3
BB	F	0.0	2.0±1.0	0.0	0.0	0.0	0.0	0.0	0.0	2.0±1.0	0.6
BB	M	0.0	3.0±1.0	0.0	0.0	0.0	0.0	0.0	0.0	3.0±1.0	1.0
FS	F	0.0	0.0	0.0	0.0	0.0	0.0	0.0	0.7±0.3	0.7±0.3	0.2
FS	M	0.0	0.0	0.0	0.0	0.0	0.0	0.0	1.2±0.6	1.2±0.6	0.4
SCA	F	0.0	0.0	0.0	0.0	0.0	0.0	0.0	21.5±1.3	21.5±1.3	6.7
SCA	M	0.0	0.0	0.0	0.0	0.0	0.0	0.0	18.0±0.4	18.0±0.4	5.7

注：ST I，毛形感器 I 型；ST II，毛形感器 II 型；SCH，刺形感器；SB，锥形感器；SF I，叉形感器 I 型；SF II，叉形感器 II 型；SZ I，锯齿型感器 I 型；SZ II，锯齿型感器 II 型；SFL，槽纹形感器；BB，Böhm氏鬃毛；FS，指形感器；SCA，腔形感器；F，雌虫；M，雄虫。* 表示同种感器雌雄成虫间数量有显著差异（$P<0.05$）。

2.3.4 小结

昆虫触角感器的形态结构与其功能相适应，从而更好地适应环境。本研究表明，米象雌、雄两性间触角形状相同，触角上均发现 9 种类型的感器，其中毛形感器和刺形感器为绝大多数昆虫所共有，锯齿形感器和槽纹形感器在已有的象甲科昆虫触角上尚属首次报道。

毛形感器具有触觉（Lopes et al.，2002）、机械感受（Jourdan et al.，1995）和化学感受（Hallberg，1982）等功能，也是性信息素化合物的受体（Merivee et al.，1999）。诸葛飘飘等（2010）认为云斑天牛（*Batocera horsfieldi*）的毛形感器是云斑天牛最基础的嗅觉感器，在对寄主气味的嗅觉中起重要作用。米象的毛形感器是数量最多的一种感器类型，在米象的毛形感器上没有发现任何微孔，因此推断其没有嗅觉功能，但从它们窝状插入触角表皮和空间排布方式判断可能具有机械感器的功能。刺形感器适于首先接触物体，通常被认为具有接受机械刺激和化学刺激的功能（Isidoro et al.，1992），可能还具有定位功能（Consoli et al.，1999）。在米象的触角上，刺形感器直立于触角表面，并且明显高于其他类型感器，这便于米象首先接触植物，感受机械刺激，从而选择求偶微环境和产卵的适宜场所。

锥形感器不仅是一种嗅觉受体（Altner et al.，1980），还具有湿度、味觉和嗅觉的功能（马瑞燕 等，2000），在有些种类的鞘翅目昆虫中还存在性二型现象，如在曲纹花天牛（*Leptura arcuata*）和橡黑花天牛（*L. aethiops*）中均发现雄性个体锥形感器的数量显著高于雌性，据此推断雄性刺形感器具有感受雌性个体释放的性信息素的功能（Zhang 等，2010）。在米象触角第6鞭节形似毛笔头状部位分布了这种典型的锥形感器，1～3个聚集着生，便于感受空气中的气味，可能与寻找食物有关。叉形感器作为机械感器，可控制触角的运动（王全坡，2010）。对于米象，叉形感器SFⅠ和SFⅡ分别与华山松大小蠹成虫触角上的叉形感器SFⅠ和SFⅡ相似（Wang et al.，2012），SFⅠ多数散生在触角第6亚鞭节形似毛笔头状部位周围，可能与米象爬行时的负趋地、负趋光性有关。米象雌虫的锥形感器和叉形感器Ⅰ数量显著多于雄虫，可能与雌虫对粮食蛀孔形成卵窝以产卵有关。

Wang 等认为云南纵坑切梢小蠹（*Tomicus yunnanensis*）、横坑切梢小蠹（*Tomicusminor*）、短毛切梢小蠹（*Tomicus brevipilosus*）中的锯齿形感器是机械感器，具有感知风力、调整触角姿态的作用（Wang 等，2012）。锯齿形感器是米象所有感器中分布最为广泛的感器类型，在触角各节均有分布，其中有些在一侧具有数个指状突起，在象甲科昆虫触角上尚属首次发现，其具体功能有待于进一步验证。Zacharuk（1985）提出槽纹感器可能是嗅觉和味觉感器，通过其表面凹陷的纵纹来感知外界的化学物质；同时在加州十齿小蠹（*Ips confuses*）中也具有感知外界温度的作用（Borden 等，1966）。米象触角的槽纹感器SFL与华山松大小蠹成虫触角上的槽纹感器FL相似（Wang et al., 2012), 关于槽纹感器在米象中的功能尚有待于进一步研究。

所有已报道文献显示, Böhm 氏鬃毛均存在于昆虫头部与柄节、柄节与梗节的连接处, 为一种感受重力的机械感器, 当遇到机械刺激时, 能够缓冲重力的作用力, 从而控制触角位置下降的速度 (Schneider, 1964)。在米象触角腹面的柄节与梗节的连接处观察到了 Böhm 氏鬃毛, 据此可推测为机械感器; 而在头部与柄节连接处未观察到。指形感器具有明显的端部单孔, 壁上无深刻纹, 推测其具味觉功能 (程红 等, 2008)。象甲科的指形感器研究较少, 其功能尚有待进一步研究。腔形感器通常被认为是接触性化学感器, 具有识别植物释放的气味因子的作用 (Sun et al., 2011)。米象的腔形感器与云南木蠹象的腔形感器 (杨燕 等, 2009) 相似, 推测米象的腔形感器也是一类化学感器。

2.4 长角扁谷盗触角感器的扫描电镜观察

利用扫描电镜对长角扁谷盗雌、雄成虫触角形态及感器进行观察, 分析了雌、雄成虫触角感器的类型、形态与分布。结果表明, 长角扁谷盗成虫触角由柄节、梗节和鞭节组成, 其中鞭节由 9 个亚节组成。成虫触角上共有 3 类感受器, 可将其分为 8 种, 分别是: 刺形感器（Ⅰ、Ⅱ、Ⅲ、Ⅳ）、毛形感器（Ⅰ、Ⅱ、Ⅲ）以及 Böhm 氏鬃毛。比较发现, 雄虫触角每节的长度均显著长于雌虫, 雌、雄虫触角感器的形态相似, 类型基本相同。

2.4.1 触角的一般形态

长角扁谷盗成虫触角由柄节、梗节和鞭节组成, 其中鞭节由 9 个亚节组成, 外形具有雌雄二型性, 雌虫触角每节均呈念珠状, 雄虫呈线状（图 2-4A~B）。雄虫触角（1415.1~1455.7μm）显著长于雌虫（796.1~832.3μm）, 雌雄触角各节长度均有显著差异（$P<0.05$）。长角扁谷盗成虫触角每节的长度和直径数据见表 2-12 和表 2-13。

表 2-12 长角扁谷盗成虫触角每节的长度　　　　　单位: μm

性别	柄节	梗节	鞭节									全长
			F1	F2	F3	F4	F5	F6	F7	F8	F9	
雌	(98.4 ±1.9)b	(73.4 ±1.4)b	(55.9 ±1.5)b	(56.8 ±1.4)b	(63.5 ±1.7)b	(55.7 ±1.6)b	(68.4 ±1.6)b	(54.6 ±1.9)b	(88.2 ±1.7)b	(85.0 ±1.7)b	(114.9 ±1.7)b	(814.2 ±18.1)b

续表

性别	柄节	梗节	鞭节									全长
			F1	F2	F3	F4	F5	F6	F7	F8	F9	
雄	(134.0 ±2.2)a	(94.3 ±0.9)a	(79.8 ±2.4)a	(104.0 ±2.5)a	(130.5 ±1.5)a	(120.2 ±1.2)a	(131.3 ±2.2)a	(123.7 ±1.1)a	(151.0 ±1.2)a	(155.0 ±2.2)a	(211.7 ±2.8)a	(1435.4 ±20.3)a

注：表中数据为平均值±标准误；同一列数据不同字母表示雌、雄成虫触角各节长度有显著差异（$P<0.05$）。

表 2-13 长角扁谷盗成虫触角每节的直径　　　　单位：μm

性别	柄节	梗节	鞭节								
			F1	F2	F3	F4	F5	F6	F7	F8	F9
雌	(70.3 ±2.3)b	(59.7 ±3.4)b	(53.6 ±1.9)b	(51.8 ±3.4)a	(55.3 ±2.6)a	(52.1 ±2.8)a	(56.4 ±2.6)a	(52.8 ±2.9)a	(63.1 ±4.1)a	(52.1 ±4.1)b	(60.8 ±3.9)b
雄	(85.8 ±4.6)a	(68.5 ±6.6)a	(62.9 ±2.8)a	(56.9 ±0.8)a	(53.3 ±4.4)a	(49.7 ±5.4)a	(51.5 ±2.9)b	(52.8 ±5.4)a	(54.0 ±2.4)b	(57.0 ±4.8)a	(53.2 ±3.9)a

注：表中数据为平均值±标准误；同一列数据不同字母表示雌、雄成虫触角各节长度有显著差异（$P<0.05$）。

2.4.2 触角感器类型、形态、分布与数量

利用扫描电镜观察长角扁谷盗成虫触角感器，发现有 3 种类型的感器，分别为毛形感器、刺形感器、Böhm 氏鬃毛。

2.4.2.1 刺形感器

长角扁谷盗刺形感器（SC）由基部向端部渐细，端部钝圆且略微弯曲，着生于鞭节第七、八、九节，表面光滑无明显纵纹。根据其长度与形状不同可分为 4 种类型：Ⅰ型、Ⅱ型、Ⅲ型和Ⅳ型。刺形感器Ⅰ（SCⅠ，图 2-4C）着生于鞭节第七、八、九亚节，长度 7.87～11.6μm，基部直径 1.01～1.49μm；鞭节第七、八亚节端部两侧各有一簇感器，有大量的刺形感器Ⅰ着生于感器簇中，数量较多。刺形感器Ⅱ（SCⅡ，图 2-4D）着生于鞭节第九亚节端部，明显高于同一区域内的其他感器，长度 30.2～32.4μm，基部直径 1.45～1.59μm；数量较少，仅数根。刺形感器Ⅲ（SCⅢ，图 2-4E）着生于鞭节第九亚节，长度 8.6～14.3μm，基部直径 1.20～1.73μm；大多直立生长于触角表面，端部较基部略细，数量较少。刺形感器Ⅳ（SCⅣ，图 2-4F）着生于鞭节第七、八亚节端部开阔的臼状触角窝内，长度 2.00～2.33μm，基部直径 0.33～0.41μm；形似芽状，感器细而短，数量较少。

2.4.2.2 毛形感器

长角扁谷盗毛形感器（ST）细长，端部尖细，表面具明显纵纹，大多平行于触角表面。根据其长度与形状不同可分为3种类型：Ⅰ型、Ⅱ型和Ⅲ型。毛形感器Ⅰ（STⅠ，图2-4G）着生于触角每一节上凹陷的基窝内；整体贴近触角表面，与触角表面形成20°左右夹角，长度22.1～86.0μm，基部直径1.10～3.32μm，数量最多，在柄节、梗节、鞭节均有分布。毛形感器Ⅱ（STⅡ，图2-4H）在鞭节第七、八、九亚节端部均有分布，主要着生于鞭节第九亚节端部，与STⅠ外形相似，但长度较短且更尖细，端部更弯曲，长度12.1～17.3μm，基部直径0.92～1.33μm，数量较少。毛形感器Ⅲ（STⅢ，图2-4I）仅分布于柄节腹面，着生处基窝深且宽，长度122～153μm，基部直径2.69～3.33μm，是所有感器中最长的，仅有一根。

2.4.2.3 Böhm氏鬃毛

长角扁谷盗Böhm氏鬃毛（BB，图2-4J）着生于柄节与梗节连接处，被柄节表皮遮盖，端部钝圆且略微弯曲，长度3.22～4.86μm，基部直径0.87～1.16μm，数量较少，鞭节上无此感器。

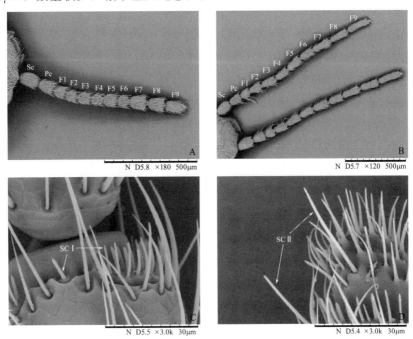

图2-4

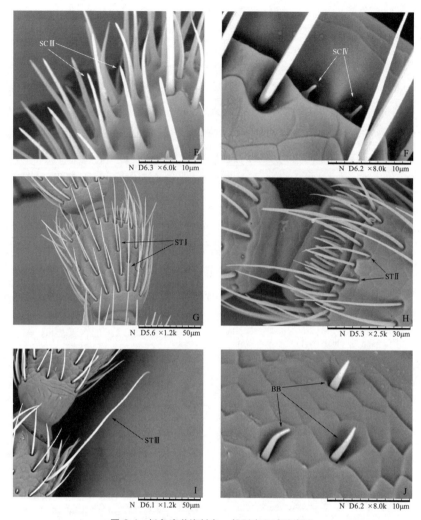

图 2-4 长角扁谷盗触角一般形态及感器类型

A：雌虫柄节（Sc）、梗节（Pe）、第 1 至第 9 亚鞭节（F1~F9）；B：雄虫柄节（Sc）、梗节（Pe）、第 1 至第 9 亚鞭节（F1~F9）；C：刺形感器Ⅰ（SCⅠ）；D：刺形感器Ⅱ（SCⅡ）；E：刺形感器Ⅲ（SCⅢ）；F：刺形感器Ⅳ（SCⅣ）；G：毛形感器Ⅰ（STⅠ）；H：毛形感器Ⅱ（STⅡ）；I：毛形感器Ⅲ（STⅢ）；J：Böhm 氏鬃毛（BB）

2.4.3 雌、雄虫触角感器比较

长角扁谷盗雌、雄成虫触角均具有 Böhm 氏鬃毛、毛形感器（Ⅰ、Ⅱ、Ⅲ）与刺形感器（Ⅰ、Ⅱ、Ⅲ、Ⅳ）这三类感器。对长角扁谷盗雌、雄成虫触角感器的长度、基部直径和形态特征的比较表明：除雄虫毛形感器Ⅰ的长度、基部直径显著长于雌虫外，其他各类型的感器均无显著差异；雌、雄成虫触角感器的形态特征不存在差异。雌、雄成虫间触角感器的比较数据见表2-14。

表2-14 长角扁谷盗雌、雄成虫触角感器的类型与形态

感器类型	性别	感器的外部特征					
		长度/μm	基部直径 $r/\mu m$	顶端	外壁	形状	基窝
刺形感器Ⅰ	雌	9.2±1.7	1.1±0.1	钝圆	光滑	弯曲	狭窄
	雄	9.9±2.0	1.3±0.1				
刺形感器Ⅱ	雌	30.8±1.2	1.5±0.1	尖细	光滑	直立	狭窄
	雄	31.4±1.3	1.4±0.1				
刺形感器Ⅲ	雌	10.1±0.8	1.4±0.1	钝圆	光滑	直立	—
	雄	11.6±1.0	1.4±0.1				
刺形感器Ⅳ	雌	2.1±0.3	0.3±0.05	钝圆	光滑	直立	宽阔
	雄	2.1±0.1	0.3±0.07				
毛形感器Ⅰ	雌	(34.6±2.8)b	(1.5±0.7)b	尖细	具纵纹	直立	宽阔
	雄	(55.7±6.1)a	(2.2±0.8)a				
毛形感器Ⅱ	雌	14.7±1.6	1.1±0.2	尖细	具纵纹	弯曲	狭窄
	雄	15.3±1.2	1.2±0.1				
毛形感器Ⅲ	雌	131±3.9	2.6±0.3	尖细	具纵纹	弯曲	宽阔
	雄	140±4.7	2.8±0.4				
Böhm氏鬃毛	雌	3.7±0.4	0.9±0.1	尖细	光滑	弯曲	狭窄
	雄	4.1±0.3	1.0±0.2				

注：表中数据为平均值±标准误；不同字母表示雌、雄成虫触角同种感器长度有显著差异（$P<0.05$）；"—"表示无此结构。

2.4.4 小结

对长角扁谷盗成虫触角感器的超微结构进行了扫描电镜观察，在参考对近缘种昆虫锈赤扁谷盗触角感器研究结果的基础上，对长角扁谷盗触角感器的功能做了推测。长角扁谷盗触角感器类型属于鞘翅目昆虫常见类型，其主要生理功能在其他鞘翅目昆虫中已有报道（张晓军 等，2013；胡飞，2009；高宇 等，2013；费仁雷 等，2012）。一般认为刺形感器具有感受外界机械力的作用和感受化学信息的作用（周健 等，2013）。长角扁谷盗刺形感器Ⅰ较短，集中分布于感器簇中，因此认为刺形感器Ⅰ为化学感器。刺形感器Ⅱ高于周围感器，较先接触到外界物体，因此认为刺形感器Ⅱ为机械感器。刺形感器Ⅲ表面光滑，长度较短，分布较集中，故认为其为化学感器。刺形感器Ⅳ长度较短，着生于

臼状触角窝内，这种微小的凹陷结构常被定义为腔锥感器或坛形感器，具有感受温度、湿度的功能（Rü 等，1995），因此认为刺形感器Ⅳ为化学感器。

长角扁谷盗毛形感器Ⅰ数量多，分布广，表面具明显纵纹，而且感器整体可发生较大程度的弯曲，因此认为毛形感器Ⅱ为机械感器。毛形感器Ⅱ长度较短，主要分布在鞭节第九亚节端部，其形态特点与云杉卷叶蛾（*Choristoneura fumiferana*）的一种毛形感器十分相似，该感器被证明为化学感受器，因此推测长角扁谷盗毛形感器Ⅱ也为化学感受器（Palanaswamy et al.，1978）。毛形感器Ⅲ在其他昆虫中未见报道，因其着生于柄节腹面，长度为毛形感器Ⅰ的2～3倍，生长方向向口部靠拢，便于感受口部周围的化学信息，有助觅食，因此推测毛形感器Ⅲ为化学感受器（唐培安 等，2015）。

Böhm 氏鬃毛仅着生于柄节和梗节基部，大多垂直于表面或略微弯曲，感器表面光滑无孔。一般认为 Böhm 氏鬃毛为一种感受重力的机械感器，当遇到机械刺激时，有缓冲重力的作用，进而控制触角位置下降的速度（Schneider，1964）。

长角扁谷盗与锈赤扁谷盗均为扁谷盗属的后期性储粮害虫。研究发现：二者均具有毛形感器、刺形感器、Böhm 氏鬃毛这 3 类感器；其中，毛形感器在长角扁谷盗中发现了 3 种，而在锈赤扁谷盗中仅有 2 种，这可能是分类标准与命名方式的不同造成的（唐培安 等，2015），其他 2 类感器的形态、分布均十分相似。基于两种害虫在生物学、生态学以及触角感器特性的相似性，认为对这两种害虫可采用相同的防治措施（姜自德 等，2015；苏青峰 等，2013；沈兆鹏，1998）。

参考文献

陈湖海，康乐.1998.蝗虫触角感受器及其生态学意义［J］.动物学杂志，33(3)：46-49.
陈丽，陈科伟，梁广文.2013.夜蛾黑卵蜂雌蜂触角感器的扫描电镜观察［J］.华南农业大学学报，34(1)：72-75.
程红，严善春，徐波，等.2008.青杨脊虎天牛触角主要感器的超微结构及其分布［J］.昆虫知识，45(2)：223-232.
费仁雷，李克斌，肖春，等.2012.暗黑鳃金龟触角超微结构［J］.植物保护，38(4)：63-67.
高素红，吉志新，王长青，等.2010.中华微蛾（*Sinopticula sinica* Yang）触角感器的扫描电镜观察［J］.安徽农业科学，38(7)：3499-3502.
高宇，陈宗懋，孙晓玲.2013.茶丽纹象甲触角感器的扫描电镜观察［J］.植物保护，39(3)：45-50.
宫田睿，李新岗，杨立军，等.2012.桃小食心虫触角感受器扫描电镜观察［J］.西北农林科技大学学报：自然科学版，40(6)：120-124.
胡飞.2009.十种储藏物害虫触角感器的超微结构研究［D］.重庆：西南大学.

姜自德，苏林.2015.锈赤扁谷盗的防治措施［J］.粮油仓储科技通讯，31（3）：31-32.
李科ң，张永军，吴孔明，等.2012.中红侧沟茧蜂触角超微结构［J］.中国农业科学，45（17）：3522-3530.
李竹，陈力.2010.触角感器特征应用于昆虫分类的研究进展［J］.昆虫分类学报，32（1）：113-118.
刘玉双，石福明.2005.红缘吉丁（鞘翅目：吉丁虫科）触角感器的扫描电镜观察［J］.昆虫学报，48（3）：469-472.
陆宴辉，仝亚娟，吴孔明.2007.绿盲蝽触角感器的扫描电镜观察［J］.昆虫学报，50（8）：863-867.
马瑞燕，杜家纬.2000.昆虫的触角感器［J］.昆虫知识，37（3）：179-183.
沈兆鹏.1998.重要储粮甲虫的识别与防治：Ⅴ.赤拟谷盗、杂拟谷盗、长角扁谷盗、锈赤扁谷盗［J］.粮油仓储科技通讯，（6）：41-44.
苏青峰，王殿轩，郑超杰，等.2013.锈赤扁谷盗的综合治理技术对策［J］.粮食储藏，42（4）：3-7.
孙凡，胡基华，王广利，等.2007.东北大黑鳃金龟嗅感器超微结构［J］.昆虫学报，50（7）：675-681.
孙虹霞，胡新军，舒迎花，等.2006.白背飞虱触角感器的扫描电镜观察［J］.昆虫学报，49（2）：349-354.
唐培安，薛昊，孔德英，等.2015.锈赤扁谷盗触角感器的扫描电镜观察［J］.植物保护，41（1）：74-77.
王全坡.2010.秦岭华山松两种主要小蠹虫感器的超微结构［D］.杨凌：西北农林科技大学.
王四宝，周弘春，苗雪霞，等.2005.松褐天牛触角感器电镜扫描和触角电位反应［J］.应用生态学报，16（2）：317-322.
王焱，兰芳，曾凡荣，等.2011.樟巢螟成虫触角感器的扫描电镜观察［J］.应用昆虫学报，48（3）：675-679.
阎雄飞，孙月琴，刘永华，等.2010.光肩星天牛触角感受器的环境扫描电镜观察［J］.林业科学，46（11）：104-109.
杨贵军，张大治，孙晶莹.2008.沟眶象触角感器的扫描电镜观察［J］.昆虫知识，45（6）：926-931.
杨燕，杨茂发，杨再华，等.2009.云南木蠹象触角感器的扫描电镜观察［J］.林业科学，45（2）：72-78.
张晓军，孙伟，张健，等.2013.鞘翅目昆虫触角感器研究进展［J］.安徽农业科学，41（7）：2932-2935.
周健，刘莺华，周剑宇，等.2013.绿色储粮技术防治储粮害虫的研究［J］.粮食储藏，42（3）：20-25.
诸葛飘飘，罗森林，王满囷，等.2010.云斑天牛头部附器感器的扫描电镜观察［J］.林业科学，46（5）：116-123.
Bartlet E, Romani R, Williams I H, et al. 1999. Functional anatomy of sensory structures on the antennae of *Psylliodes chrysocephala* L. (Coleoptera: *Chrysomelidae*) [J]. International Journal of Insect Morphology and Embryology, 28(4): 291-300.
Faucheux M J. 1994. Distribution and abundance of antennal sensilla from two populations of the pine engraver beetle, *Ips pini* (Say) (Coleoptera: *Scolytidae*) [J]. Annales des Sciences Naturelles-Zoologic et Biologie Animale, 15(1): 15-31.
Isidoro N, Solinas M. 1992. Functional morphology of the antennal chemosensilla of *Ceutorhynchus assimilis* Payk (Coleoptera: *Curculionidae*) [J]. Entomologica (Bari), 27: 69-84.
Kim J L, Yamasaki T. 1996. Sensilla of *Carabus* (*Isiocarabus*) fiduciarius saishutoicus Csiki (Coleoptera: *Carabidae*) [J]. International Journal of Insect Morphology and Embryology, 25(1): 153-172.
Lopes O, Barata E N, Mustaparta H, et al. 2002. Fine structure of antennal sensilla basiconica and their detection of plant volatiles in the eucalyptus woodborer, *Phoracantha semipunctata* Fabricius (Coleoptera: *Cerambycidae*) [J]. Arthropod Structure & Development, 31(1): 1-13.
Schneider D. 1964. Insect antennae [J]. Annual Review of Entomology, 9(1): 103-122.
Palanaswamy P, Seabrook W. 1978. Behavioral responses of the female eastern spruce budworm *Choristoneura fumiferana* (Lepidoptera: *Tortricidae*) to the sex pheromone of her own species [J]. Journal of Chemical Ecology, 4(6): 649-655.
Sun X, Wang M Q, Zhang G A. 2011. Ultrastructural observations on antennal sensilla of *Cnaphalocrocis medinalis* (Lepidoptera: *Pyralidae*) [J]. Microscopy Research and Technique, 74(2): 113-121.

Altner H, Prillinger L. 1980. Ultrastructure of invertebrate chemo-, thermo-, and hygroreceptors and its functional significance [J]. International Review of Cytology, 67(8): 69-139.

Bartlet E, Romani R, Williams I H, et al. 1999. Functional anatomy of sensory structures on the antennae of *Psylliodes chrysocephala* L. (Coleoptera: Chrysomelidae) [J]. International Journal of Insect Morphology and Embryology, 28(4): 291-300.

Borden J H, Wood L. 1966. The antennal receptors and olfactory response in *Ips confuses* (Coleoptera: Scolytidae) to male sex attractant in the laboratory [J]. Annals of the Entomological Society of America, 59: 253-261.

Castrejón GómezV R, Nieto G, Valdes J, et al. 2003. The antennal sensilla of *Zamagiria dixolophella* Dyar (Lepidoptera: Pyralidae)[J]. Annals of the Entomological Society of America, 96(5): 672-678.

Consoli F L, Kitajima E W, Parra J R. 1999. Sensilla on the antenna and ovipositor of the parasitic wasps *Trichogramma galloi* Zucchi and *T. pretiosum* Riley (Hym., trichogrammatidae) [J]. Microscopy Research and Technique, 45(4): 313-324.

Dolzer J, Fischer K, Stengl M. 2003. Adaptation in pheromone-sensitive trichoid sensilla of the hawkmoth *Manduca sexta*[J]. Journal of Experimental Biology, 206(9): 1575-1588.

Faucheux M J. 1994. Distribution and abundance of antennal sensilla from two populations of the pine engraver beetle, *Ips pini* (Say)(Coleoptera;Scolytidae)[J]. Annales des Sciences Naturelles-Zoologic et Biologie Animale, 15(1): 15-31.

Hallberg E. 1982. Sensory organs in *Ips typographus* (Insecta: Coleoptera) fine structure of antennal sensilla [J]. Protoplasma, 111(3): 206-214.

Jourdan H, Barbier R, Bernard J, et al. 1995. Antennal sensilla and sexual dimorphism of the adult ladybird beetle *Semiadalia undecimnotata* Schn. (Coleoptera: Coccinellidae) [J]. International Journal of Insect Morphology & Embryology, 24(3): 307-322.

Lopes O, Barata E N, Mustaparta H, et al. 2002. Fine structure of antennal sensilla basiconica and their detection of plant volatiles in the eucalyptus woodborer, *Phoracantha semipunctata* Fabricius (Coleoptera: Cerambycidae) [J]. Arthropod Structure & Development, 31(1): 1-13.

Merivee E, Ploomi A, Rahi M, et al. 2002. Antennal sensilla of the ground beetle *Bembidion properans* Steph. (Coleoptera: Carabidae)[J]. Micron, 33(5): 429-440.

Merivee E, Rahi M, Luik A. 1999. Antennal sensilla of the click beetle, *Melanotus villosus* (Geoffroy) (Coleoptera: Elateridae) [J]. International Journal of Insect Morphology & Embryology, 28: 41-51.

Onagbola E O, Fadamiro H Y. 2008. Scanning electron microscopy studies of antennal sensilla of *Pteromalus cerealellae* (Hymenoptera: Pteromalidae) [J]. Micron, 39(5): 526-535.

Pettersson E M, Hallberg E, Biggersson G. 2001. Evidence for the importance of odour-reception in the parasitoid *Rhopalicus tutela*(Walker) (Hymenoptera: Pteromalidae). Journal of Applied Entomology, 125(6): 293-301.

Rü B, Renard S, Allo M R, et al. 1995. Antennal sensilla and their possible functions in the host-plant selection behaviour of *Phenacoccus manihoti* (Matile-Ferrero) (Homoptera: Pseudococcidae) [J]. International Journal of Insect Morphology and Embryology, 24(4): 375-389.

Saïd I, Tauban D, Renou M, et al. 2003. Structure and function of the antennal sensilla of the palm weevil *Rhynchophorus palmarum* (Coleoptera: Curculionidae) [J]. Journal of Insect Physiology, 49(9): 857-872.

Schneider D. 1964. Insect antennae [J]. Annual Review of Entomology, 9(1): 103-122.

Wang P Y, Zhang Z, Kong X B, et al. 2012. Antennal morphology and sensilla ultrastructure of three *Tomicus* species (Coleoptera: Curculionidae, Scolytinae) [J]. Microscopy Research and Technique, 75(12): 1672-1681.

Zacharuk R Y. 1985. Antennae and sensilla [J]. Comprehensive insect physiology, biochemistry and pharmacology,29-63.

Zhang J,Guan L,Ren B Z. 2011. Fine Structure and Distribution of Antennal Sensilla of Longicorn Beetles *Leptura arcuata* and *Leptura aethiops*（*Coleoptera*：*Cerambycidae*）[J]. Annals of the Entomological Society of America,104(4)：778-787.

第三章

电子鼻检测玉米象不同虫态的技术研究

电子鼻是一种模拟生物嗅觉系统的现代检测方法，是利用对不同类别气体敏感的传感器阵列的响应信号和模式识别算法来识别气味的电子鼻系统，具有检测方便、快捷、客观性和重复性好以及不损伤样品的特点，在果蔬、谷物以及储粮害虫等领域得到了广泛的应用。与其他技术手段相比，电子鼻技术无需样品预处理，也不需要移动检测对象，可实现真正粮情的原位、实时监测与预警。本研究团队针对粮堆中储粮害虫玉米象检测技术落后、检测结果不可靠等问题，利用电子鼻对玉米象不同虫态及虫态组合进行检测，并采用主成分分析法（PCA）和判别因子分析法（DFA）对检测数据进行分析研究。

供试昆虫玉米象 Sitophilus zeamais 取自南京财经大学粮食储运国家工程实验室的模拟仓中，经人工饲养数代后用于试验。将玉米象成虫接种于含有 40~60g 干净小麦的 500mL 玻璃瓶中，其中，玻璃瓶经 160℃ 干热灭菌 60min，产卵 7d 后将玉米象成虫筛去，其后代在温度为（30±1）℃、相对湿度为（75±5）% 黑暗条件下继续培养，待成虫大量出现后 1~2 周内，挑取发育健康的成虫作为供试虫源。

Fox 3000 型电子鼻仪器性能详见表 3-1，检测参数详见表 3-2。

表 3-1 Fox 3000 型电子鼻 12 根传感器的性能

阵列序号	传感器名称	检测范围
1	LY2/LG	氧化气体
2	LY2/G	氨气/有机胺类、一氧化碳
3	LY2/AA	乙醇
4	LY2/GH	氨气/有机胺类
5	LY2/gCTL	硫化氢
6	LY2/gCT	丙烷/丁烷
7	T30/1	有机溶剂

续表

阵列序号	传感器名称	检测范围
8	P10/1	烃类、甲烷
9	P10/2	甲烷
10	P40/1	氟
11	T70/2	芳香族化合物
12	PA/2	乙醇、氨气、有机胺类

表 3-2　电子鼻检测相关参数设置

参数种类	参数设置
进样方式	自动进样
载气	干燥洁净空气
载气流速	150mL/min
炉温	35℃
注射体积	2.5mL
注射速度	2.5mL/s
获取时间	60s

3.1　不同密度的玉米象成虫电子鼻检测

为了更好观察和分析电子鼻 12 根传感器对不同密度的玉米象挥发性物质的变化，根据 12 根传感器的响应值大小及差异，绘制不同密度的玉米象雷达图谱（图 3-1）。12 根传感器对不同密度的玉米象响应值是不同的，其中传感器 P10/1、P10/2、P40/1 的响应值在 0.4~0.8 之间，T30/1、T70/2、PA/2 的响应值在 0.2~0.4 之间，其余 6 根传感器的响应值均低于 0.2，说明玉米象成虫的主要挥发物质为烃类、甲烷、氟以及芳香族化合物等。不同密度的玉米象雷达图谱具有相似的形状和变化趋势，说明玉米象所产生的挥发物质的类型是相同的，但传感器 P10/1、P10/2、P40/1 的检测数据存在明显的差异，说明挥发性物质的浓度差异也可以被传感器敏感捕获。此外，图谱显示电子鼻传感器具有很好的稳定性（变异系数<5%）。

图 3-2 是不同密度的玉米象成虫分别采用 PCA 法和 DFA 法的分析图。在 PCA 分析结果中，前两个主成分的贡献率分别为 99.31%、0.56%，累积贡献率达 99.87%，相同浓度的样本重现性很高，密度低于 20 只/瓶时，可有效区分。在 DFA 分析结果中，DF1、DF2 的贡献率分别为 96.51%、2.73%，累计贡

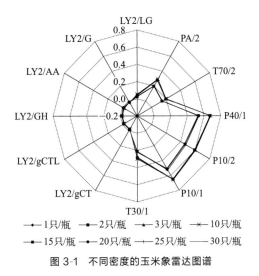

图 3-1 不同密度的玉米象雷达图谱

献率为 99.24%,当玉米象密度较低时(低于 20 只/瓶)能有效区分,玉米象密度高于 20 只/瓶时,挥发物质的浓度超出电子鼻的检测范围,不能进行有效区分。

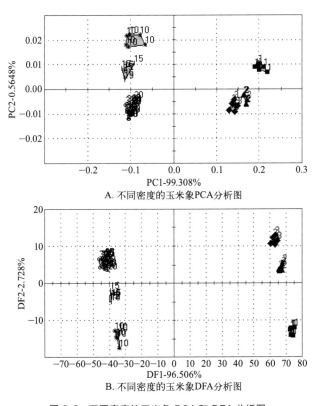

A. 不同密度的玉米象PCA分析图

B. 不同密度的玉米象DFA分析图

图 3-2 不同密度的玉米象 PCA 和 DFA 分析图

图中 1、2、3、10、15、20、25、30 分别代表玉米象成虫的数量

3.2 玉米象不同虫态的电子鼻检测

根据电子鼻 12 根传感器对玉米象不同虫态的响应值大小及差异，绘制传感器对玉米象不同虫态响应值的柱状图（见图 3-3）。传感器对玉米象不同虫态的响应值是不同的，其中 LY 型传感器的响应值较低，在 $-0.1 \sim 0.1$ 之间；传感器 T30/1、T70/2、PA/2 的响应值在 $0.2 \sim 0.4$ 之间；传感器 P10/1、P10/2、P40/1 的响应值最高，在 $0.5 \sim 0.7$ 之间。从第 1 周到第 8 周，玉米象的虫态不同，传感器的响应值也存在差异。

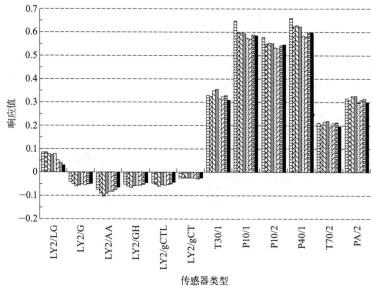

图 3-3 玉米象不同虫态的电子鼻检测柱状图

根据玉米象在 30℃时的发育速度推理，第 1 周为初生的卵，第 2 周为卵期，第 3 周为低龄幼虫，第 4 周为高龄幼虫，第 5 周为蛹期，第 6 周成虫开始羽化，第 7 周成虫大量出现，第 8 周为成虫与卵的混合虫态。

图 3-4 为玉米象不同虫态的电子鼻检测 PCA 和 DFA 分析图，由 PCA 分析图可以看出，6 次重复数据点较分散，重复间聚集性不好，且不同虫态间交叉重叠现象严重，不能显著区分。在主成分分析的基础上对样品进一步做判别因子分析，由 DFA 分析图可以看出，6 次重复间数据分布较集中，且不同虫态间无交叉重叠现象，DF1 的贡献率为 88.44%，DF2 的贡献率为 9.438%，

累计贡献率达到 97.878%，与 PCA 分析相比较，经 DFA 分析后的样本分布更加集中，不同样本间距离变大，能有效区分玉米象的不同虫态。

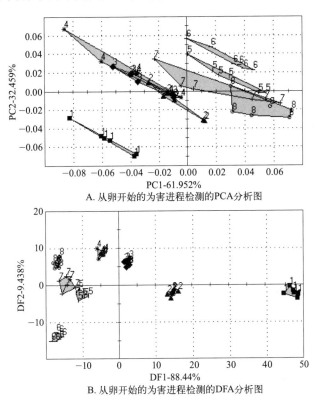

A. 从卵开始的为害进程检测的PCA分析图

B. 从卵开始的为害进程检测的DFA分析图

图 3-4　从卵开始的为害进程检测的 PCA 和 DFA 分析图

图中1、2、3、4、5、6、7、8分别代表第1周、第2周、第3周、第4周、第5周、第6周、第7周、第8周

表 3-3 是经 DFA 分析后玉米象从卵开始的为害进程检测的气味距离表，组间样品差异的大小可以通过气味距离表查看，若组间距离小，说明其相似性高，若组间距离大，说明其相似性低。从表 3-3 可以看出，第 1 周的样本和其他周的样本间的气味距离较大，气味距离在 0.06~0.12 之间。第 5 周之后，各样本之间的气味距离变小，气味距离在 0.01~0.04 之间，可能是因为第 5 周已经有少量玉米象成虫出现，因此第 5 周之后是各虫态混合存在，气味距离较小。

表 3-3　从卵开始的为害进程检测的气味距离表

距离值	第2周	第3周	第4周	第5周	第6周	第7周	第8周
第1周	0.06	0.06	0.07	0.11	0.12	0.09	0.11

续表

距离值	第2周	第3周	第4周	第5周	第6周	第7周	第8周
第2周		0.03	0.05	0.04	0.06	0.03	0.05
第3周			0.02	0.06	0.06	0.05	0.07
第4周				0.07	0.07	0.06	0.08
第5周					0.02	0.01	0.02
第6周						0.03	0.04
第7周							0.03

3.3 玉米象混合虫态的电子鼻检测

根据玉米象的发育速度推理，将玉米象成虫投入干净的糙米后，第1周应为玉米象成虫，第2周为成虫与卵的混合虫态，第3周为成虫、低龄幼虫和卵的混合虫态，第4周为成虫、高龄幼虫、低龄幼虫和卵的混合虫态，第5周为成虫、蛹、高龄幼虫、低龄幼虫和卵的混合虫态，第6周至第8周为成虫、蛹、高龄幼虫、低龄幼虫和卵的混合虫态。

图3-5是玉米象混合虫态电子鼻检测PCA和DFA分析图，由PCA分析图可以看出，从第4周开始，重复间数据点分布分散，且样本间重叠现象严重。由DFA分析图可以看出，重复间数据点集中性好，样本间均无重叠现象，DF1、DF2的贡献率分别为82.432%、13.006%，累计贡献率达95.438%。因此，与PCA分析比较，DFA分析法能更好地将样本间的检测数据进行聚类和分析，更有效地识别玉米象混合虫态样品。

表3-4是玉米象混合虫态检测的气味距离表，从表中可以更清楚地观察各个样本在空间的分布。由气味距离表可以看出，两样本间相隔时间越长，气味距离就越大，从气味距离的定量角度说明随着时间的延长，样本之间的差异性越来越大。

表3-4 从成虫开始的为害进程检测的气味距离表

距离值	第2周	第3周	第4周	第5周	第6周	第7周	第8周
第1周	0.03	0.05	0.07	0.09	0.09	0.09	0.09
第2周		0.04	0.05	0.08	0.08	0.09	0.09
第3周			0.03	0.05	0.06	0.07	0.08
第4周				0.05	0.05	0.07	0.09

续表

距离值	第2周	第3周	第4周	第5周	第6周	第7周	第8周
第5周					0.02	0.03	0.05
第6周						0.04	0.06
第7周							0.04

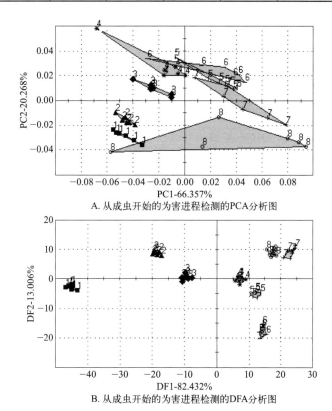

图 3-5 从成虫开始的为害进程检测的 PCA 和 DFA 分析图

图中1、2、3、4、5、6、7、8分别代表第1周、第2周、第3周、第4周、第5周、第6周、第7周、第8周

3.4 小结

本研究选择 Fox 3000 型电子鼻对玉米象不同密度及虫态进行检测，结果表明，该电子鼻传感器不仅对玉米象不同虫态具有不同的响应，而且对同一虫态的不同密度也有显著的响应差异，且重复间变异系数小于5%，因此，可以将该电子鼻用于玉米象密度及虫态的检测识别研究。

采用不同的分析方法对电子鼻检测数据进行分析，结果表明，主成分分析法和判别因子分析法均可对玉米象不同密度进行区分，但是当虫口密度超过20只/瓶时，挥发物的浓度超出电子鼻的检测范围，不能进行有效区分。而在检测玉米象不同虫态时，与主成分分析法相比，判别因子分析法能更好地将玉米象不同虫态的检测数据进行聚类，且各虫态间分布无交叉重叠现象，能更有效地将玉米象的不同虫态进行识别。此外，通过判别因子分析法还可将玉米象混合虫态的不同样本进行有效的区分。通过制作判别因子分析法的气味距离表，能够更形象、直观地显示不同样本的气味距离值。

研究探索了电子鼻对玉米象这一头号储粮害虫的密度、虫态等进行鉴别检测的可行性，以期为粮堆储粮害虫的精确检测提供技术支持。然而在粮堆中还存在化学药剂、粮食陈化挥发物质等其他成分，这些成分对电子鼻的检测结果也会有较大的影响，需要对粮堆中其他挥发物质进行综合研究，以消除干扰成分对检测结果的影响，提高电子鼻检测结果的准确性。

参考文献

白旭光.2010.储粮害虫检测技术评述［J］.粮食储藏，39(1)：6-9.
海铮，王俊.2006.基于电子鼻山茶油芝麻油掺假的检测研究［J］.中国粮油学报，21(3)：192-197.
胡志全，王海洋，刘友明.2013.电子鼻识别大米挥发性物质的应用性研究［J］.中国粮油学报，28(7)：93-98.
黄建国.1982.米象、玉米象生物学的研究［J］.郑州粮食学院学报，(1)：1-10.
李艳双，曾珍香，张闽，等.1999.主成分分析法在多指标综合评价方法中的应用［J］.河北工业大学学报，28(1)：94-97.
路静，傅洪亮.2014.储粮害虫检测和分类识别技术的研究［J］.粮食储藏，43(1)：6-9.
庞林江，王俊，路兴花.2007.电子鼻判别小麦陈化年限的检测方法研究［J］.传感技术学报，20(8)：1717-1722.
宋伟，刘璐，支永海，等.2010.电子鼻判别不同储藏条件下糙米品质的研究［J］.食品科学，31(24)：360-365.
宋伟，谢同平，张美玲，等.2011.应用电子鼻技术对粳稻谷中霉菌定量分析［J］.粮食储藏，40(6)：34-38.
宋伟，谢同平，张美玲，等.2012.应用电子鼻判别不同储藏条件下粳稻谷品质的研究［J］.中国粮油学报，27(5)：92-96.
王若兰.2009.河南省粮食储藏损失现状及分析［J］.粮食科技与经济，34(3)：38-40.
张晓敏，朱丽敏，张捷，等.2008.采用电子鼻评价肉制品中的香精质量［J］.农业工程学报，24(9)：175-178.
甄彤，董志杰，郭嘉，等.2012.基于声音的储粮害虫检测系统设计［J］.河南工业大学学报（自然科学版），33(5)：79-82.
周显青，崔丽静，林家永，等.2010.电子鼻用于粮食储藏的研究进展［J］.粮油食品科技，18(5)：63-66.
Drake M A, Gerard P D, Kleinhenz J P, et al. 2003. Application of an electronic nose to correlate with descriptive sensory analysis of aged Cheddar cheese［J］. LWT-Food Science and Technology, 36

(1): 13-20.

Gardner J W. 1994. A brief history of electronic noses [J]. Sensors and Actuators B: Chemical, 18(1-3): 210-211.

Gomez A H, Wang J, Hu G X, et al. 2008. Monitoring storage shelf life of tomato using electronic nose technique [J]. Journal of Food Engineering, 85(4): 625-631.

Kateb B, Ryan M A, Homer M L, et al. 2009. Sniffing out cancer using the JPL electronic nose: A pilot study of a novel approach to detection and differentiation of brain cancer [J]. Neuroimage, 47:5-9.

Peris M, Escuder-Gilabert L. 2009. A 21st century technique for food control: Electronic noses [J]. Analytica Chimica Acta, 638(1): 1-15.

Torri L, Sinelli N, Limbo S. 2010. Shelf life evaluation of fresh-cut pineapple by using an electronic nose [J]. Postharvest Biology and Technology, 56(3): 239-245.

Vestergaard J S, Martens M, Turkki P. 2007. Application of an electronic nose system for prediction of sensory quality changes of a meat product (pizza topping) during storage [J]. LWT - Food Science and Technology, 40(6): 1095-1101.

Zheng X Z, Lan Y B, Zhu J M, et al. 2009. Rapid identification of rice samples using an electronic nose [J]. Journal of Bionic Engineering, 6(3): 290-297.

第四章

储粮害虫基因定量技术的建立及研究

近年来,随着分子生物学技术的不断发展,实时荧光定量聚合酶链反应(PCR)技术在昆虫学研究中的应用越来越广泛,该技术具有灵敏度高、特异性强、准确可靠等优点,越来越受到昆虫学家的青睐。实时荧光定量 PCR 技术具有高度的敏感性、特异性,且能对模板进行精确的量化,受到科学家的广泛关注。借助实时荧光定量 PCR 技术,可以对昆虫不同品系、不同组织或不同个体间的基因表达水平进行比较研究,从分子水平上探究昆虫的生命活动过程(Fu et al., 2013;Shen et al., 2010;Li et al., 2013)。通过实时荧光定量 PCR 研究目标基因的表达模式,是研究昆虫遗传、发育及进化等问题的重要思路。

4.1 印度谷螟线粒体基因组测定及螟蛾总科系统发育分析

4.1.1 印度谷螟线粒体基因组的特征

4.1.1.1 基因组大小、含量及结构

通过测定印度谷螟(*Plodia interpunctella*)的全线粒体基因组序列,发现印度谷螟线粒体基因组是一个典型的闭合环状双链 DNA 分子(GenBank 登录号:TK207942),包含 13 个蛋白质编码基因、2 个 rRNA 基因、22 个 tRNA 基因和 1 个控制区(图 4-1 和表 4-1)。该线粒体基因组全长 15264bp,大小介于其他已测的螟蛾总科昆虫全线粒体基因组的大小,即 14960(*Glyphodes pyloalis*)~15490bp(*Diatraea saccharalis*)之间(表 4-1)。与节肢动物线粒体基因原始排序相比,印度谷螟线粒体基因组中仅 *trnI-trnQ-trnM* 重排为 *trnM-trnI-trnQ*,这与目前已测的绝大多数鳞翅目昆虫的线粒体

基因排序完全一致。

印度谷螟线粒体基因组是比较紧凑的，除控制区外，仅有少量小的非编码区，即基因间隔区。基因间隔区共有 14 处，大小在 1～41bp 之间，共计 166bp，其中最大的位于 trnQ 和 nad2 之间（图 4-1 和表 4-1）。此外，还存在 5 个基因重叠区，大小在 1～8bp 之间，其中最大的位于 trnW 和 trnC 之间（图 4-1 和表 4-1）。

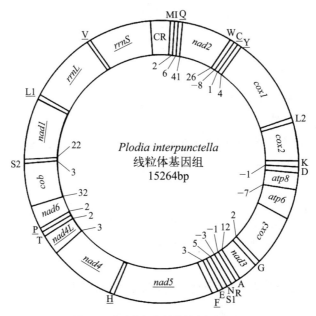

图 4-1　印度谷螟线粒体基因组结构图

表 4-1　印度谷螟线粒体基因组注释结果

基因	位置	大小/bp	基因间隔区	起始密码子	终止密码子	反密码子
trnM	1～68	68	0			CAU
trnI	71～134	64	2			GAU
trnQ	141～209	69	6			UUG
nad2	251～1264	1014	41	ATT	TAA	
trnW	1291～1356	66	26			UCA
trnC	1349～1415	67	−8			GCA
trnY	1417～1482	66	1			GUA
cox1	1487～3017	1531	4	CGA	T	
trnL2（UUR）	3018～3084	67	0			UAA
cox2	3085～3766	682	0	ATA	T	

续表

基因	位置	大小/bp	基因间隔区	起始密码子	终止密码子	反密码子
*trn*K	3767～3837	71	0			CUU
*trn*D	3837～3903	67	−1			GUC
*atp*8	3904～4065	162	0	ATT	TAA	
*atp*6	4059～4738	680	−7	ATG	TA	
*cox*3	4739～5527	789	0	ATG	TAA	
*trn*G	5530～5596	67	2			UCC
*nad*3	5597～5950	354	0	ATT	TAA	
*trn*A	5963～6027	65	12			UGC
*trn*R	6027～6090	64	−1			UCG
*trn*N	6088～6152	65	−3			GUU
*trn*S1（AGN）	6158～6224	67	5			GCU
*trn*E	6225～6292	68	0			UUC
<u>*trn*F</u>	6296～6363	68	3			GAA
<u>*nad*5</u>	6364～8098	1735	0	ATT	T	
<u>*trn*H</u>	8099～8162	64	0			GUG
<u>*nad*4</u>	8163～9519	1357	0	ATA	T	
<u>*nad*4L</u>	9520～9810	288	3	ATG	TAA	
*trn*T	9813～9876	64	2			UGU
<u>*trn*P</u>	9877～9942	66	0			UGG
*nad*6	9945～10478	534	2	ATT	TAA	
cob	10511～11662	1152	32	ATG	TAA	
*trn*S2（UCN）	11666～11730	65	3			UGA
<u>*nad*1</u>	11753～12691	939	22	ATT	TAG	
<u>*trn*L1（CUN）</u>	12692～12758	67	0			UAG
<u>*rrn*L</u>	12759～14095	1337	0			
<u>*trn*V</u>	14096～14162	67	0			UAC
<u>*rrn*S</u>	14163～14944	782	0			
控制区	14945～15264	320	0			

注：下划线表示该基因由负链编码。

4.1.1.2 碱基组成与密码子使用

与其他已测鳞翅目及螟蛾总科昆虫相似，印度谷螟线粒体基因组的碱基组成明显偏向于 AT，全基因组正链的（A+T）含量为 80.12%（表 4-1）。A 与 T 数目差异不大（AT-偏斜 = −0.050），而 C 明显高于 G（GC-偏斜 =

—0.233)。对线粒体基因组的不同部分进行比较分析发现，在所有螟蛾总科中均是控制区的（A+T）含量最高（91.04%～96.58%），而13个蛋白质编码基因的最低（74.80%～81.01%）（表4-1）。印度谷螟蛋白质编码基因密码子第3位点的（A+T）含量（92.33%），显著高于第1（73.34%）和第2位点（69.94%）。

印度谷螟线粒体基因组高的（A+T）含量及链组成偏斜性，也反映在蛋白质编码基因的密码子使用上。相对同义密码子使用频率（RSCU）分析表明，螟蛾科（Pyralidae）和草螟科（Crambidae）的密码子使用没有显著的差异（图4-2）。在所有已测螟蛾总科线粒体基因组中，以A或T结尾的同义密码子出现的次数，远大于其他同义密码子出现的次数，表明前者被严重过量使用。例如，在印度谷螟线粒体基因组中，编码甲硫氨酸（Met）的同义密码子中，

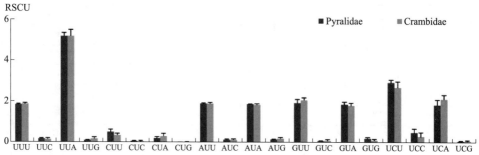

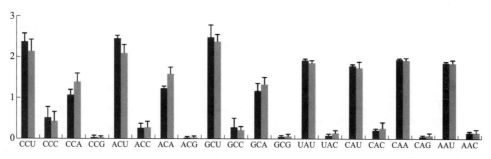

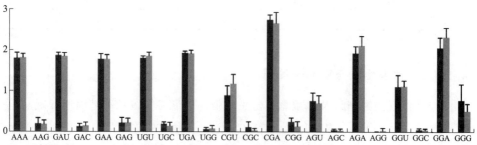

图4-2　螟蛾科和草螟科密码子使用比较分析

密码子 AUG 仅使用了 18 次，RSCU 为 0.13，但密码子 AUA 使用了 269 次，RSCU 为 1.87。在无脊椎动物的 62 种线粒体密码子中，CUG、ACG、AGC 和 GGC 等 4 个富含 GC 的密码子未被印度谷螟线粒体基因组使用。除三化螟外，至少有 1 个富含 GC 的密码子在其余 23 种螟蛾线粒体基因组中未被使用。

4.1.2 印度谷螟线粒体编码基因及其调控

4.1.2.1 蛋白质编码基因

印度谷螟线粒体基因组的 13 个蛋白质编码基因全长 11187bp（去除终止密码子），共编码 3729 个氨基酸，这与其他已测螟蛾总科的非常接近（表 4-2）。在 13 个蛋白质编码基因中，（A+T）含量最低的是 $cox1$（71.70%），最高的是 $atp8$（86.79%）。除 $cox1$ 基因使用 CGA 外，其余 12 个蛋白质编码基因的起始密码子均为 ATU，其中 2 个基因（$cox2$ 和 $nad4$）使用 ATA，4 个基因（$atp6$、$cox3$、$nad4L$ 和 cob）使用 ATG，6 个基因（$nad1$、$nad2$、$nad3$、$nad5$、$nad6$ 和 $atp8$）使用 ATT。印度谷螟 8 个线粒体蛋白质编码基因的终止密码子为 TAA 或 TAG，其余 5 个基因以 TA（$atp6$）或单个 T（$cox1$、$cox2$、$nad4$ 和 $nad5$）作为终止密码子。不完全的终止密码子在昆虫线粒体基因组中非常普遍，在转录过程中通过添加 A 可以将这些不完整的终止密码子补全而并不影响翻译。

为了分析 13 个蛋白质编码基因在螟蛾总科中进化模式的差异性，对螟蛾科和草螟科分别计算了 K_a、K_s 和 K_a/K_s（图 4-3）。结果表明，25 种螟蛾的平均 K_s 值，在 13 个蛋白质编码基因中非常相似；而 K_a 值在 13 个基因间变异显著。在 13 个基因中，$cox1$~3 和 cob 等 4 个基因的 K_a 在螟蛾科和草螟科中均进化最慢。$nad3$ 和 $nad6$ 在螟蛾科中具有最快的进化速率，而草螟科中 $atp6$ 和 $nad6$ 的进化速率最快。线粒体蛋白质编码基因由于参与了细胞的氧化磷酸化过程，通常在进化过程中受到强烈的净化选择（即 $K_a/K_s<1$）而表现出功能约束性。然而，在螟蛾科中，$atp8$、$nad3$ 和 $nad6$ 等 3 个基因的 K_a/K_s 值均大于 1，而在草螟科中 8 个基因的 K_a/K_s 值均大于 1（图 4-3）。为了明确这些结果是否由选择了校正的 JC 模型所致，采用 Kamura 进化模型重新计算 K_a 和 K_s 后发现，尽管进化速率的值存在变化，但 K_a/K_s 值未有大的变化。这些结果表明，螟蛾总科的线粒体蛋白质编码基因在进化过程中受到了正选择作用抑制或选择松弛，且螟蛾科和草螟科的进化模式存在明显的不同。

表 4-2 已测螟蛾总科昆虫线粒体基因组基本特征

科	物种	GenBank登录号	线粒体基因组 大小/bp	线粒体基因组 (A+T)/%	AT-skew	GC-skew	蛋白质编码基因 大小/bp	蛋白质编码基因 (A+T)/%	rrnL 大小/bp	rrnL (A+T)/%	rrnS 大小/bp	rrnS (A+T)/%	控制区 大小/bp	控制区 (A+T)/%
Crambidae	Chilo auricilius	NC_024644	15367	82.03	-0.008	-0.197	11181	80.56	1346	84.92	789	86.44	337	94.07
Crambidae	Chilo suppressalis	NC_015612	15395	80.67	0.008	-0.235	11196	78.83	1383	84.24	788	86.17	348	95.40
Crambidae	Cnaphalocrocis medinalis	NC_015985	15388	81.94	-0.015	-0.175	11178	80.51	1389	84.88	781	86.17	339	95.87
Pyralidae	Corcyra cephalonica	NC_016866	15273	80.43	-0.036	-0.218	11160	78.85	1360	84.49	793	86.00	351	96.58
Crambidae	Diatraea saccharalis	NC_013274	15490	80.02	0.021	-0.258	11148	78.89	1355	82.95	778	85.86	335	94.93
Crambidae	Dichocrocis punctiferalis	NC_021389	15355	80.60	-0.025	-0.207	11172	77.83	1412	84.77	781	85.53	338	96.45
Crambidae	Elophila interruptalis	NC_021756	15351	80.32	-0.011	-0.229	11148	78.56	1367	84.13	786	85.50	339	93.51
Pyralidae	Ephestia kuehniella	NC_022476	15295	79.77	-0.049	-0.234	11145	78.12	1328	84.19	773	84.86	321	93.15
Crambidae	Eudonia angustea	KJ508052*	15386	—	—	—	11116	79.87	—	—	—	—	—	—
Crambidae	Glyphodes pyloalis	KM576860	14960	80.77	-0.016	-0.194	11166	79.59	1345	84.46	784	85.97	67	91.04
Crambidae	Glyphodes quadrimaculalis	NC_022699	15255	80.80	-0.007	-0.192	11154	79.23	1350	84.89	779	85.49	327	94.50
Crambidae	Hellula undalis	KJ636057*	14678	—	—	—	11175	78.56	1318	83.61	779	86.01	—	—
Pyralidae	Lista haraldusalis	NC_024535	15213	81.52	-0.007	-0.171	11172	80.00	1335	85.17	786	86.13	310	96.13
Crambidae	Loxostege sticticalis	KR080490	15218	80.82	0.002	-0.191	11169	79.51	1334	83.66	774	86.05	—	—
Crambidae	Maruca testulalis	NC_024283	15110	80.81	-0.005	-0.171	11160	79.42	1253	85.55	783	85.44	335	92.84
Crambidae	Maruca vitrata	NC_024099	15385	80.70	-0.002	-0.172	11316	79.32	1304	84.43	765	85.23	341	92.96

续表

科	物种	GenBank登录号	线粒体基因组				蛋白质编码基因		rrnL		rrnS		控制区	
			大小/bp	(A+T)/%	AT-skew	GC-skew	大小/bp	(A+T)/%	大小/bp	(A+T)/%	大小/bp	(A+T)/%	大小/bp	(A+T)/%
Crambidae	Nomophila noctuella	NC_025764	15309	81.41	0.002	−0.176	11130	79.80	1366	84.77	720	84.72	426	94.84
Crambidae	Ostrinia furnacalis	NC_003368*	14536	—	—	—	11156	79.37	1339	84.99	435	82.76	—	—
Crambidae	Ostrinia nubilalis	NC_003367*	14535	—	—	—	11154	79.10	1339	84.91	434	82.03	—	—
Crambidae	Ostrinia penitalis	KM395814*	12612	—	—	—	10738	78.41	589	78.27	—	—	—	—
Crambidae	Paracymoriza distinctalis	NC_023471	15354	82.27	−0.002	−0.155	11154	81.01	1390	84.75	784	86.35	351	95.16
Crambidae	Paracymoriza prodigalis	NC_020094	15326	81.53	0.002	−0.183	11151	80.06	1389	85.53	781	85.92	343	95.34
Pyralidae	Plodia interpunctella		15264	80.12	−0.050	−0.233	11187	78.54	1337	83.47	782	84.91	320	95.63
Crambidae	Scirpophaga incertulas	NC_021413	15223	77.05	0.031	−0.324	11160	74.80	1314	82.04	768	84.11	403	92.80
Crambidae	Tyspanodes hypsalis	NC_025569	15329	81.41	−0.017	−0.175	11163	79.92	1365	84.84	791	85.59	350	95.43

注：*表示不完整的线粒体基因组。

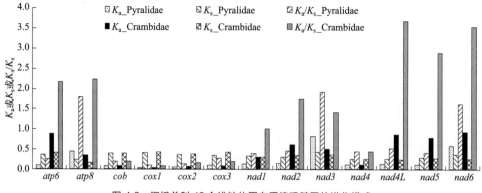

图 4-3 螟蛾总科 13 个线粒体蛋白质编码基因的进化模式

4.1.2.2 RNA 基因

印度谷螟线粒体基因组的两个 rRNA 基因 $rrnL$ 和 $rrnS$ 的大小分别是 1337bp 和 782bp，(A+T) 含量分别为 83.47% 和 84.91%，这与其他已测螟蛾总科的大小及碱基组成非常相似（表 4-2）。

印度谷螟线粒体基因组 22 个 tRNA 基因总长 1462bp，其中最长的为 71bp，最短的仅 64bp，平均长度为 (66.4±1.8)bp。所有 tRNA 均能形成经典的三叶草结构，包括氨基酸接受臂、DHU 臂、TψC 臂和反密码子臂等 4 个臂和一个可变环（图 4-4）。部分 tRNA 的 DHU 臂（$trnC$ 和 $trnS1$）、氨基酸接受臂（$trnL2$ 和 $trnA$）、反密码子臂（$trnL2$、$trnK$ 和 $trnS2$）和 TψC 臂（$trnE$）存在个别碱基错配，这种现象在昆虫线粒体基因组中非常普遍。然而，值得指出的是，印度谷螟线粒体 $trnS1$ 的 DHU 臂，不仅存在 A：A 错配，且长度仅为 3bp，环仅由 3 个核苷酸构成，暗示该茎环结构可能并不存在。事实上，$trnS1$ 缺少 DHU 臂在已测后生动物中非常普遍。在其他已测的螟蛾总科昆虫中，$trnS1$ 似乎亦缺少 DHU 臂。通常，由于 $trnS1$ 序列的高度变异，要准确地预测其二级结构是比较困难的。

4.1.2.3 控制区

印度谷螟线粒体基因组的控制区位于 $rrnS$ 和 $trnM$ 之间，长度为 320bp（表 4-2）。该线粒体控制区的 (A+T) 含量为 95.63%（表 4-2）。印度谷螟线粒体控制区具有以下特征：①在 $rrnS$ 的下游具有"ATAGA"序列，该序列在其他 19 种螟蛾及其他大多数鳞翅目昆虫中广泛存在，尽管存在一定的变异性；②18bp 的 Poly-T 结构，该结构在除 *Glyphodes pyloalis* 外的 18 种螟蛾

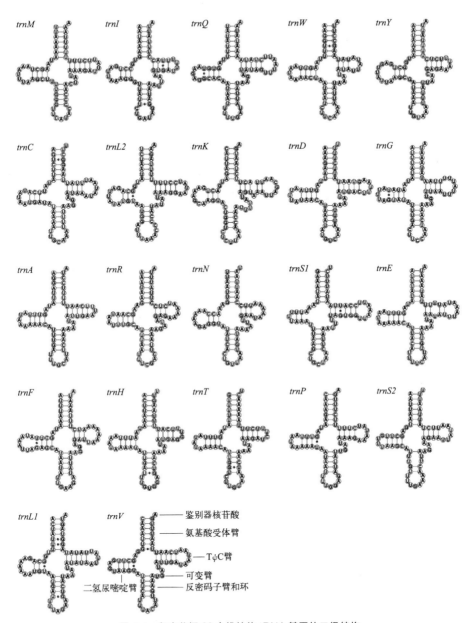

图 4-4　印度谷螟 22 个线粒体 tRNA 基因的二级结构

及大多数鳞翅目昆虫中广泛存在；③（AT）$_n$ 重复序列。这 3 个结构特征在其他 19 种已测螟蛾及大多数鳞翅目昆虫线粒体基因组中广泛存在，是鳞翅目昆虫线粒体控制区的保守性结构特征。除 *Glyphodes pyloalis* 外，其余螟蛾总科线粒体控制区均有 Poly-T 结构。研究表明，Poly-T 为线粒体 DNA 的复制起始提供了必要的信号识别位点。

4.1.3 系统发育分析

为了探讨螟蛾总科的系统进化关系，从 GenBank 数据库中下载了已测的 24 个螟蛾的线粒体基因组（表 4-2），并以美国白蛾（$Hyphantria\ cunea$）、舞毒蛾（$Lymantria\ dispar$）和门源草原毛虫（$Gynaephora\ menyuanensis$）等 3 种夜蛾总科昆虫作为外群。为了明确线粒体基因组数据是否存在饱和性，采用 PAUP 计算未校正的 P 遗传距离与 GTR 遗传距离，并作散点图。结果显示，蛋白质编码基因的 3 个密码子位点均未达到显著饱和，而两个 rRNA 基因均显著饱和。因此，13 个蛋白质编码基因的所有 3 个密码子位点均用来构建螟蛾总科的系统发育关系。采用 Translator X online server 的 MAFFT 对 13 个蛋白质编码基因分别进行序列比对，并采用 GBlocks 去除空位及模糊位点。将比对好的单个蛋白质编码基因联合在一起，获得一个数据集。采用 PartitionFinder 1.1.1 来选择数据集最佳的 partitioning schemes 及其相应的核苷酸和氨基酸进化模型。输入文件中的设置为：每一蛋白质编码基因的每一位点为单独的 partition，贝叶斯信息标准（BIC），"greedy"和"unlinked"。由 PartitionFinder 选择的最佳 partition 及进化模型用于后续系统发育分析。

系统发育分析采用最大似然法和贝叶斯推断两种方法进行，均在 CIPRES Science Gateway 3.3 在线平台上进行。ML 分析采用 RAxML-HPC2 on XSEDE 8.0.24 进行，采用 GTRGAMMAI 模型，可靠性采用 1000 次的 bootstraps（BS）进行评估。贝叶斯分析采用 MrBayes 3.2.2 进行，4 条独立的马尔可夫链（Markov chains），即 3 条热链（hot chain）和 1 条冷链（cold chain）同时运行 1×10^8 代（generation）。每运行 1000 代取样一次，当 ESS 大于 100 且 PSRF（potential scale reduction factor）接近 1.0 时即认为两个分析过程趋于稳定状态。舍弃 25% 的老化样本，剩余样本用来构建 50% 一致树，并计算贝叶斯后验概率（posterior probability，PP）。

基于 13 个蛋白质编码基因构建的最大似然树和贝叶斯树，两个树的拓扑结构几乎完全一致，仅在分支的支持率上存在差异性（图 4-5）。系统发育结果高度支持螟蛾科和草螟科均为单系群（PP=1.0，BS=100）。在螟蛾科内，斑螟亚科（Phycitinae）与丛螟亚科（Epipaschiinae）具有更近的亲缘关系，两者相比蜡螟亚科（Galleriinae）处于更进化的系统位置。草螟科分为两大分支，其中一支由野螟亚科（Pyraustinae）和斑野螟亚科（Spilomelinae）构成，且这两个亚科分别被高度支持为单系群（PP＝1.0，BS＞91）。草螟科的另一个分支包括草螟亚科（Crambinae）、水螟亚科（Nymphulinae）、苔螟亚科（Scopariinae）和禾螟亚科（Schoenobiinae）等 4 个亚科，其中前两者具有更近的亲缘关系且均为单系群。尽管菜心野螟是否属于苔螟亚科以及该亚科的系统发育位置还需进一步研究，但系统发育结果高度支持菜心野螟属于草螟科。禾螟亚科的系统发育位置也不确定，这可能是由目前该亚科仅有一个代表性物种的线粒体基因组以及长枝吸引所致。

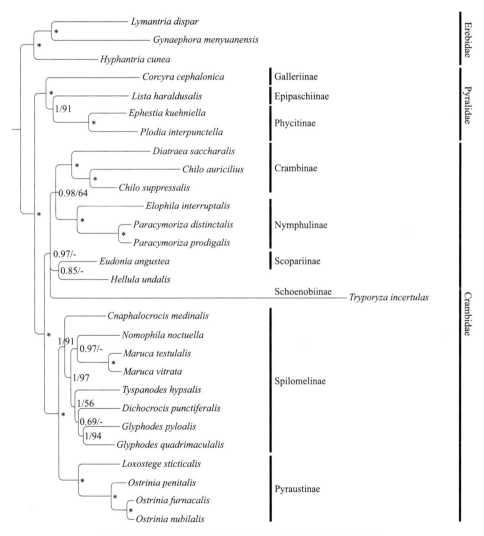

图 4-5　基于 13 个蛋白质编码基因构建的螟蛾总科系统发育树

左边为贝叶斯后验概率（PP），右边为最大似然法的自展率（BS）；星号（*）表示 PP＝0.1 且 BS＝100；短线表示 PP＜0.5 或 BS＜50

4.1.4 小结

通过测定重要仓储害虫印度谷螟的全线粒体基因组序列，并联合已测得的 24 个螟蛾线粒体基因组进行比较线粒体基因组分析。印度谷螟线粒体基因组全长 15264bp，包括 13 个蛋白质编码基因、22 个转运 RNA 基因、2 个核糖体 RNA 基因和一个大的非编码区（线粒体控制区）。基因排序与转录方向与已测其他双孔类的完全一致。比较线粒体基因组学分析表明，线粒体基因组的基因排序、碱基组成、密码子使用、控制区的序列结构以及转运 RNA 基因的二级结构，在已测得的 25 种螟蛾中高度保守。线粒体蛋白质编码基因的进化模式分析表明，13 个基因的进化速率在螟蛾科和草螟科间存在明显差异。基于 13 个蛋白质编码基因对螟蛾总科的 10 个亚科的系统发育分析，贝叶斯树和最大似然树均高度支持螟蛾科和草螟科为单系群。在螟蛾科中，斑螟亚科与丛螟亚科具有更近的亲缘关系。草螟科包括两个分支，一支由野螟亚科和斑野螟亚科构成；另一支包括草螟亚科、水螟亚科、苔螟亚科和禾螟亚科等 4 个亚科。

4.2 印度谷螟实时荧光定量 PCR 中内参基因的选择

本研究团队系统地鉴别印度谷螟不同品系和不同发育阶段可靠的内参基因，包括：琥珀酸脱氢酶（succinate dehydrogenase，SD）、$Ef1α$、微管蛋白 $γ$（$γ$-Tubulin）、微管蛋白 $β$（$β$-Tubulin）、细胞色素氧化酶（cytochrome oxidase，COX）、细胞周期蛋白 A（Cyclin A）、肌动蛋白 $β$（$β$-Actin）和 18S 等 8 种基因，并推荐准确的标准化内参基因数目。

4.2.1 实时荧光定量 PCR 分析中基因的表达水平及引物扩增效率

分别挑选印度谷螟卵、三龄幼虫、蛹和成虫等 4 个发育阶段以及 2% 抗性品系与胁迫品系三龄幼虫，依据试剂盒说明书提取各样本的总 RNA。除卵使用 RNeasy Plus Micro Kit（Qiagen，Germany）外，其余总 RNA 的提取均使用 RNeasy Plus Universal Mini Kit（Qiagen，Germany）。总 RNA 的完整性采用 1% 的琼脂糖凝胶电泳进行检测，并使用核酸浓度测定仪（Eppendorf，Germany）检测其浓度和纯度。OD_{260}/OD_{280} 值在 1.8~2.0 之间的样品才被用于下游实验。以 1~5μg 的总 RNA 和 oligo(dT)$_{18}$ 为特异引物，按照 PrimeScript Ⅱ cDNA synthesis Kit（Takara，Japan）说明书进行第一链 cDNA 的合成，并储存于－20℃。使用前，将储存的 cDNA 母液用无 RNA 酶水溶解至浓度 100ng/μL 以用于后续实验。

8 个候选内参基因的标准曲线决定系数 R^2 变化范围是 0.983~0.999，扩增效率在 90%~120% 之间，且熔解曲线皆为单峰，说明无非特异性扩增，引物良好（表 4-3）。平均的 Ct 值和其标准差被用于描述基因表达的水平。8 个备选内参基因中，*18S* 的 Ct 值最小，表达丰度最高；*β-Actin*、*18S* 和 *Cyclin A* 等 3 个基因的 Ct 值变化范围较大，而 *β-Tubulin* 和 *γ-Tubulin* 的 Ct 值变化范围相对较小（图 4-6）。可见，不同基因的表达谱存在差异性，且同一基因均存在不同程度的变异性。

表 4-3　荧光定量引物信息

基因名	GenBank 登录号	引物序列 (5'-3')	产物大小 /bp	相关系数 (R^2)	扩增效率 /%
POD	SRP051571	CGAGCAGTTCTACAGGACCA GTGTCTCAGGTTCGAATGCC	179	—	—
SD	SRP051571	TCCAGCACACCCACAATAGT CAGCTTGTTAGGCAGCACAA	225	0.995	102.2
Ef1α	SRP051571	CGTCAACAAGATGGACGACC GCCTTGTCCTGTTTGTCCAG	151	0.999	111.9
γ-Tubulin	SRP051571	CCCTTCTTCTGGCTCTGTCA TCTGACTGGATGGCTGTTGT	180	0.997	104.7
β-Actin	SRP051571	ATCTGGCACCACACGTTCTA GCTTGAATCGCCACGTACAT	161	0.984	110.3
β-Tubulin	SRP051571	AAGTTGCTGCGTTGGTAGTG CTTCTCCATGTCGTCCCAGT	242	0.993	119.2
CO	JX509837	TCGAGCAGAATTAGGTACCCC GGGAAAGCTATATCTGGGGCT	220	0.989	108.3
Cyclin A	AY388625	ACAGCAAAGACTGACCGAGA TACTCGTCACACACCTCCAC	185	0.983	110
18S	KJ836335	TTCACCGACGATATGCTCCG ATTGGAGGGCAAGTCTGGTG	165	0.996	110.4

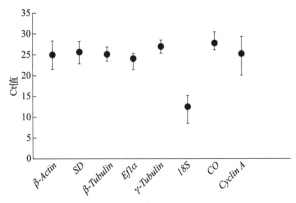

图 4-6　印度谷螟各候选基因的表达水平

4.2.2　基因稳定性分析

通过两种独立的分析软件（geNorm 和 NormFinder），分析了 8 个备选内参基因的表达稳定性。geNorm 的分析结果表明，8 个内参基因在不同发育阶段的 M 值由低到高分别为：$SD = Ef1\alpha$，$\gamma\text{-}Tubulin$，$\beta\text{-}Tubulin$，CO，$Cyclin\ A$，$\beta\text{-}Actin$ 和 $18S$。因此，表达稳定性最高的是 SD 和 $Ef1\alpha$，而 $18S$ 具有最大的表达变化程度。NormFinder 的分析结果表明，最稳定的是 $Ef1\alpha$，接下来依次为 $\gamma\text{-}Tubulin$、$\beta\text{-}Tubulin$、SD、CO、$\beta\text{-}Actin$ 和 $Cyclin\ A$，最不稳定的仍为 $18S$。由此可见，geNorm 中最稳定的两个备选内参基因为 SD 和 $Ef1\alpha$，在 NormFinder 的分析中也处于前四的稳定水平，且两种算法呈现的前四名备选内参基因种类完全一致，即两个软件都推荐 $Ef1\alpha$ 为最稳定的备选内参基因。$18S$ 在两种软件的分析中均是最不稳定的备选内参基因。可见，两种软件结果高度一致，表明预测结果的准确性。

为了证实用于目标基因标准化最适合的内参基因数目（标准化因子数），利用 geNorm 分析了 $V_{n/n+1}$，如果 $V_{n/n+1}$ 首次低于 0.15（默认阈值）或者呈现出最小的值（最小值情况下使用的标准化因子最少数目需≥3），则对应的基因数目（n）适合作为最适的标准化因子。由差异系数柱状图可知（图 4-7），不同发育阶段中差异系数均大于 0.15 且 $V_{2/3}$ 为最小的值，因此可结合 3 个最稳定内参基因作为标准化因子，即不同发育阶段最适合的内参基因为 SD、$Ef1\alpha$ 和 $\gamma\text{-}Tubulin$。

针对不同品系的印度谷螟，按照如上所述的方法对 8 个备选内参基因在其中的表达情况进行了分析（图 4-7）。geNorm 分析结果显示，不同品系的备选内参基因的表达稳定性排序依次为 $\beta\text{-}Actin = Ef1\alpha > \gamma\text{-}Tubulin > \beta\text{-}Tubulin >$

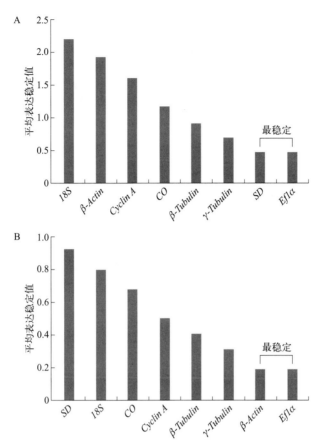

图 4-7 geNorm 软件对印度谷螟不同发育阶段（A）和品系（B）内参基因表达稳定性排名

$Cyclin\ A > CO > 18S > SD$。可见，$β-Actin$ 和 $Ef1α$ 为最稳定的内参基因，而 $18S$ 和 SD 表达最不稳定。NormFinder 分析结果表明，8 个内参基因的稳定性排序为 $Ef1α = β-Actin > γ-Tubulin > β-Tubulin > Cyclin\ A > CO > 18S > SD$。两种分析均支持 $Ef1α$ 和 $β-Actin$ 是表达最稳定的内参基因，而 $18S$ 和 SD 最不稳定。geNorm 的配对变异分析表明，$V_{2/3}$ 值首次低于 0.15（图 4-8）。因此，最适标准化因子数是 2，最适合的内参基因为 $β-Actin$ 与 $Ef1α$。

通过对 8 个备选内参基因在印度谷螟不同条件下（不同发育阶段和品系间）的稳定性评估（表 4-4），发现 $Ef1α$、$γ-Tubulin$、$β-Tubulin$ 的表达水平在两种实验条件下均具有较好的稳定性，其中 $Ef1α$ 始终为最稳定的备选内参基因。虽然 geNorm 分析显示 $18S$ 在印度谷螟不同品系间没有最大的稳定值（最小的稳定性），但是其稳定性也处于所有 8 个备选内参基因中的第 7 位。因此，$18S$ 在印度谷螟不同实验条件下的表达水平总表现出最差的稳定性。

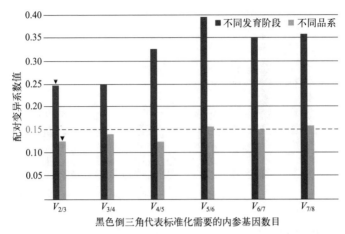

图 4-8 利用 geNorm 评价印度谷螟不同发育阶段和品系中内参基因的最适数目

表 4-4 备选内参基因在印度谷螟不同发育阶段及不同品系条件下 NormFinder 的稳定性评价结果

候选内参基因	不同发育阶段		不同品系	
	稳定值	排序	稳定值	排序
$Ef1\alpha$	0.179	1	0.063	1
γ-$Tubulin$	0.186	2	0.103	3
β-$Tubulin$	0.256	3	0.305	4
SD	0.446	4	0.881	8
CO	1.233	5	0.627	6
β-$Actin$	1.631	6	0.063	1
$Cyclin\ A$	1.822	7	0.407	5
$18S$	1.97	8	0.826	7

为验证内参基因稳定性评价结果的可靠性，对印度谷螟不同品系的 POD 基因进行实时荧光定量 PCR 分析，选择印度谷螟不同品系中稳定性最好的 $Ef1\alpha$、β-$Actin$ 及两者的组合（最优标准化因子组合），以及稳定性较差的 SD。结果显示，以 β-$Actin$、$Ef1\alpha$ 以及两者组合分别作为目标基因的标准化因子时，2% 转 Bt 基因稻谷饲养和 Bt 胁迫的印度谷螟 POD 相对表达量显著高于敏感品系，且 Bt 胁迫品系也显著高于 2% 转 Bt 基因稻谷饲养品系及敏感品系（图 4-9）。这表明，印度谷螟 POD 基因在 Bt 毒蛋白胁迫条件下，表达水平响应明显，且随着喂食印度谷螟的稻谷中 Bt 毒蛋白含量的增加，其表达量显著上调。而以稳定性最差的 SD 作为内参基因时，三个品系的 POD 的相对表达量并无显著差异，且表达量趋势不明显，完全扰乱了基于稳定内参基因所获得的 POD 在 Bt 毒蛋白压力增加下的表达模式。

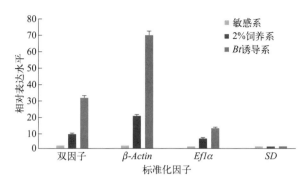

图 4-9 采用不同标准化因子的印度谷螟不同品系过氧化物酶基因 POD 的表达水平

4.2.3 讨论

本部分中，首次评价了世界性重要仓储害虫印度谷螟在不同发育阶段及不同饲喂条件下内参基因的稳定性。结果表明，在同一实验条件下，两种评价方法对 8 个备选内参基因的评估结果具有高度一致性。例如，在印度谷螟不同发育阶段或不同品系中，geNorm 和 NormFinder 的分析结果显示的排名前三的最稳定备选内参基因有三分之二甚至全部都是完全一致的，对于最不稳定的备选内参基因选择结果基本一致（都为 $18S$，除了不同品系中 geNorm 显示其稳定性为倒数第二）。当然结果中也存在着实质性差异，这是由不同软件算法不同导致的，这种情况在其他内参基因评价的报道中都会出现。在印度谷螟不同实验条件下的最适内参基因都是 $Ef1\alpha$，在脊椎动物的内参评估研究中，显示其在受不同病原物刺激的黑鲈（*Dicentrarchus labrax*）肠道内能稳定表达（Schaeck，2016），而在昆虫的内参基因评估中，报道 $Ef1\alpha$ 在大螟（*Sesamia inferens*）不同发育阶段稳定表达（Huang et al.，2010）；在小菜蛾（*Plutella xylostella*）不同发育阶段、组织和品系中也是如此（Baxter et al.，2002）。因为大螟、小菜蛾与印度谷螟同属于鳞翅目，暗示了该基因在不同鳞翅目昆虫发育阶段中稳定表达是一种普遍现象。此外，对 Bt 毒素诱导下的小菜蛾（鳞翅目）实时荧光定量 PCR 最适内参基因研究中，$Ef1\alpha$ 也是被推荐的最稳定内参基因，而我们研究也显示在用含不同 Bt 毒素量的稻谷饲喂印度谷螟条件下，$Ef1\alpha$ 的稳定性在 8 个备选内参基因中排名第一。因此，以后开展鳞翅目昆虫发育生物学、功能基因组学和分子生态学等研究或者筛选这些条件下的最适内参基因时，都应重点考虑 $Ef1\alpha$。但是，$Ef1\alpha$ 在病毒感染的稻飞虱（半翅目）中（Maroniche et al.，2011），表现出最差的表达稳定性。因此，在不同实验条件下，以往普遍适用的内参基因都是具有较大的表达稳定性差异，在对目标基因标准化处理前都应证实所选内参基因的稳定性。

符伟等（2012）报道了在 Bt 毒素诱导下的小菜蛾实时荧光定量 PCR 最适内参基因，geNorm 软件推荐 *β-Actin* 为较为稳定的内参基因（稳定性排第二）。研究发现 *β-Actin* 在印度谷螟不同发育阶段和不同品系中稳定性都较好（稳定性至少排名前四），表明 *β-Actin* 虽在昆虫不同实验条件下稳定性变化较大，但仍处于较稳定的表达水平。因此，以后的昆虫 qRT-PCR 研究可以考虑使用 *β-Actin*。有趣的是，*SD* 在印度谷螟两种不同实验条件下，geNorm 分析显示其稳定性状态差异较大，而 NorFinder 则未显示有如此大的差异。当然这些变化也恰恰说明了该基因稳定性变化对评估内参基因的不同算法敏感度较高，以及潜在的表达不稳定性。目前，对于 *SD* 的稳定性评估几乎未见研究，仅有周世豪等（2016）报道其在高温胁迫下的瓜食蝇（*Bactrocera cucurbitae*）中，所有评估软件都推荐其为最稳定的内参基因。因此，*SD* 表达稳定性的广谱性可能较低。对于类似备选内参基因，在使用前应使用更多的软件对其进行稳定性评估，否则建议在实时荧光定量 PCR 时对其不给予考虑。*18S* 是目前鳞翅目昆虫内参基因稳定性评价中使用频率最高的基因之一，以前研究报道了 *18S* 在所有备选内参基因中表达丰度最高，例如不同浓度杀虫剂胁迫下的烟粉虱（*Bemisia tabaci*），不同发育阶段、组织和品系下的小菜蛾（*Plutella xylostella*），这与我们在印度谷螟中研究结果一致，表明 *18S* 广泛参与了生物体的生理生化功能，其在昆虫生命过程中扮演重要角色。当然，这类基因一般表达水平的变化程度高。研究也发现，*18S* 在不同软件和不同实验条件下的印度谷螟中表现为极不稳定，这与其他昆虫内参基因稳定性评估的结果一致（符伟，2012；Yang et al.，2015）。因此，在印度谷螟 qRT-PCR 的试验中应避免 *18S* 作为内参基因。

研究结果发现，内参基因在不同发育阶段与不同品系之间表达量差异显著，稳定性差异较大，这证明了不同组织、细胞以及不同条件下内参基因的表达水平存在差异（岳秀利 等，2013）。Olsvik 等（2005）研究认为，选用单一内参基因研究基因表达的变化，定量结果中误差最多达到 3 倍以上，故建议应选定多个内参基因并进行几何平均以准确地标准化数据，从而引入了标准化因子配对变异系数 *V*（Schmid et al.，2003）。吴学友（2013）研究发现，印度谷螟幼虫在进食转 *Bt* 基因稻谷后 POD 酶活性显著升高，推测可知印度谷螟在进食转基因稻谷后 *POD* 基因表达量升高，以清除 Bt 蛋白代谢产生的有害物质。短时间进食可能会引起 POD 表达量的激增，长期用 2%的转 Bt 稻谷饲养的印度谷螟体内 POD 表达量会处于一个较高的相对平稳表达水平。因此，以稳定性较高的 β-Actin、$Ef1\alpha$ 以及二者组合作为内参基因得到的结果比较符合前人研究结果，证实了所选择内参基因的准确性。而以稳定性较差的 SD 作为内参基因时，结果出现了严重偏差。此外，本试验中稳定性较好的 $Ef1\alpha$ 与 β-Actin 单独作为内参基因时其表达量之间差异相对较大，故选择两个内参基因可以有效地校正结果。因此，要使定量结果更加准确，需要设置多个内参基因。印度谷螟内参基因的筛选目前还未见报道，需进行更广泛深入的挖掘，才能够获得更加理想的内参基因组合。本研究既为印度谷螟功能基因组学研究提供有用的信息资源，也暗示开展印度谷螟在不同实验条件下的基因表达分析时，应仔细确认所选内参基因的稳定性。

4.3 嗜卷书虱 AChE 基因克隆及表达研究

乙酰胆碱酯酶（acetylcholinesterase，AChE；EC3.1.1.7）是生物神经传导中的一种关键性酶，能够迅速水解兴奋性神经递质乙酰胆碱（ACh）而保持神经突触传导的正常进行。在昆虫中，AChE 是有机磷和氨基甲酸酯类杀虫剂的重要作用靶标，多年来一直是杀虫剂毒理学研究的热点之一。对嗜卷书虱 AChE 的研究相对较少，有研究者从嗜卷书虱体内克隆获得了 1 个 AChE 基因的全长序列（GenBank 登录号：EF362950），经序列比对后发现该基因为与黑腹果蝇 AChE 基因直系同源的 II 型 AChE 基因（AChE2）。然而嗜卷书虱体内是否还存在另外 1 个与黑腹果蝇 AChE 基因旁系同源的 I 型 AChE 基因（AChE1），如果存在它又具有怎样的特性？为了回答这两个科学问题，课题组在已克隆得到的嗜卷书虱第 1 个 AChE 基因序列的基础上，开展了相关的研究工作，旨在完善对嗜卷书虱 AChE 基因的研究，进而解析其介导的抗药性机理。

4.3.1 嗜卷书虱 AChE 基因克隆

4.3.1.1 嗜卷书虱 AChE1 基因片段的克隆及分析

利用简并引物半套式 PCR 技术克隆嗜卷书虱 AChE1 基因，得到 1 条与预测长度符合的基因片段（图 4-10）。该片段长度为 275bp，编码 91 个氨基酸，是一个完整的编码序列。将克隆得到的片段所推导的氨基酸序列利用基本局部比对搜索工具（BLAST）搜索。结果表明，该片段与已经克隆获得的嗜卷书虱 AChE2 基因相似性较低（仅为 41%），而与其他昆虫 AChE 基因，尤其是Ⅰ型 AChE 基因具有较高的相似性，与头虱（*Pediculus humanus corporis*）AChE、烟夜蛾（*Helicoverpa assulta*）AChE1、小菜蛾（*Plutella xylostella*）AChE1、三带喙库蚊（*Culex tritaeniorhynchus*）AChE、苹果蠹蛾（*Cydia pomonella*）AChE1 以及麦二叉蚜（*Schizaphis graminum*）AChE 的同源性分别为 93%、83%、83%、85%、83% 和 85%。据此初步判定嗜卷书虱体内存在第 2 个 AChE 基因（AChE1），该片段即为嗜卷书虱 AChE1 基因的一部分。

4.3.1.2　嗜卷书虱 AChE1 基因全长克隆

根据上述克隆获得的嗜卷书虱 AChE1 的基因片段，分别设计扩增 3′端和 5′端的基因特异引物，利用 cDNA 末端快速扩增法（RACE）成功地克隆获得了嗜卷书虱 AChE1 基因的全长序列（图 4-11），命名为 *Lb ace1*（GenBank 登录号：FJ647185）。*Lb ace1* 基因全长为 3316bp，包括 465bp 的 5′非编码区序列、2814bp 的开放阅读框（ORF）和 37bp 的 3′非编码区序列。ORF 编码 937 个氨基酸组成的 AChE 前体蛋白，其中包括了由 23 个氨基酸组成的信号肽；成熟蛋白质的分子质量为 104.8kDa，理论等电点为 6.63，*Lb ace1* cDNA 核苷酸及其推导的氨基酸序列见图 4-12。

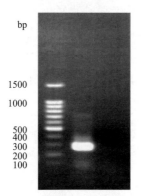

图 4-10　嗜卷书虱 AChE1 基因片段的扩增结果

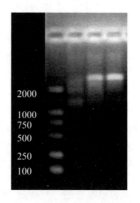

图 4-11　嗜卷书虱 AChE1 基因全长的扩增结果

4.3.1.3　嗜卷书虱 AChE1 基因序列分析

将克隆获得的嗜卷书虱 AChE1 基因推导出的氨基酸序列提交到美国国家生物技术信息中心（NCBI），进行蛋白质同源性搜索比对（BLASTP），比对参数采用默认设置。比对发现该序列同时具有 Esterase-lipase 和 COesterase 的

```
  1    gaaagtgtgctacgggacgtataacggccaaaagccgatataggaaaaatctatcaaaaaataagtaaaaaaaagaat
 79    acatacaatagacagacaaagttaacacagttaaggcaaaaagaagaagttgagcattaagggaaaaaaataataat
157    ttgaattaatttcttcagtgacttttgcatttatcaatcggtgttttcgtttggtcggcgcttttttacacatcttt
235    ctcttttctatctcctttttcttttctccattatgttttgtttgtttattttcctcggaaagaaaaacaaaagg
313    ggatctaaattaattggagttccagtagtcaacaaaccgaaaatgcatcaaaataatataagatgacttttaccgccc
391    ttggaccaggaaggagcagcgatatagcaatgaatttgcaatgtttgctaactctttgttgacacttgcttaaat**ATG**
                                                                                         M
  1
469    ATGCTCGCAAGGCAGCAGGCTTACCTGCCGCCGATACTAGTCAGCATTCTGCTAGTGATTCAAGCAAACCAACTGTCA
  2     M  L  A  R  Q  Q  A  Y  L  P  P  I  L  V  S  I  L  L  V  I  Q  A  N  Q  L  S
547    GGACACTGGAGCAGACATACGTTGATGAAGCTGAAGGAGAGAAGACTAACCTCGATTTAGACCCCGGATATTATGAT
 28     G  H  W  S  R  H  T  L  D  E  A  E  G  E  K  T  N  L  D  L  D  P  G  Y  Y  D
625    CTTGATAATAGGGGAAACAAAGAATGGACGAAAGAATGGGAGAACAAGTATTATATTCAAGAAAATAAAGAAAAAGAT
 54     L  D  N  R  G  N  K  E  W  T  K  E  W  E  N  K  Y  Y  I  Q  E  N  K  E  K  D
703    ATGAAAAGAAAAATAGGACATCGGGAAAAAAGAATAAAAAATTTAGGGTTTCATAAAAGTGAAAATAGGGGAAAAGAG
 80     M  K  R  K  I  G  H  R  E  K  R  I  K  N  L  G  F  H  K  S  E  N  R  G  K  E
781    AGCTCCAAGGACCGGGAGTCAGCGAAACCGGGAGAAGTAGAGATCATAATACTAAAAGTGCTGAAAATTATGAAAT
106     S  S  K  D  R  G  V  S  E  T  G  R  S  R  D  H  N  T  K  S  A  E  N  Y  E  N
859    ATTGAAACGTCGACGCAAACAGTCGCCGAATATGAGGATTTTCAAAACACAGTAGCCTTCGATGAATACGATGAAAA
132     I  E  T  S  T  Q  T  V  A  E  Y  E  D  F  Q  N  T  V  A  F  D  E  Y  D  E  K
937    AACGACAATCCTAGAATAGAAAAAACCTAAAGAAAGTTATTTAGATGTATCTCGTGATAAAGTAGGGAAATTAAAAAAC
158     N  D  N  P  R  I  E  K  P  K  E  S  Y  L  D  V  S  R  D  K  V  G  K  L  K  N
1015   ACAAAAGACAGTTTTCAAACTGTTAAATCAAATAATCGGAACGCCAGTTTTCAAAGAAAAAAAGAGACGAAGACGAA
184     T  K  D  S  F  Q  T  V  K  S  N  N  R  N  A  S  F  Q  K  E  K  R  D  E  D  E
1093   GGAAAAAGAAGATCAAATATGTCAGATTCAAAAAAGACGGAGAATTAATAAAATTTTAAAGATGTGGTCGAAAGA
210     G  K  R  R  S  N  M  S  D  S  K  K  T  G  E  I  N  K  N  F  K  D  V  V  E  R
1171   CGAAAAAGAAAATAAAATGTTAAGAAAAGAAGAAAAAATCCCTGAATTTACGAAAAGAAGATTGCAATTAATCGAT
236     R  K  K  E  N  K  M  L  R  K  E  E  K  I  P  E  F  T  K  R  R  L  Q  I  D
1249   TCCGAAGATATGTTCGACGAGAGGACGGGCCAAGTTTTAGAACCCTTCGGAAGTTGTTCGAACTCGCGGGGAAAGATCA
262     S  E  D  M  F  D  E  R  T  G  Q  V  L  E  P  S  E  V  V  R  T  G  R  G  E  R  S
1327   CATAATGCAAGGGACATAGTGCAAATCTTAGACACTTGTTTTGGTGACTTCCATGAAATGGAATACGGAGAAGGAAGT
288     H  N  A  R  D  I  V  Q  H  D  S  G  D  F  T  E  R  G  S  M  E  Y  G  E  G  S
1405   AGTGATGTTTTGGCCGATGGTAGTTTAGATCTGAGTAGGAAAGACCGAGTTGGTAGTTGGATAAAGACATA
314     S  D  V  L  A  D  G  S  L  D  L  S  R  K  D  R  V  E  F  G  S  R  D  K  D  I
1483   GAACGAGAAAGAGAAGCCAAAGATGATTACCACCATGAGGAACAGAAAAATGAAGAAGATCCGCTCATAATCACGACG
340     E  R  E  R  E  A  K  D  D  Y  H  H  E  E  Q  K  N  E  E  D  P  L  I  I  T  T
1561   GCGAAAGGAAAGATTCATGGTGTCACGCTGGCGGCTGCCACTGGTAAACATAGTGGATGCCTGGTTAGGGATACCTTAC
366     A  K  G  K  I  H  G  V  T  L  A  A  A  T  G  K  L  V  D  A  W  L  G  Y  P  Y
1639   GCGCAAAAGCCTTTAGGAAATCTCCGCTTTCGGCATCCAAGACCTGTCGAGCGATGGGATCTGAAGTTTAAACACA
392     A  Q  K  P  L  G  N  L  R  F  R  H  P  R  P  V  E  R  W  D  P  E  V  L  N  T
1717   ACAAAGCTTCCTAACAGTTGCATGCAAATCTTAGACACTGTTTGGTGACTTCCCTGGGGCTAACATGTGGAATCCC
418     T  K  L  P  N  S  C  M  Q  I  L  D  T  V  F  G  D  F  P  G  A  T  M  W  N  P
1795   AATACTCCATTATCAGAAGATTGTTTATATATTAACGTGGTCGCACCAAAGCCTCGACCAAAGAAAGCAGCCGTCATG
444     N  T  P  L  S  E  D  C  L  Y  I  N  V  V  A  P  K  P  R  P  K  K  A  A  V  M
1873   GTGTGGATTTTTGGAGGAGGATTTTACTCCGGAACTGCTACATTGGACGTTTATGATCCGAAGACTTTAGTAAGCGAA
470     V  W  I  F  G  G  G  F  Y  S  G  T  L  D  V  Y  D  P  K  T  L  V  S  E
1951   GAAAAAGTTATCGTGGTATCGATGCAGTATCGGATTGCATCTTTAGGTTTTCTCTTTTTCGATACTCCAGATGTGCCG
496     E  K  V  I  V  V  S  M  Q  Y  R  I  A  S  L  G  F  L  F  F  D  T  P  D  V  P
2029   GGTAACGCGGGTTTGTTTGACCAGTTAATGGCTTTGCAGTGGGTTCATGATAACATTCACGCGTTCGGAGGTAACCCT
522     G  N  A  G  L  F  D  Q  L  M  A  L  Q  W  V  H  D  N  I  H  A  F  G  N  P
2107   CACAATGTAACTTTATTTGGAGAATCCGCAGGTGCTGTGTCCGTAAGCACTCATTTGTTGTCCCCATTGAGTCGGAAT
548     H  N  V  T  L  F  G  E  S  A  G  A  V  S  V  S  T  H  L  L  S  P  L  S  R  N
2185   CTGTTCAGTCAAGCAATCATGGAATCTGGCTCTCCCACAGCACCGTGGGCAATCATATCAAGAAGAAAGTATTTTA
574     L  F  S  Q  A  I  M  E  S  G  S  P  T  P  W  A  I  I  S  R  E  E  S  I  L
2263   AGAGGTTTACGTCTTGCGGAAGCGGTTGGTTGTCCGCATAATAAAACTCAAATAAAGGCAGTTATCGAATGCTTAAGA
600     R  G  L  R  L  A  E  A  V  G  C  P  H  N  K  T  Q  I  K  A  V  I  E  C  L  R
2341   AATGCGAATGCTTCAGTTTTTGTAAATAACGAATGGGGTACACTGGGAGTTTGCGAGTTTCCTTTCGTACCTGTCATC
626     N  A  N  A  S  V  L  V  N  N  E  W  G  T  L  G  V  C  E  F  P  F  V  P  V  I
2419   GACGGATCTTTTTTGGACGAACCGCCTCAAAAATCATTAGCCAACAAAAACTTTAAAAAGACTAATATTTTAATGGG
652     D  G  S  F  L  D  E  T  P  Q  K  S  L  A  N  K  N  F  K  K  T  N  I  L  M  G
2497   TCCAACACCGAGGAAGGCTATTATTTTTATCATTTTATTACCTCACCGAGTTGTTGAGAAAGAAGAAAACGTTTATGTG
678     S  N  T  E  E  G  Y  F  I  I  Y  Y  L  T  E  L  L  R  K  E  E  N  V  Y  V
2575   AATCGGGACGAGTTCCTGCAAGCGGTCAGAGAATTAAACCCGTACATAAATCATGTTGCCAGGCAAGCCATTATTTC
704     N  R  D  E  F  L  Q  A  V  R  E  L  N  P  Y  I  N  H  V  A  R  Q  A  I  F
2653   GAATATACAGACTGGTTGAATCCCGACGATCCTGTTCGAAATAGGGACGCCCTAGACAAAATGGTTGGCGATTACCAT
730     E  Y  T  D  W  L  N  P  D  D  P  V  R  N  R  D  A  L  D  K  M  V  G  D  Y  H
2731   TTTACATGTAACGTTAACGAATTCGCGCATCGCTACGCTGAAACCGGTAATAATGTTTATATGTACTATTTTAAACAT
756     F  T  C  N  V  N  E  F  A  H  R  Y  A  E  T  G  N  N  V  Y  M  Y  Y  F  K  H
2809   CGAAGTGCCGCAAATCCTTGGCCATCATGGAGCGGTAATGCATGGAGATGAAATCAATTATGTCTTTGGAGAACCA
782     R  S  A  A  N  P  W  P  S  W  T  G  V  M  H  G  D  E  I  N  Y  V  F  G  E  P
2887   TTAAATCCGAAGAAAAGTTATCAACCTCAGGAAAAAGGTCCTAAGTAAAAGAATGATGAGATACTGGGCGAATTTTGCA
808     L  N  P  K  K  S  Y  Q  P  E  K  V  L  S  K  R  M  M  R  Y  W  A  N  F  A
2965   AAAACAGGAAATCCTAGCATGTCCGAAGATGGAACATGGACCGATGTTTACTGGCCTGTACACACTCCTTTTGGTAGA
834     K  T  G  N  P  S  M  S  E  D  G  T  W  T  D  V  Y  W  P  V  H  T  P  F  G  R
3043   GAATATTTGACACTAGCAATTAACAATACATCAACTGGACGAGGGCCGAGGCTGAAACAATGCGCGTTTTGGAAGAAG
860     E  Y  L  T  L  A  I  N  N  T  S  T  G  R  G  P  R  L  K  Q  C  A  F  W  K  K
3121   TATCTACCTCAATTGGTGGCCGTCACTAGTAATCTAAATACGAATAATCCGCAGCCCTGCACTCGATCTACAACGAA
886     Y  L  P  Q  L  V  A  V  T  S  N  L  N  T  N  N  P  Q  P  C  T  S  S  T  N  E
3199   ATGTTCCGTGTTCTTTCCTTTGACATATTTCACTAATCATCAGCCTCTCTAAAGTAGCTCGTCATTGGATTCTTCA
912     M  F  R  V  L  S  F  D  I  F  T  L  I  I  S  L  S  K  V  A  R  H  W  I  L  Q
3277   **TGA**agaaggaaaaaaaaaaaaaaaaaaaaaaaaaaagt
938     *
```

图 4-12 嗜卷书虱 *Lb ace1* 的核苷酸序列及推导的氨基酸序列

保守结构域，且具有完整的 N 端和 C 端。嗜卷书虱 AChE1 的氨基酸序列与已经克隆的 AChE2 之间同源性较低，仅为 38.75%，但它却与其他昆虫的乙酰胆碱酯酶具有很高的同源性，尤其与昆虫I型 AChE 的同源性很高，具体数据见表 4-5。

表 4-5　嗜卷书虱 AChE1 与其他物种乙酰胆碱酯酶的同源性

物种	基因	登录号	同源性
嗜虫书虱	*Lb ace1*	ACI16651	92%
无色书虱	*Lb ace1*	ACN43352	90%
甜菜夜蛾	*Lb ace*	ABB86963	80%
黑尾叶蝉	*Lb ace2*	AAP87381	78%
烟夜蛾	*Lb ace1*	AAY42136	75%
德国小蠊	*Lb ace1*	ABB89946	74%
野桑蚕	*Lb ace1*	ACL80033	74%
家蚕	*Lb ace1*	ABY50088	74%
烟粉虱	*Lb ace1*	ABV45413	72%
苹果蠹蛾	*Lb ace1*	ABB76666	72%
小菜蛾	*Lb ace1*	AAY34743	72%
棉铃虫	*Lb ace1*	AAY59530	72%
沙蝇	*Lb ace*	ABI74669	72%
人虱	*Lb ace*	EEB17811	70%
淡色库蚊	*Lb ace*	AAV28503	69%
桃蚜	*Lb ace2*	AAN71600	69%
白纹伊蚊	*Lb ace*	BAE71346	68%
疟蚊	*Lb ace*	CAD56157	67%
禾谷缢管蚜	*Lb ace*	AAT76530	66%
三带喙库蚊	*Lb ace*	BAD06210	66%
棉蚜	*Lb ace1*	CAG34297	65%
麦长管蚜	*Lb ace1*	AAV68493	65%
黑脚硬蜱	*Lb ace*	EEC16520	59%

使用 DNAMAN 分析软件，将嗜卷书虱 AChE1 的氨基酸序列与黑腹果蝇和电鳐的 AChE 序列进行多重序列比对，结果表明嗜卷书虱 AChE1 具有乙酰胆碱酯酶家族所有的保守性功能位点：①保守的催化三联体，S556，E682，H796（电鳐 *Torpediniformes californica* 中为 S221、E358、H471，黑腹果蝇 *Drosophila melanogaster* 中为 S276、E405、H518）；②六个保守的半胱氨酸残基形成三对二硫键（C424-451、C610-623、C758-880）；③保守的氧阴离子洞，G475，G476，A557（电鳐中为 G149、G150、A232；黑腹果蝇中为 G188、G189、A277）；④FGESAG 序列，在所有的胆碱酯酶中都是保守的（图 4-13）。

AChE1	MMLARQQAYLPPILVSILLVIQANQLSGHWSRHTLDEAEGEKTNLDLDPGYYDLDNRGNKEWTKEWENKYYIQENKEK	78
D.m	....	0
T.c	....	0

AChE1	DMKRKIGHREKRIKNLGFHKSENRGKESSKDRGVSETGRSRDHNTKSAENYENIETSTQTVAEYEDFQNTVAFDEYDE	156
D.m	....	0
T.c	....	0

AChE1	KNDNPRIEKPKESYLDVSRDKVGKLKNTKDSFQTVKSNNRNASFQKEKRDEDEGKRRSNMSDSKKTGEINKNFKDVVE	234
D.m	....MA	2
T.c	....	0

AChE1	RRKKENKMLRKEEKIPEFTKRRLQLIDSEDMFDERTGQVLEPSEVVRTRGERSHNARDIVQHDSGDFTERGSMEYGEG	312
D.m	ISCRQSRVLPMSLPLPLTIPLPLVLVLS..	30
T.c	............MNLLVTSSLGVLLHLVVL...	18

AChE1	SSDVLADGSLDLSRKDRVEFGSRDKDIEREREAKDDYHHEEQKNEEDPLIITAKGKIHGVTLAAATGKLVDAWLGIP	390
D.m	........LHLSG....VCGVIDR..................LVVQTSSGPVRGRSVTVQ.GREVHVYTGIP	71
T.c	..............CQADDHS.....................ELLVNTKSGKVMGTRVPVL.SSHISAFLGIP	55

AChE1	YAQKPLGNLRFRHPRPVERWDPEVLNTTKLPNSCMQILDTVFGDRPGATMWNPNTPLSEDCLYINVVAPKPR......	452
D.m	YAKPPVEDLRFRKPVPAEPWHN.GVLDATGLSATCVQERYEYFPGISGEEIWNPNTNVSEDCLYINVWAPAKARLRHGR	148
T.c	FAEPPVGNMRFRRPEPKKPWS.GVWNASTYPNNCQQYVDEQFPGISGSEMWNPNREMSEDCLYLINVWVPSPR......	126

AChE1	..............PKKAAVMVWIFGGGFYSGTATLDVYDPKTLVSEEKIVVVSMQYRIASLGFL	513
D.m	GANGGEHPNGKQADTDHLIHNGNPQNTTNGLPILIWIYGGGFMTGSTALDIYNADIMAAVGNVIVASFQYRVGAFGFL	226
T.c	..............PKSTTVMVWIYGGGFYSGSSTLDVYNGKYLAYTEEDVLVSLSYRVGAFGFL	177

AChE1	FFD.......TPDVPGNAGLFDQLMALQWVHDNIHAFGGNPEHVTLFGESAGAVSVSTHLLSPLSRNLFSQAIMESGS	584
D.m	HLAPEMPSEFAEEAPGNVGLLDQLIALRWVKDNAHAFGGNPEWMTLFGESAGSSVNAQLMSPVTRGLVKRGMMQSGT	304
T.c	ALHG......SQEAPGNVGLLDQRMALQWVHDNIQFFGGDPKTVTIFGESAGGASVGMHILSPGSRDLFRRAILQSGS	249

AChE1	PTAPWAIISREESILRGLRLAEAVGCPHN..KTQIKAVIEGLRNANASVLVNNEIGTLG...VCEPPVPVIDGSLD	657
D.m	MNAPWSHMTSEKAVEIGKALINDCNCNASMLKTNPAHVMSCMESVDAKTISVQQWNSYSG...ILSPSAPTIDGADLP	380
T.c	PNCPWASVSVAEGRRRAVELGRMLNCNLN....SDEELIHCLREKKPQELIDVEWNVLPFDSIFRFSFVPVIDGEFP	323

AChE1	ETPQKSLANKNFKKTNILMGSNTEGYFLIIVYLTELLRKEEVVYMRDEFLQAVRELNPYINHVARQAIIFEYTDWL	735
D.m	ADPMTLMKTADLKDYDILMGNVRDEGTYFLLYDFIDYFDKDDATALPRDKYLEIMNNIFGKATQAEREIIFQYTSWE	458
T.c	TSLESMLNSGNFKKTQILLGVNKDEGSFFLLLYGAPG.FSKDSESKISRFDFMSGVKLSVPHANDLGLDAVTLQYTDWM	400

AChE1	NPDDPVRNRDALDKMVGDYHFICQNVNEFAHRYAETGNNVYMYYFKHRSAANPWPSWTGVMHGDEINYVFGEPLNPKKS	813
D.m	G.NPGYQNQQQIGRAVGDHFFTCPTNEYAQALAERCASVHYYFTHRTSTSLWGDWMGVLHGDEIEYFFGQPLNNSLQ	535
T.c	DDNNGIKNRDLGDDIVGDHNVICPLMHFVNKYTKFGMGTYLYFFMHRASNLVMPMGVLHGDEIEFVFGQPLVKELN	478

AChE1	YQPQEEKVLSKMMRYWANFAKTGNPNSMSEDGTWTDVYWPVHTPFGREYLTLAINN..TSTGRGPRLKQCAFWKKYLPQ	889
D.m	NRPVEREIGKRMLSAVIEFAKTGNPAQDGEE....WPNFSKEDPVYYIFSTDDKIEKLARGPLAARGSPFWMDYLPK	607
T.c	YTAEEEALSREIMHYWATFAKTGNPNEPHSQ...ESKWPLFTTKEQKFIDLNTEP..MKVHQRLRVQMCVFWNQFLPK	551

AChE1	LVAVTSNLNTNNPQPCTSSTNEMFRVLSFDIFTLIISLSKVARHWIL	936
D.m	VRSWAG....TCDGDSGSASISPRLQLLGIAALIYICAALRTKRVF..	649
T.c	LLNATETIDEAERQWKTEFHRWSSYMMHWKNQFDHYSRHESCAEL...	596

图 4-13 嗜卷书虱、黑腹果蝇和电鳐的 AChE 氨基酸序列比对

星号和连线表示 3 对二硫键；实心三角表示催化三联体；
空心三角表示氧阴离子洞；空心箭头表示保守的芳香族氨基酸残基

4.3.1.4 嗜卷书虱 AChE1 的蛋白结构同源建模

应用蛋白质结构同源建模工具 SWISS-MODEL，在人丁酰胆碱酯酶（1p0i：A）蛋白质晶体结构的基础上，对嗜卷书虱的 AChE1 蛋白质结构进行同源建模，预测的信号肽部分因不参加成熟蛋白质的高级结构形成，所以在预测前被去除。得到的嗜卷书虱 AChE1 的三维结构模型见图 4-14。对比电鳐的活性位点氨基酸，发现了嗜卷书虱 AChE1 的酶解活性位点，即催化三联体（在图中用紫色球表示）。

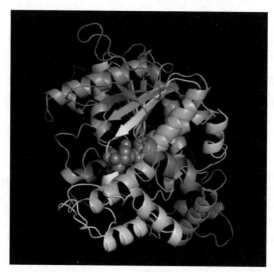

图 4-14 嗜卷书虱 AChE1 的模拟三维结构（后附彩图）

4.3.2 嗜卷书虱 AChE 基因表达研究

4.3.2.1 不同品系 AChE 基因 mRNA 表达水平的研究

嗜卷书虱 2 个 AChE 基因（*Lb ace1* 和 *Lb ace2*）在不同品系中的相对表达水平见图 4-15。从图中可以看出，*Lb ace1* 在敌敌畏抗性品系（DDVP_R）中 mRNA 的相对表达水平显著高于磷化氢抗性品系（PH_3_R），而两个抗性品系 AChE 基因的表达水平均显著高于敏感品系（SS），且分别是敏感品系的 1.7 倍和 1.4 倍（$P<0.05$）。*Lb ace2* 在 2 个抗性品系中的表达水平差异不显著（$P>0.05$），但均显著高于敏感品系，说明 2 个 AChE 基因在嗜卷书虱敌敌畏和磷化氢抗性品系中均过量表达。此外，*Lb ace1* 无论在抗性品系还是在敏感品系中其 mRNA 的表达水平均显著高于 *Lb ace2*，在敏感品系中 *Lb ace1* 是 *Lb ace2* 的 1.7 倍。

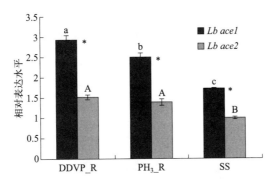

图 4-15　嗜卷书虱 2 个 AChE 基因在不同品系中表达水平的比较

同一颜色柱上不同字母表示差异达显著水平，星号（＊）表示同一品系中两基因间差异达显著水平（$P<0.05$）

4.3.2.2　药剂处理对 AChE 基因 mRNA 表达水平的影响

药剂（敌敌畏和磷化氢）处理后嗜卷书虱体内 AChE 基因 mRNA 表达水平如图 4-16 所示。其中敌敌畏（DDVP）和磷化氢（PH_3）处理后嗜卷书虱体内 *Lb ace1* 的表达水平均显著升高，分别达到对照组（CK）的 2.2 倍和 1.6 倍，且差异达显著水平（$P<0.05$）；同样，*Lb ace2* 也可被敌敌畏和磷化氢诱导而过量表达，且分别达到对照的 2.0 倍和 1.9 倍。

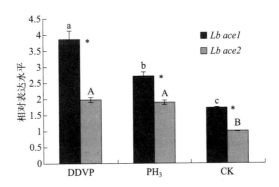

图 4-16　嗜卷书虱 2 个 AChE 基因在药剂处理前后表达水平的比较

同一颜色柱上不同字母表示差异达显著水平，星号（＊）表示同一品系中两基因间差异达显著水平（$P<0.05$）

4.3.2.3　不同发育阶段 AChE 基因 mRNA 表达水平的研究

嗜卷书虱 2 个 AChE 基因在一龄、二龄、三龄、四龄若虫及成虫中的相对表达水平见图4-17。从图中可以看出2条AChE基因均在二龄若虫期的表达水平最高，而在成虫和一龄若虫期的表达水平最低。其中 $Lb\ ace1$ 在2龄若虫以后表达水平逐渐降低，成虫期时最低。而 $Lb\ ace2$ 除在二龄若虫期的表达水平较高外，其他发育阶段中的表达水平相对较低，且差异未达显著水平（$P>0.05$）。

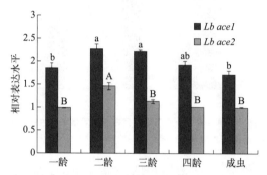

图4-17 嗜卷书虱2个AChE基因在不同发育阶段表达水平的比较

同一颜色柱上不同字母表示差异达显著水平（$P<0.05$）

4.3.3 小结

作者团队成功地从嗜卷书虱体内克隆到另外1个编码AChE的基因（GenBank登录号：FJ647185），该序列是与黑腹果蝇旁系同源的Ⅰ型AChE的基因，首次证明嗜卷书虱体内存在2条AChE基因，分别将其命名为 $Lb\ ace1$ 和 $Lb\ ace2$。序列同源性分析表明，嗜卷书虱2个AChE基因推导的氨基酸序列间的同源性仅为38.75%，但2个基因与各自同类型的其他昆虫的乙酰胆碱酯酶却具有很高的同源性。将嗜卷书虱、黑腹果蝇和电鳐的乙酰胆碱酯酶的氨基酸序列进行多重序列比对，表明嗜卷书虱乙酰胆碱酯酶具有乙酰胆碱酯酶家族所有的保守性功能位点，如催化三联体、氧阴离子洞等。另外，应用蛋白质结构同源建模工具SWISS-MODEL，对嗜卷书虱AChE蛋白的三维结构进行了模拟，并发现了嗜卷书虱AChE的酶解活性位点。这些研究结果为进一步研究嗜卷书虱AChE的分子毒理学特性奠定了基础。

作者团队发现嗜卷书虱2个抗性品系中（敌敌畏抗性品系和磷化氢抗性品系）AChE基因的表达水平均显著高于敏感品系，说明AChE基因的过量表达是嗜卷书虱产生抗药性的原因之一。此外，使用敌敌畏和磷化氢诱导处理嗜卷书虱后，其体内AChE基因的表达水平显著升高，这一结果验证了上述抗性品系中基因过量表达的推断。AChE 基因在不同发育阶段中的表达研究表明，2 个 AChE 基因均在二龄若虫期表达水平最高，而在一龄若虫和成虫中的表达水平最低。

4.4 嗜卷书虱 CarE 基因克隆及表达研究

羧酸酯酶（CarE）属于丝氨酸水解酶家族，广泛存在于生物体的组织与器官内，其活性中心含一个 Ser 残基，能有效催化含羧基酯键、酰胺键和硫酯键的内源性与外源性多种化合物的水解。在昆虫体内 CarE 是最重要的解毒酶之一，它能与有机磷酸酯、氨基甲酸酯、拟除虫菊酯类杀虫剂产生特异性亲和，使有机磷类杀虫药剂降解从而保护昆虫免受杀虫药剂毒害。作者团队通过实时荧光定量 PCR 和 RACE 技术克隆嗜卷书虱体内 CarE 基因的全长序列，进而应用实时荧光定量 PCR 研究其在不同品系、不同发育阶段以及药剂诱导前后基因的表达水平，旨在为揭示 CarE 在嗜卷书虱抗性形成过程中的作用，为制定抗性治理策略提供理论依据。

4.4.1 嗜卷书虱 CarE 基因克隆

4.4.1.1 嗜卷书虱 CarE 基因片段的克隆及分析

利用简并引物扩增得到 1 条与预测长度相符的条带（图 4-18），经克隆测序后得到 2 个不同的基因片段，2 个片段长度均为 344bp，编码 114 个氨基酸，是完整的编码序列。将 2 个片段所推导的氨基酸序列进行 BLASTP 搜索，结果表明，这 2 个基因片段与其他昆虫 CarE 基因具有很高的同源性。其中片段 1 与豌豆蚜（*Acyrthosiphon pisum*）CarE、埃及伊蚊（*Aedes aegypti*）α 酯酶、叶蜂（*A. rosae*）CarE、赤拟谷盗（*T. castaneum*）酯酶以及致倦库蚊（*C. quinquefasciatus*）α 酯酶的同源性分别为

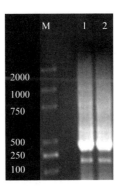

图 4-18 嗜卷书虱 CarE 基因片段的扩增结果

单位：bp

63%、58%、62%、58%和 65%。而片段 2 与叶蜂 CarE、埃及伊蚊 α 酯酶、棉铃虫（*H. armigera*）CarE、头虱（*P. humanus corporis*）酯酶以及赤拟谷盗酯酶的同源性分别为 64%、62%、63%、61%和 60%。

4.4.1.2 嗜卷书虱 CarE 基因全长克隆

根据上述克隆获得的 2 个 CarE 基因片段，分别设计扩增 3′端和 5′端的基因特异性引物，利用 RACE 技术成功地克隆获得了嗜卷书虱 2 个 CarE 基因的全长序列（图 4-19），分别命名为 *Lb est1*（GenBank 登录号：EU854151）和 *Lb est2*（GenBank 登录号：EU854152）。

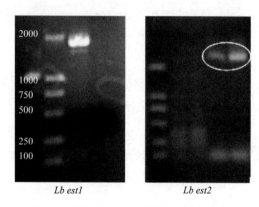

图 4-19　嗜卷书虱 CarE 基因全长的扩增结果
单位：bp

Lb est1 基因全长为 2049bp，其中开放阅读框（ORF）1713bp，编码一个 570 个氨基酸组成的前体蛋白，N 端 19 个氨基酸为信号肽。成熟蛋白质的分子质量为 61.4kDa，理论等电点为 6.85，*Lb est1* cDNA 核苷酸及其推导的氨基酸序列见图 4-20。

Lb est2 基因全长为 2525bp，包括由 76 个核苷酸组成的 5′非编码区序列、由 1854 个核苷酸组成的 ORF 和由 595 个核苷酸组成的 3′非编码区序列。ORF 编码 617 个氨基酸组成的前体蛋白，其中包括了由 17 个氨基酸组成的信号肽。成熟蛋白质的分子质量为 67.3kDa，理论等电点为 4.74。*Lb est2* cDNA 核苷酸及其推导的氨基酸序列见图 4-21。

4.4.1.3 嗜卷书虱 CarE 基因序列分析

将嗜卷书虱 2 个 CarE 的氨基酸序列提交到 NCBI，进行 BLASTP，比对参数采用默认设置。比对发现 2 条序列均为嗜卷书虱 Esterase-lipase 超家族成员，且具有完整的 N 端和 C 端。2 个酯酶与其他昆虫酯酶具有一定的同源性，同源性一般在 40% 左右（表 4-6 和表 4-7）。

```
1     acgcggggagattgataqtgtatctgtacaagATGGGCCAGCTCGGAATTGTTTTGAGCATAGCTTGTAATAAACTTT
1                                    M  G  Q  L  G  I  V  L  S  I  A  C  N  K  L

79    GCTTGAATCTCAAAGAACTATTCACTTTCCGAGTAGAAACAGTAAACGTGAAAACAGCCGAAGGAGAACTCAAAGGTA
16     C  L  N  L  K  E  L  F  T  F  R  V  E  T  V  N  V  K  T  A  E  G  E  L  K  G

157   GAAAATTACAGTCTGCTTTCGATAAAACGTATTACAGATTTCAAGGAATTCCATACGCCAAACCTCCAGTCGGAAAAT
42     R  K  L  Q  S  A  F  D  K  T  Y  Y  R  F  Q  G  I  P  Y  A  K  P  P  V  G  K

235   TACGGTTTAAGGATCCAGAGCCACCGGAACCATGGGAAGGTGTACGGAGCGCATTAAAGGAAGGAGCCGTTTGCACTC
68     L  R  F  K  D  P  E  P  P  E  P  W  E  G  V  R  S  A  L  K  E  G  A  V  C  T

313   ATTTGGATGTAATAACAGGATTGAAAAAGGCAGCGAGGATTGCCTGTTTCTGAATGTTTTCACTCCACAGCTTCCCG
94     H  L  D  V  I  T  G  L  K  K  G  S  E  D  C  L  F  L  N  V  F  T  P  Q  L  P

391   GTGACAATTCCGAAACCCAAGGAGGGAAAGCCGTCTTAGTATGGATCCACGGAGGAGGATTTCAATTAGGCTCAGGAA
120    G  D  N  S  E  T  Q  G  G  K  A  V  L  V  W  I  H  G  G  G  F  Q  L  G  S  G

469   ACGCCGAAATCTATAGTCCTGATTATTTCCTCAACGAAGATGTAATCCTCGTTACTCTTAACTACAGATTAGGTGTAT
146    N  A  E  I  Y  S  P  D  Y  F  L  N  E  D  V  I  L  V  T  L  N  Y  R  L  G  V

547   TAGGTTTCTTGAGCACCGGGACCGAAGACGCGCCCGGCAACGCCGGTTTAAAAGACATTGTCATGGCATTGAAATGGA
172    L  G  F  L  S  T  G  T  E  D  A  P  G  N  A  G  L  K  D  I  V  M  A  L  K  W

625   TCCAAAGGAACATCGCAGCATTCGGAGGCGATCCCAACAAAGTCACCATTTTCGGAGAAAGCGCCGGGGCGTAGCCG
198    I  Q  R  N  I  A  A  F  G  G  D  P  N  K  V  T  I  F  G  E  S  A  G  G  V  A

703   TTCATTTCTTAATGCTTTCACCGATGGCGAAAGGATTGTTCCGCGGAGCCATTTCGCAAAGCGGAGCCGCCGTTTGCC
224    V  H  F  L  M  L  S  P  M  A  K  G  I  V  P  R  S  H  F  A  K  A  E  P  P  F  A

781   CGTGGGCAATGTGCGAGGATCCGGTTGACACGGCGTTTAGGTTAGGGAAAGCGTTCGGCATTGATACTAAAGACCCGA
250    P  W  A  M  C  E  D  P  V  D  T  A  F  R  L  G  K  A  F  G  I  D  T  K  D  P

859   AAGTATTGGTGGATTCTTTCCGGAAAATTTCGAGCAAGGTTTTGGCCAGAAAACAAGGCGCCGCCGTCTCCGAACAGA
276    K  V  L  V  D  S  F  R  K  I  S  S  K  V  L  A  R  K  Q  G  A  A  V  S  E  Q

937   GCAAGCGGGAATGCATTCCATTTGCGTTTCTTCCGTGCATAGAACCGGAAGGACCGAACGCTTTTCTGACGAGACATC
302    S  K  R  E  C  I  P  F  A  F  L  P  C  I  E  P  E  G  P  N  A  F  L  T  R  H

1015  CGGCGGATTTAATAGCGGAAGGGAATATTGCTTCGGATGTTCCTTACATAACGGGAATTAACGAAAAGGAAGGATTAA
328    P  A  D  L  I  A  E  G  N  I  A  S  D  V  P  Y  I  T  G  I  N  E  K  E  G  L

1093  TCATGCTTAAAACGATTGTGGACAAAAAACCACCTGCAGCCGATATAGAAAAGGACTTCGAAAGATTAGTGCCCAGAT
354    I  M  L  K  T  I  V  D  K  K  P  P  A  A  D  I  E  K  D  F  E  R  L  V  P  R

1171  TTCTGAAGTTGGAGTATGGATCCGAAGAATCCAAAAAAGTAGCAGAAAAAATCAGGGAGTTTTATTTCTCAGGGAAAA
380    F  L  K  L  E  Y  G  S  E  E  S  K  K  V  A  E  K  I  R  E  F  Y  F  S  G  K

1249  CTTTCGATAAAAACACCCATGGCGAATATGTAAACTTAATGACAGACACTCAATTCCTGGAAGGTGCTCACAGGACCA
406    T  F  D  K  N  T  H  G  E  Y  V  N  L  M  T  D  T  Q  F  L  E  G  A  H  R  T

1327  CAAAACATCACACAACCCACGGGAGAGCCCCAGTATACAATTACGAATTCGTTTTCGAAGGAGAACTTAATCTGTTTA
432    T  K  H  H  T  T  H  G  R  A  P  V  Y  N  Y  E  F  V  F  E  G  E  L  N  L  F

1405  AAAAATTACTTAGCATTAAAGGCATTCCGGGACCTGCTCACGCAGATGAACTTGGTTATTTATTCTATGTACCAATAT
458    K  K  L  L  S  I  K  G  I  P  G  P  A  H  A  D  E  L  G  Y  L  F  Y  V  P  I

1483  TAGGTCCGAATTTGGATCCTAAAACAGCGGAAATGAGGGTTGTAAAGAGGATGGTTCGACTGTGGGCAAATTTTGCGA
484    L  G  P  N  L  D  P  K  T  A  E  M  R  V  V  K  R  M  V  R  L  W  A  N  F  A

1561  AATTCCTAAATCCAACACCAGACGCATCCGATCCGGATTTGGATCACATAAAATGGGAACCACACACCGACGATCACC
510    K  F  L  N  P  T  P  D  A  S  D  P  D  L  D  H  I  K  W  E  P  H  T  D  D  H

1639  AAAAGTATTTAATTATCGGAGAAGAATTAAGAGCTGCGGAAAATATGAAAGAAGAAAGAATTAAATTTTGGGAAGAAA
536    Q  K  Y  L  I  I  G  E  E  L  R  A  A  E  N  M  K  E  E  R  I  K  F  W  E  E

1717  TTAAAAATCTTATCAGTAGCAAATCATGAaaatgattttattaaaattaggttttttttgtattttttttttttgtatt
562    I  K  N  L  I  S  S  K  S  *

1795  tttaaacaaaaatacgttcctctactgtatatccatagacgtatttccaaaatgtcgtatgaattaagttttttgtat
1873  gaatattatgtgttttatttttttttttatatgtttaaaaaaaaaaattatatgctaagatgcattttctaatttaa
1951  aaaactccccggtattttttataagtaggggggttaatttaatgatatatattttaattaataaaatcactttacag
2029  tatcaaacgaaaaaaaaaaaa
```

图 4-20 嗜卷书虱 *Lb est1* 的核苷酸序列及推导的氨基酸序列

```
   1  acgcgggactcgataagtgtcgaccctaggtttgacgttttaaaaaaccggtcctaaaattttttgataaaaacaaaaaATGAAATC
   1                                                                                  M  K  S

  85  GATACTGTCGTGCTTTTTATTCACGAGGTTGGTCGTTTTAGCGTCCGAAGTGCAAAACGACATAATTACGGATACCGTGAGCTC
   4   I  L  S  C  F  L  F  T  R  L  V  V  L  A  S  E  V  Q  N  D  I  I  T  D  T  V  S  S

 169  GACGTATCAGTTAACGGACGAAGTCGCACTAGATGCATTATGGTCTGTTTCCAAACCGAAGACGTATTCCGGGTCGGGTGCCGC
  32   T  Y  Q  L  T  D  E  V  A  V  D  A  L  W  S  V  S  K  P  K  T  Y  S  G  S  G  A  A

 253  ATACGTCTATCAGAATCGATTACACGGTCAACATCCTGAAGTTGATACGACCAACGGAAGGATAAAAGGTTTGGTGTCCGTAAC
  60   Y  V  Y  Q  N  R  L  H  G  Q  H  P  E  V  D  T  T  N  G  R  I  K  G  L  V  S  V  T

 337  CAGCCGCAAGGGAACGGAATATTCCGCTTTTTTGGGAATACCGTATGCTATTCCCCCGGTGGGAAACCTACGATTTAAGGATCC
  88   S  R  K  G  T  E  Y  S  A  F  L  G  I  P  Y  A  I  P  P  V  G  N  L  R  F  K  D  P

 421  GAAGGAGTCTCAACCTTGGGAAGGCGTGCGGGATGGTACTTACGAAGAAGCACTTGCATCACTTTCGGTGATGCAGCGACAGG
 116   K  E  S  Q  P  W  E  G  V  R  D  G  T  Y  E  R  S  T  C  I  T  F  G  D  A  A  T  G

 505  AAGCGAAGATTGCCTCTATTTAAATATTTACTCGCCCAAATATATCGCCTGAGAATTCGACTGATCCGTTGAGAGCGGTGATGGT
 144   S  E  D  C  L  Y  L  N  I  Y  S  P  N  I  S  P  E  N  S  T  D  P  L  R  A  V  M  V

 589  ATGGATTCACGGAGGGGCCTTTATCGGCGGATCGTAGTAACACTACCTTGTACTCCCCTGATTTTCTGGTGGACCAGGACGTGGT
 172   W  I  H  G  G  A  F  I  G  G  S  S  N  T  T  L  Y  S  P  D  F  L  V  D  Q  D  V  V

 673  GTTGGTGACTTTAAATTATAGGCTGGGGCCATTAGGTTTTCTTAGTTTGCAAAACAAGAACGTCCCAGGAAACGCAGGCTTAAA
 200   L  V  T  L  N  Y  R  L  G  P  L  G  F  L  S  L  Q  N  K  N  V  P  G  N  A  G  L  K

 757  AGACCAAAACTTAGCTCTGAGATGGGTGAAAAGAAACATTCAAAATTTCGGTGGAGATCCTAACAGGATCACGTTATTCGGTGA
 228   D  Q  N  L  A  L  R  W  V  K  R  N  I  Q  N  F  G  G  D  P  N  R  I  T  L  F  G  E

 841  AAGTCAGGATCTGCCAGCGTGAATTTCCACATCTTATCAAAAAGTTCAGCAGGCTTATTGACCGAGCCATCATGGAAAGTGG
 256   S  A  G  S  A  S  V  N  F  H  I  L  S  K  S  S  A  G  L  F  D  R  A  I  M  E  S  G

 925  GTCAGCTTTGAACCCATGGGCTTGGACTCCTCCAGATTGGCCAGGAAGAAGGCTTTTCGTCTGGGAGAAAAAGTCGGGTGTAA
 284   S  A  L  N  P  W  A  W  T  P  P  D  L  A  R  K  K  A  F  R  L  G  E  K  V  G  C  K

1009  GAAAGGGTTTTGGACTGATTTTCGGAATTACGGATGATGAATTGCTGACATGTATGCAAAAGGTTGATCCTACACTGTTAGC
 312   K  G  V  L  D  W  I  F  G  I  T  D  D  E  L  L  T  C  M  Q  K  V  D  P  T  L  L  A

1093  CAGATCGCAAGAGGAAGCCTTAACTCTTGGGGAGCTTTTTACTCTTCGTCCATACGCTTTTATCCCGACGACTGAGCCTGACGT
 340   R  S  Q  E  E  A  L  T  L  G  E  L  F  T  L  R  P  Y  A  F  I  P  T  T  E  P  D  V

1177  AGAAGGAGCATTTGTGACACGGCTGCCGTGGGAACAATTACAAGAGAAGGATTTTAACAATGTTCCTGTGATTATCGGATCAAA
 368   E  G  A  F  V  T  R  L  P  W  E  Q  L  Q  E  K  D  F  N  N  V  P  V  I  I  G  S  N

1261  TTCGAGGGAGGGGCTGTTTTTATTACCAGCTCTGAAGAAATACGACCCTTTGGGAATCGCCATAACTCTCATCGGATTGGACTT
 396   S  R  E  G  L  F  L  L  P  A  L  K  K  Y  D  P  L  G  I  A  I  T  L  I  G  L  D  L

1345  GACAAGATTCGTGCCATATTACTGGAGAATGATGCCATGGGATCTGCACGCCTGGAAAGTCGACGAAATGATCAAGGGCTTTTA
 424   T  R  F  V  P  Y  Y  W  R  M  M  P  W  D  L  H  A  W  K  V  D  E  M  I  K  G  F  Y

1429  CTTCGATGATCATCCCGTTTCCGTTTTTCGCAGAGGGGATCTGATAAACCTCCTCACAGATACTCAATTCTTCCTCCCGATCCA
 452   F  D  D  H  P  V  S  V  F  R  R  G  D  L  I  N  L  L  T  D  T  Q  F  F  L  P  I  Q

1513  ACAAGTCGCCACATATTTGTCACAAAACGTCCCCGTCTATAACTATTGGTTTTCTTACGATGGCGCTTATGCTCTCTTCAAACA
 480   Q  V  A  T  Y  L  S  Q  N  V  P  V  Y  N  Y  W  F  S  Y  D  G  A  Y  A  L  F  K  Q

1597  AGAAACGAACCTCCTCGATGTCCCTGGAGTGGCACACTCAGACGAAATGGGTTATTGTTCAACTCGGAATCCTTATACAAAGT
 508   E  T  N  L  L  D  V  P  G  V  A  H  S  D  E  M  G  Y  L  F  N  S  E  S  L  Y  K  V

1681  ATATAGGTCAGAAGGAGAGTACAGTCCCGAAGAACAAACAGTCGACAGACATTACGAAACTTTGGACGGATTTTGCGAAAACGGG
 536   Y  R  S  E  G  E  Y  S  P  E  E  Q  T  V  D  R  L  T  K  L  W  T  D  F  A  K  T  G

1765  AACGCCCACGCCAAACACGAACGATTTAATCCCGACTTTATGGGAACGTTTCAACCCAGATTTCAAATACTACGAAATAGGCGA
 564   T  P  T  N  T  D  L  I  P  T  L  W  E  R  F  N  P  D  F  K  Y  Y  E  I  G  D

1849  TACGTTAAAATCAGGAAATGGATTGAAAGAGGATACCATTCGATTTTGGACTGGAGTGACAAACGTAGTTCTCGGGAATTAAaa
 592   T  L  K  S  G  N  G  L  K  E  D  T  I  R  F  W  T  G  V  T  N  V  V  L  G  N  *

1933  aacttcttttatttttcctttaaaaacaagtcataaatttctctctctctctctctcttctctctctcgataaacattcaaaacg
2017  ggataaaaaaaaaactgatttataagtctgaacgtctagcattaacatcatatttcctttaaggaatccgttttagaacgataaa
2101  ctatcaaaagtctgaggaaaatctattttttatttatgatacttttcgaaaaagaaaaaaaaaagtttcgtggcaaaacttttc
2185  tttttttcccagccccgattttttttctttaattcctgatgaaatgtatcattttcgaaacatatttttcggtttaa
2269  atattccaagagggaaaaggactttcgcaaataaatgtgaatatgctagtgtctagaacaatgcgggttttggtttatatttccc
2353  tcaagtagttttcgagggcggaggcgggggaagcgatgggagaaatcccaccccacgagaagggaaacaaaatatcgtatgaat
2437  catttcgatcacgggttttatccttatacctttttttcaaaggactcgtatttcatctatttattttaacgataagaaaaaaaa
2521  aaaaa
```

图 4-21 嗜卷书虱*Lb est2* 的核苷酸序列及推导的氨基酸序列

表 4-6　嗜卷书虱 CarE1 与其他物种酯酶的同源性

物种	基因	登录号	同源性
芜菁叶蜂	*CarE*	BAD91555	44%
赤拟谷盗	*Esterase*	CAH64510	43%
赤拟谷盗	*Esterase*	NP_001034534	43%
赤拟谷盗	*Esterase*	CAH64509	42%
赤拟谷盗	*Esterase*	CAH60164	42%
赤拟谷盗	*α-esterase*	NP_001034512	42%
赤拟谷盗	*CarE*	ACI42852	42%
菜叶蜂	*CarE*	BAD92015	41%
致倦库蚊	*α-esterase*	XP_001863772	41%
象虫金小蜂	*CarE*	AAC36246	40%
埃及斑蚊	*α-esterase*	XP_001652789	40%
疟蚊	*Esterase*	CAJ14159	40%
嗜卷书虱	*CarE 2*	ACI16654	40%
致倦库蚊	*α-esterase*	XP_001849493	39%
丽蝇蛹集金小蜂	*CarE*	NP_001136104	39%
人头虱	*AChE*	EEB19727	39%
人头虱	*Esterase*	EEB11822	38%
埃及斑蚊	*CarE*	XP_001656534	39%
埃及斑蚊	*CarE*	XP_001656533	38%
埃及斑蚊	*CarE*	XP_001656537	38%
埃及斑蚊	*α-esterase*	XP_001650375	37%
埃及斑蚊	*CarE*	XP_001656536	37%
家蚕	*CarE*	NP_001104822	37%

表 4-7　嗜卷书虱 CarE2 与其他物种酯酶的同源性

物种	基因	登录号	同源性
体虱	*AChE*	EEB19727	44%
芜菁叶蜂	*CarE*	BAD91555	41%
嗜卷书虱	*Esterase 1*	ACI16653	40%
埃及斑蚊	*α-esterase*	EAT43442	38%
异色瓢虫	*CarE*	ACI42858	38%
体虱	*Esterase*	EEB11822	37%

续表

物种	基因	登录号	同源性
丽蝇蛹集金小蜂	*CarE*	NP_001136104	37%
象虫金小蜂	*CarE*	AAC36245	37%
埃及斑蚊	*CarE*	EAT45544	36%
家蚕	*CarE*	ABX46627	36%
疟蚊	*Esterase*	CAJ14159	36%
烟粉虱	*COE1*	ABV45409	36%
烟粉虱	*COE1*	ABV45410	36%
杂拟谷盗	*Esterase*	CAH60167	36%
赤拟谷盗	*Esterase*	CAH59956	36%
赤拟谷盗	*Esterase*	CAH60165	36%
赤拟谷盗	*Esterase*	CAH60166	36%
赤拟谷盗	*Esterase*	CAH64510	35%
弗氏拟谷盗	*Esterase*	CAH60168	35%
埃及斑蚊	*CarE*	EAT45545	35%
埃及斑蚊	*α-esterase*	EAT40802	34%

使用在线软件ScanProsite程序分析发现，*Lb est1*含有cAMP和cGMP依赖的蛋白激酶磷酸化位点2个（氨基酸编号102-105、283-286）；蛋白激酶C磷酸化位点9个，分别对应推导的氨基酸编号为24-26、281-283、286-288、302-304、390-392、403-405、431-433、462-464和567-569；酪蛋白激酶Ⅱ磷酸化位点7个，为46-49、93-96、177-180、302-305、358-361、411-414以及519-522。

*Lb est2*含有cAMP和cGMP依赖的蛋白激酶磷酸化位点1个（89-92）；蛋白激酶C磷酸化位点5个，分别对应推导的氨基酸编号为87-89、88-90、353-355、592-594和603-605；酪蛋白激酶Ⅱ磷酸化位点10个，为136-139、142-145、292-295、322-325、341-344、347-350、363-366、538-541、543-546以及574-578。另外，通过预测*Lb est2*还含有2个N-糖基化位点（161和184）。

4.4.1.4 嗜卷书虱CarE基因序列比对及系统进化分析

（1）嗜卷书虱CarE氨基酸序列比对分析

将嗜卷书虱和其他昆虫CarE的氨基酸序列进行多重序列比对（图4-22），发现不同昆虫CarE之间在活性位点附近氨基端序列保守性相对较高，如保守的催化三联体、六个保守的半胱氨酸残基形成三对二硫键以及FGESAG序列等。

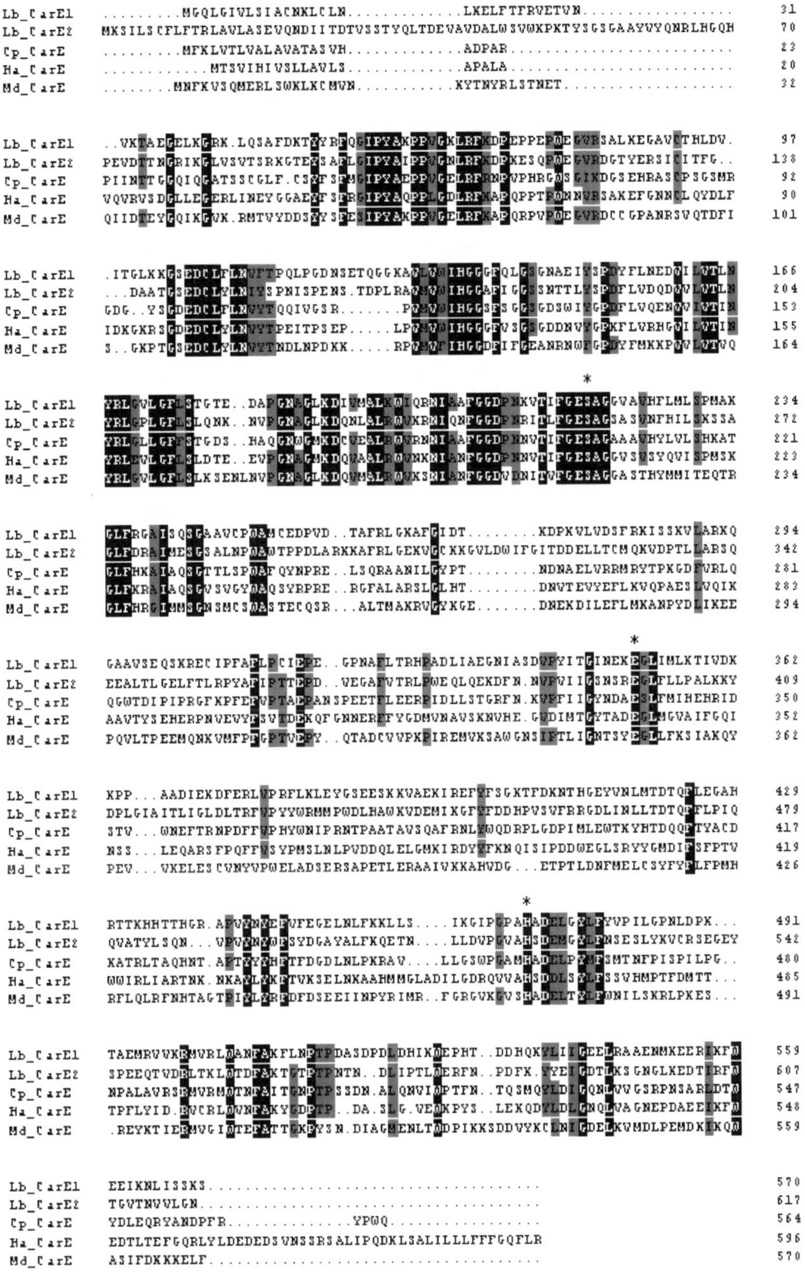

图 4-22 嗜卷书虱 CarE 与其他昆虫酯酶序列的多重比对

保守的氨基酸残基用黑色表示，星号（*）代表活性中心的催化三联体位点；Md_ CarE: 家蝇 CarE Musca domestica (AAD29685); Cp _ CarE: 库蚊 CarE Culex pipiens quinquefasciatus (EDS26821); Hd_ CarE: 棉铃虫 CarE Helicoverpa armigera (ABQ42338); Lb_ CarE1: 嗜卷书虱 CarE1 Liposcelis bostrychophila (EU854151); Lb_ CarE2: 嗜卷书虱 CarE2 Liposcelis bostrychophila (EU854152)。

(2) 嗜卷书虱 CarE 基因系统进化分析

选取鳞翅目、膜翅目、双翅目和鞘翅目主要代表昆虫的多个 CarE 氨基酸序列以及嗜卷书虱 CarE，利用 DNAMAN 5.2.2 软件的 Observed Divergency 法构建了酯酶分子进化树。进化分析表明，属于同一目昆虫的 CarE 大体上聚类在一起，比如棉铃虫与甘蓝夜蛾、家蚕等鳞翅目昆虫多个 CarE 聚在一起；家蝇与扰血蝇、铜绿蝇、黑腹果蝇等双翅目昆虫的多个 CarE 聚在一起。作者团队研究克隆的 *Lb est2* 最先与菜叶蜂的 CarE 聚在一起，然后与冈比亚按蚊、库蚊、埃及伊蚊和研究克隆的另一个 *Lb est1* 汇成一大类。值得注意的是，鞘翅目昆虫赤拟谷盗的 CarE 也聚合于这一类群。表 4-8 为用于构建分子进化树的基因序列信息。

表 4-8 用于构建分子进化树的基因序列信息

物种	基因	缩写	登录号
嗜卷书虱	*CarE*	*Lb est1*	ACI16653
	CarE	*Lb est2*	ACI16654
库蚊	*CarE*	CarE_C._pipiens	EDS26821
	Esterase	Est_C._pipiens	CAA88030
家蚕	*CarE*	CarE_B._mori	AAY54259
	Esterase	Est_B._mori	ABD36195
寄生黄蜂	*CarE*	CarE_N._vitripennis	XP_001602413
蜜蜂	*Esterase*	Est_A._mellifera	XP_394697
金小蜂	*CarE*	CarE_A._calandrae	AAC36246
菜叶蜂	*CarE*	CarE_A._rosae	BAD91555
冈比亚按蚊	*Esterase*	Est_A._gambiae	EAA00872
日本金龟子	*Esterase*	Est_P._japonica	AAX58713
果蝇	*Esterase*	Est_D._buzzatii	AAF26723
黑腹果蝇	*Esterase*	Est_D._melanogaster	NP_524261
铜绿蝇	*CarE*	CarE_L._cuprina	AAB67728
家蝇	*CarE*	CarE_M._domestica	AAD29685
扰血蝇	*Esterase*	Est_H._irritans	AAF14517
甘蓝夜蛾	*Esterase*	Est_M._brassicae	AAR26516
棉铃虫	*CarE*	CarE_H._armigera	ABQ42338
桃蚜	*CarE*	CarE_M._persicae	CAA52648
赤拟谷盗	*Esterase*	Est_T._castaneum	CAH59956

续表

物种	基因	缩写	登录号
拟谷盗	*Esterase*	Est_T._freemani	CAH64516
埃及伊蚊	*Esterase*	Est_A._aegypti	EAT40802
电鳐	*AChE*	AChE_T._californica	CAA27169

4.4.2 嗜卷书虱 CarE 基因表达研究

4.4.2.1 不同品系 CarE 基因 mRNA 表达水平的研究

嗜卷书虱 2 个 CarE 基因（*Lb est1* 和 *Lb est2*）在不同品系中的相对表达水平见图 4-23。从图中可以看出，在嗜卷书虱体内 *Lb est2* 的表达水平显著高于 *Lb est1*，在敌敌畏抗性品系（DDVP_R）、磷化氢抗性品系（PH$_3$_R）以及敏感品系（SS）中的比值分别达到 2.22、1.85 和 1.65 倍（$P<0.05$）。其中 *Lb est1* 在抗性品系中的表达水平高于敏感品系，但差异未达显著水平（$P>0.05$）。*Lb est2* 在两抗性品系中的表达水平均显著高于敏感品系，其中在敌敌畏抗性品系中的表达水平最高，达到敏感品系的 1.9 倍，在磷化氢抗性品系中的表达水平是敏感品系的 1.4 倍。

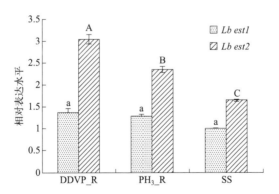

图 4-23 嗜卷书虱 2 个 CarE 基因在不同品系中表达水平的比较

同一颜色柱上不同字母表示差异达显著水平（$P<0.05$）

4.4.2.2 药剂处理对 CarE 基因 mRNA 表达水平的影响

从图 4-24 中可以看出，敌敌畏和磷化氢均可诱导嗜卷书虱体内 2 个 CarE 基因的过量表达。*Lb est1* 经敌敌畏（DDVR）和磷化氢（PH$_3$）处理后表达量分别是对照（CK）的 1.76 倍和 1.47 倍，三者之间差异达显著水平（$P<0.05$）。同样，*Lb est2* 经敌敌畏和磷化氢处理后表达量分别是对照的 1.65 倍和 1.84 倍。

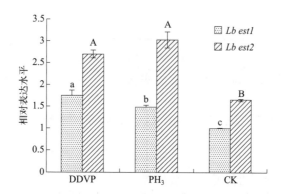

图 4-24 嗜卷书虱 2 个 CarE 基因在药剂处理前后表达水平的比较
同一颜色柱上不同字母表示差异达显著水平（$P<0.05$）

4.4.2.3 不同发育阶段 CarE 基因 mRNA 表达水平的研究

嗜卷书虱 CarE 基因在不同发育阶段的相对表达水平见图 4-25。*Lb est1* 在低龄若虫期的表达水平较高，但随着昆虫的生长发育表达水平逐渐降低，成虫期表达水平最低。*Lb est2* 在若虫期的表达水平较低，且 4 个若虫龄期间的表达水平差异不显著，但都显著低于成虫期的表达水平（$P<0.05$）。

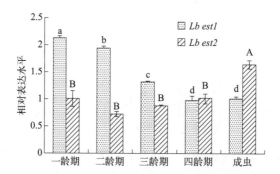

图 4-25 嗜卷书虱 2 个 CarE 基因在不同发育阶段表达水平的比较
同一颜色柱上不同字母表示差异达显著水平（$P<0.05$）

4.4.3 小结

研究利用实时荧光定量 PCR 技术比较了嗜卷书虱 2 个 CarE 基因在不同品

系、药剂诱导前后以及不同发育阶段的表达水平。结果显示，在嗜卷书虱体内 *Lb est2* 的表达水平显著高于 *Lb est1*。*Lb est1* 在不同品系中的表达水平差异不显著。*Lb est2* 在抗性品系中的表达水平均显著高于敏感品系，其中在敌敌畏抗性品系中的表达水平最高，达到敏感品系的 1.9 倍，在磷化氢抗性品系中的表达水平是敏感品系的 1.4 倍。敌敌畏和磷化氢均可诱导嗜卷书虱体内 2 个 CarE 基因的过量表达。不同发育阶段分析结果表明，*Lb est1* 随着昆虫的生长发育表达水平逐渐降低，成虫期表达水平最低。*Lb est2* 在成虫期表达水平最高，在若虫期表达水平较低。

研究成功地从嗜卷书虱体内克隆获得第 2 个 AChE 基因的全长序列。分析研究表明该 AChE 基因是与黑腹果蝇旁系同源的 I 型 AChE，而之前已经克隆的基因是与黑腹果蝇直系同源的 II 型 AChE，因此分别将其命名为 *Lb ace1* 和 *Lb ace2*。序列同源性分析表明，嗜卷书虱 2 条 AChE 氨基酸序列之间的同源性仅为 38.75%，但与各自同类型的其他昆虫的 AChE 却具有很高的同源性，如与嗜虫书虱和无色书虱的同源性高达 90% 以上，而与甜菜夜蛾、黑尾叶蝉、烟叶蛾以及家蚕等的同源性达到 70% 以上。经序列比对分析表明，*Lb ace1* 具有 AChE 家族的所有保守性功能位点，如催化三联体、氧阴离子洞等。作者团队还利用蛋白质结构同源建模工具，对嗜卷书虱 AChE 的三维结构进行了模拟，并在三维结构中发现了嗜卷书虱 AChE 的酶解活性位点，表明嗜卷书虱体内存在 2 条 AChE 基因。实时荧光定量 PCR 分析表明，这 2 条 AChE 基因在抗性品系中的表达水平均显著高于敏感品系，据此推断 AChE 的过量表达是其产生抗药性的原因之一。使用敌敌畏和磷化氢处理嗜卷书虱后，2 个基因均受诱导而表达量有所提高，这也验证了此前的推断。比较嗜卷书虱不同发育阶段 AChE 基因的表达水平发现，二龄若虫期表达量最高，一龄若虫和成虫的表达水平最低。

CarE 是昆虫体内的一类重要的解毒酶，与昆虫抗药性密切相关。作者团队从嗜卷书虱体内克隆获得 2 条 CarE 基因的全长序列（*Lb est1* 和 *Lb est2*）。根据在线软件 ScanProsite 的算法原理，从 2 个基因的氨基酸序列中发现了 CarE 的 2 个保守结构域，一个是丝氨酸活性中心，另一个是保守的二硫键形成的位点。另外，通过此软件预测到 2 个基因均存在多个磷酸化位点。序列同源性分析表明，嗜卷书虱 CarE 与其他昆虫酯酶之间的同源性较低，但在活性中心处的序列则高度保守，这与前人的研究结果一致（郭惠琳和高希武，2005；高贵田 等，2006）。定量分析表明，*Lb est2* 基因在抗性品系中的表达水平显著高于敏感品系，药剂也可诱导 CarE 表达量的提升，这预示着该酯酶基因的扩增与敌敌畏和磷化氢的抗性有关。不同发育阶段的定量分析表明，该基因在若虫期的表达水平较低，而在成虫期的表达水平较高。Lb est1 在抗性品系和敏感品系中表达水平差异不显著，但药剂处理可以诱导其表达水平提升。Lb est1 基因的表达量在嗜卷书虱发育历期中呈下降趋势，说明该酯酶在昆虫的生长发育过程中具有重要作用。

4.5　嗜卷书虱 nAChR 基因克隆及其 mRNA 表达水平研究

近年来，随着以吡虫啉（imidacloprid）为代表的新烟碱类杀虫剂的成功开发和广泛应用，昆虫 nAChR 引起了科学家们的广泛关注。多杀霉素（多杀菌素）是一种新型的生物农药，广泛应用于大田作物的害虫防治，此外，它对多种储藏物害虫也具有很高的毒力，目前已被美国农业部推荐用于储藏物害虫的防治（Huang et al., 2004; Anonymous, 2005）。然而，昆虫 nAChR 基因突变可以导致害虫对多杀菌素等产生高水平抗性（Perry et al., 2007），因此迫切需要了解昆虫 nAChR 的分子生物学特性，以便更好地了解这些杀虫剂的作用行为，为害虫的抗性检测和治理提供理论依据。

4.5.1　嗜卷书虱 nAChR 基因克隆

4.5.1.1　嗜卷书虱 nAChR 基因片段的克隆及序列分析

利用半套式 PCR 技术扩增得到 1 条与预测长度相符的条带（图 4-26），经克隆测序后得到 2 个不同的基因片段。这 2 个基因片段长度均为 395 bp，编码 131 个氨基酸，是完整的编码序列。将所推导的氨基酸序列进行 BLASTP 搜索，结果表明，这 2 个基因片段与其他昆虫 nAChR 亚基基因具有很高的同源性。其中片段 1 与头虱（*Pediculus humanus corporis*）α 亚基、东亚飞蝗（*Locusta migratoria*）α3 亚基、埃及伊蚊（*Aedes aegypti*）α1 亚基、冈比亚按蚊（*Anopheles gambiae*）α1 亚基、跳蚤（*Ctenocephalides felis*）α1 亚基、致倦库蚊（*Culex*

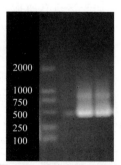

图 4-26　嗜卷书虱 nAChR 基因片段的扩增结果
单位：bp

quinquefasciatus）α 亚基和赤拟谷盗（*Tribolium castaneum*）α1 亚基的同源性分别为 98％、96％、94％、93％、93％、93％和 91％；而片段 2 与头虱 α 亚基、褐飞虱（*Nilaparvata lugens*）α8 亚基、东亚飞蝗 α2 亚基、赤拟谷盗 α8 亚基、烟粉虱（*Bemisia tabaci*）α4 亚基、意大利蜜蜂（*Apis mellifera*）α3 亚基和烟芽夜蛾（*Heliothis virescens*）α3 亚基的同源性分别为 94％、89％、86％、84％、83％、83％和 81％。据此初步判定这 2 个基因片段为嗜卷书虱 nAChR 亚基的一部分。

4.5.1.2 嗜卷书虱 nAChR 基因全长克隆

根据上述克隆获得的 2 个 nAChR 基因片段，分别设计扩增 3′端和 5′端的基因特异引物，利用 RACE 技术成功地克隆获得了嗜卷书虱 2 个 nAChR 基因的全长序列（图 4-27），分别命名为 *Lb α1*（GenBank 登录号：EU871527）和 *Lb α8*（GenBank 登录号：EU871526）。其中 *Lb α1* 基因全长为 2025bp，开放阅读框 1644bp，编码一个 547 个氨基酸组成的前体蛋白，N 端 18 个氨基酸为信号肽。成熟蛋白质的分子质量为 60.8kDa，理论等电点为 4.88，*Lb α1* cDNA 核苷酸及其推导的氨基酸序列见图 4-28。*Lb α8* 基因全长为 1763bp，包括由 82 个核苷酸组成的 5′非编码区序列、由 1608 个核苷酸组成的 ORF 和由 73 个核苷酸组成的 3′非编码区序列。ORF 编码 535 个氨基酸组成的前体蛋白，其中包括了由 22 个氨基酸组成的信号肽；成熟蛋白质的分子质量为 59.3kDa，理论等电点为 5.09，*Lb α8* cDNA 核苷酸及其推导的氨基酸序列见图 4-29。

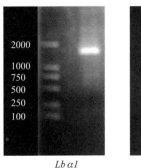

图 4-27　嗜卷书虱 nAChR 基因全长的扩增结果

单位：bp

```
1     cgggggagtgcggtacgtgaagctcgtcggcggtacaaattttcgccttgttctttatttttcgcagttttctctttg
79    ctttgtatctttcggatctagctatgtgaagtctgatgctttcaaattttctcataacggcatttataagaagcgaac
157   ggattgaaataagcgaaggagggaattcgtgagaggatagatacgagagtggtgggatgatagcgcctcatgtggacg
235   agctttgaatcaacgatcctgggccaagatggggcgataacccagcgcagcagggcgaggctgagggaatgacgtcac
313   attccatagtgggtggacaaggtgcaagATGGAGTGGATGTTCTCGGTTTTGTATCTGCTGCAAATAGCCGGAGTTTT
1                                 M  E  W  M  F  S  V  L  Y  L  L  O  I  A  G  V  L

391   GGCCAATCTTGATTCAAAACGTCTTTACGACGACTTGCTGAGTAATTACAACCGTCTAATAAGACCAGTCGGTAATAA
18     A  N  L  D  S  K  R  L  Y  D  D  L  L  S  N  Y  N  R  L  I  R  P  V  G  N  N

469   CTCAGATCGCCTTACAGTAAAAATGGGATTGAAATTGTCCCAGCTCATCGACGTGAATCTCAAAAATCAAATTATGAC
44     S  D  R  L  T  V  K  M  G  L  K  L  S  Q  L  I  D  V  N  L  K  N  Q  I  M  T

547   GACAAATGTTTGGGTGGAACAAGAATGGAATGATTACAAACTAAAATGGAACCCAGATGATTATGGAGGCGTCGATAC
70     T  N  V  W  V  E  Q  E  W  N  D  Y  K  L  K  W  N  P  D  D  Y  G  G  V  D  T

625   ACTTCATGTGCCCTCGGAACATATCTGGTTACCTGACATCGTGCTTTATAATAACGCCGACGGAAATTATGAAGTCAC
96     L  H  V  P  S  E  H  I  W  L  P  D  I  V  L  Y  N  N  A  D  G  N  Y  E  V  T

703   GATAATGACAAAAGCAATACTTCATCATACGGGAAAAGTTTACTGGAAACCTCCAGCAATCTATAAGTCTTTCTGCGA
122    I  M  T  K  A  I  L  H  H  T  G  K  V  Y  W  K  P  P  A  I  Y  K  S  F  C  E

781   AATTGATGTTGAATATTTTCCATTTGACGAACAAACGTGTTTCATGAAATTCGGTTCATGGACGTACGATGGATATTT
148    I  D  V  E  Y  F  P  F  D  E  Q  T  C  F  M  K  F  G  S  W  T  Y  D  G  Y  L

859   AGTCGATTTAAGGCATATAGCTCAAACCCCGGATTCCGATACTATCGACATGGGGATCGATCTTCAAGACTATTATTT
174    V  D  L  R  H  I  A  Q  T  P  D  S  D  T  I  D  M  G  I  D  L  Q  D  Y  Y  L

937   ATCAGTCGAGTGGGATATAATGAGAGTTCCCGCAGTTCGAAATGAAAAGTTTTACAGCTGCTGCGAAGAACCTTATCC
200    S  V  E  W  D  I  M  R  V  P  A  V  R  N  E  K  F  Y  S  C  C  E  E  P  Y  P

1015  GGATATCATTTTCAACATCACTCTTCGACGAAAGACTCTTTTCTACACTGTTAATTTAATCATCCCTTGCGTAGGGAT
226    D  I  I  F  N  I  T  L  R  R  K  T  L  F  Y  T  V  N  L  I  I  P  C  V  G  I

1093  TTCTTTTTTAAGTGTTTTAGTGTTCTATTTACCCTCGGATAGTGGTGAAAAGGTTTCCTTGTGTATTTCAATCCTACT
252    S  F  L  S  V  L  V  F  Y  L  P  S  D  S  G  E  K  V  S  L  C  I  S  I  L  L

1171  TTCGTTAACCGTGTTTTTCCTCCTTCTCGCTGAAATTATTCCCCCTACATCGCTGACTGTTCCGCTTCTCGGTAAATA
278    S  L  T  V  F  F  L  L  L  A  E  I  I  P  P  T  S  L  T  V  P  L  L  G  K  Y

1249  TCTTTTATTCACAATGGTGTTGGTGACTTTATCGGTAGTAGTGACGATTGCAGTGCTCAATGTAAACTTCCGTAGCCC
304    L  L  F  T  M  V  L  V  T  L  S  V  V  V  T  I  A  V  L  N  V  N  F  R  S  P

1327  GGTAACACATAAAATGCGGCCGTGGGTACACCGCGTGTTCATTCAAATGCTCCCGAAAGTTCTTTTCATAGAACGGCC
330    V  T  H  K  M  R  P  W  V  H  R  V  F  I  Q  M  L  P  K  V  L  F  I  E  R  P

1405  AAAGAATGAAGACGAAGAAAATGCTGAAGAGGATGAAGAATTAAAACCTCCAGAAGGCATTTTAACTGGTGTTTTTGA
356    K  N  E  D  E  E  N  A  E  E  D  E  E  L  K  P  P  E  G  I  L  T  G  V  F  D

1483  TGTTCCGGGCGAAATAGACAAATACGTTAAATATGCTGGAAAGCGATTTAGTGCCGACTATGCCATACCTGCATTGCC
382    V  P  G  E  I  D  K  Y  V  K  Y  A  G  K  R  F  S  A  D  Y  A  I  P  A  L  P

1561  ACCTAGATTTCATGTCCCTTCAGGGCCTTGTTTCGGAGACCCGCCTTTATCCCTTCCATTACCTGGGGCGGACGACGA
408    P  R  F  H  V  P  S  G  P  C  F  G  D  P  P  L  S  L  P  L  P  G  A  D  D  D

1639  CCTTTTTAGTCCTGGGGAAGTTTGTCTCAACGGAGATCAGAGTCCTACGTTCGAGAAATCAATGTCTCAGGAAATTGA
434    L  F  S  P  G  E  V  C  L  N  G  D  Q  S  P  T  F  E  K  S  M  S  Q  E  I  E

1717  AAAAACAATAGAGGATGCTAGATTTATAGCTCAACACGTTAAGAATAAAGATAAATTCGAAAACATTGAAGAAGACTG
460    K  T  I  E  D  A  R  F  I  A  Q  H  V  K  N  K  D  K  F  E  N  I  E  E  D  W

1795  GAAATACGTAGCCATGGTTTTGGACAGATTGTTTTTATGGATTTTCAGTCTTAGTTGTATTTTAGGAACAGCGTTAAT
486    K  Y  V  A  M  V  L  D  R  L  F  L  W  I  F  S  L  S  C  I  L  G  T  A  L  I

1873  TATATTCCAAGCTCCATCTTTATATGACACGACGAAACCAATAGACATTCAGTATTCTAAAATCGCCAAGAAAAAAAT
512    I  F  Q  A  P  S  L  Y  D  T  T  K  P  I  D  I  Q  Y  S  K  I  A  K  K  K  M

1951  GATGATGATGATGATGGGTCCCGAAGAGGAATAActcgagtcttgttaatactgttgaatccaaaaaaaaaaaa
538    M  M  M  M  M  G  P  E  E  E  *
```

图 4-28 嗜卷书虱*Lb α1* 的核苷酸序列及推导的氨基酸序列

方框表示糖基化位点；下划线表示磷酸化位点；双下划线表示信号肽

```
   1    acgcgggggaatcgatccgagtgctgtatggaccagtttcatctcatctcacagacctactttcgtttctattaaaata
  79    aacaATGAAGATCGCTATTTTTGCCATTTTTATAGCCGTTGTAACCATAGTACCTAATCAATCTTTAGGTTTAAAACT
   1        M  K  I  A  I  F  A  I  F  I  A  V  V  T  I  V  P  N  Q  S  L  G  L  K  L

 157    AATGGAAGCAAATCCTGATGCAAAGAGGCTATACGATGATCTACTCAGTAATTATAATCGATTAATAAGACCCGTTAT
  26     M  E  A  N  P  D  A  K  R  L  Y  D  D  L  L  S  N  Y  N  R  L  I  R  P  V  I

 235    AAACAATACGGAAACCTTGACTGTTCGATTGGGACTCAAATTATCGCAACTAATTGAGGTGAATTTAAAAAGTCAAGT
  52     N  N  T  E  T  L  T  V  R  L  G  L  K  L  S  Q  L  I  E  V  N  L  K  S  Q  V

 313    AATGACCACCAACGTTTGGGTGGAGCAAAAATGACAGATTACAAACTAAGATGGGATCCTGAAGAATACGGGGGTGT
  78     M  T  T  N  V  W  V  E  Q  K  W  T  D  Y  K  L  R  W  D  P  E  E  Y  G  G  V

 391    CGAAATGCTATACGTGCCTTCTGAACATATTTGGCTGCCGGATATAGTACTTTATAACAACGCCGACGGTAACTACGA
 104     E  M  L  Y  V  P  S  E  H  I  W  L  P  D  I  V  L  Y  N  N  A  D  G  N  Y  E

 469    AGTAACATTAATGACTAAGGCCACATTAACTTATAACGGAGAAGTTTACTGGAAGCCACCAGCTATTTATAAGTCATC
 130     V  T  L  M  T  K  A  T  L  T  Y  N  G  E  V  Y  W  K  P  P  A  I  Y  K  S  S

 547    GTGCGAAATAAACGTCCTTTATTTTCCATTCGACGAACAAAGTTGCTACATGAAATTTGGATCTTGGACCTATCACGG
 156     C  E  I  N  V  L  Y  F  P  F  D  E  Q  S  C  Y  M  K  F  G  S  W  T  Y  H  G

 625    CTACCAAGTTGATTAAAAACACATGGATCAAAAACCTGGCAGCAATCTGGTTTCCATCGGGATTGATTAAAAGAATT
 182     Y  Q  V  D  L  K  H  M  D  Q  K  P  G  S  N  L  V  S  I  G  I  D  L  K  E  F

 703    TTATTTAAGCGTGGAATGGATATTTTGGAAGTTCCAGCAAGGAAAAATGAGGAATATTATCCTGTTGTACAGAGCC
 208     Y  L  S  V  E  W  D  I  L  E  V  P  A  R  K  N  E  E  Y  Y  P  C  C  T  E  P

 781    TTACTCCGATATCACGTTTAATTTAAAAATGCGGAGAAAAACTCTGTTCTACACCGTAAATCTTATCATACCATGTGT
 234     Y  S  D  I  T  F  N  L  K  M  R  R  K  T  L  F  Y  T  V  N  L  I  I  P  C  V

 859    GGGAATCACGTTTTTAACAGTATTAGTATTCTACTTACCATCCGATTCCGGAGAAAAAGTAACATTAACTGTGTCGAT
 260     G  I  T  F  L  T  V  L  V  F  Y  L  P  S  D  S  G  E  K  V  T  L  T  V  S  I

 937    TTTACTGTCGTTGACTGTGTTCTTTCTTTTACTGGCCGAAATCATCCCTCCGACGTCGCTGGCAGTGCCTCTTCTCGG
 286     L  L  S  L  T  V  F  F  L  L  A  E  I  I  P  P  T  S  L  A  V  P  L  L  G

1015    AAAATACCTTTTGTTTACTATGATGCTTGTTACTCTATCCATTTTTGTTACCGTTTGCGTCCTTAACATTTATTTCAG
 312     K  Y  L  L  F  T  M  M  L  V  T  L  S  I  F  V  T  V  C  V  L  N  I  Y  F  R

1093    ATCACCGTCCACTCACAAAATGTCACCTTGGGTGAAAAACGTTTCCTCAATATTATACCAAGAATGTTAATGATGCG
 338     S  P  S  T  H  K  M  S  P  W  V  K  N  V  F  L  N  I  I  P  R  M  L  M  M  R

1171    AAGGCCACCTTATTCTTTAAGCACGATGGGTATGAGGACAGCAATGACAACGGATATTCAAACGCCATGGATTTTCG
 364     R  P  P  Y  S  L  R  H  D  G  Y  E  D  S  N  D  N  G  Y  S  N  A  M  D  F  R

1249    AGACAGCATGAGCGAACCATTTCCACCGGAACTAAAGGGCAGTCCAGGTTTCGAAGCCGTCACAACCGTTTATAAGAA
 390     D  S  M  S  E  P  F  P  P  E  L  K  G  S  P  G  F  E  A  V  T  T  V  Y  K  N

1327    CACACTTAATGCCGAGTCGGAGGACAACACTGGAAATAATAGACAAGATTCAGAAAACATGCTCCCGCGACATTTATC
 416     T  L  N  A  E  S  E  D  N  T  G  N  N  R  Q  D  S  E  N  M  L  P  R  H  L  S

1405    ACCAGAAGTATTATCCGCTTTGCAAGGCGTTCGATTTATAGCTCAGCATATAAAAGATGCAGATAAGGATAATGAGGT
 442     P  E  V  L  S  A  L  Q  G  V  R  F  I  A  Q  H  I  K  D  A  D  K  D  N  E  V

1483    CATCGAAGATTGGAAATACGTTTCTATGGTGCTCGATAGATTCTTTTTATGGATTTTTACATTAGCCTGCATTGGAGG
 468     I  E  D  W  K  Y  V  S  M  V  L  D  R  F  F  L  W  I  F  T  L  A  C  I  G  G

1561    TACATGCGGTATTATTTTCCAGGCTCCGTCTCTATATGATCAACGAATACCGATCGATCAAGAAATAAGTCTTATACA
 494     T  C  G  I  I  F  Q  A  P  S  L  Y  D  Q  R  I  P  I  D  Q  E  I  S  L  I  Q

1639    ATTTGGTAAAATATTTTTGAATATTCCTAGAGAACCGATTTACACGGAATAAaaagtttaagcattttatatttcgac
 520     F  G  K  I  F  L  N  I  P  R  E  P  I  Y  T  E  *

1717    accattttttgcctataccagccagtgctgaacgagaaaaaaaaaaa
```

图 4-29 嗜卷书虱 *Lb* α8 的核苷酸序列及推导的氨基酸序列

方框表示糖基化位点；下划线表示磷酸化位点；双下划线表示信号肽

4.5.1.3 嗜卷书虱 nAChR 基因序列分析

(1) 嗜卷书虱 nAChR 基因同源性分析

将嗜卷书虱 nAChR 2 个亚基的 cDNA 全长序列推导出的氨基酸序列提交到 NCBI，进行 BLASTP，比对参数采用默认设置。比对发现 2 个亚基均具有完整的 N 端和 C 端结构，且与其他昆虫的 nAChR 亚基具有较高的同源性。$Lb\ \alpha1$ 亚基推导的氨基酸序列与头虱 α 亚基、埃及伊蚊 α1 亚基、冈比亚按蚊 α1 亚基、黑腹果蝇 α1 亚基、东亚飞蝗 α3 亚基、桃蚜 α2 亚基、麦长管蚜 α2 亚基、赤拟谷盗 α1 亚基和意大利蜜蜂 α1 亚基的同源性分别为 90%、81%、80%、76%、73%、70%、69%、75% 和 73%；$Lb\ \alpha8$ 亚基推导的氨基酸序列与头虱 α 亚基、褐飞虱 α8 亚基、东亚飞蝗 α2 亚基、赤拟谷盗 α8 亚基、跳蚤 α8 亚基、烟粉虱 α4 亚基、冈比亚按蚊 α8 亚基和意大利蜜蜂 α8 亚基的同源性分别为 90%、77%、77%、75%、75%、74%、73% 和 73%。

(2) 嗜卷书虱 nAChR 基因磷酸化、糖基化位点预测

$Lb\ \alpha1$ 亚基具有 2 个可能的糖基化位点（N-X-S/T），分别位于成熟蛋白的 24 号和 212 号位置，其中第 1 个糖基化位点在所有的昆虫 nAChR 亚基和大部分脊椎动物的神经型受体中都是保守的，第 2 个糖基化位点被认为是昆虫 α 亚基特有的位点；然而 $Lb\ \alpha8$ 具有昆虫 α 型亚基几乎所有的特性，但却仅有第 1 个糖基化位点，第 2 个位点缺失。

磷酸化位点是受体很重要的位点之一。根据预测 $Lb\ \alpha1$ 亚基具有 15 个磷酸化位点，其中 8 个位于 N 端胞外区，4 个位于跨膜 3 (TM3) 和跨膜 4 (TM4) 之间的胞内区，另外 3 个位于 C 端的胞外区。$Lb\ \alpha8$ 亚基具有 9 个磷酸化位点，其中 5 个位于 N 端胞外区，3 个位于跨膜 3 (TM3) 和跨膜 4 (TM4) 之间的胞内区，C 端胞外区仅有 1 个位点。

4.5.1.4 嗜卷书虱 nAChR 基因序列比对及系统分析

(1) 嗜卷书虱 nAChR 基因序列比对分析

使用 DNAMAN 分析软件，将嗜卷书虱 nAChR 2 个亚基基因的氨基酸序列与冈比亚按蚊和意大利蜜蜂中的同源亚基进行多重序列比对，发现嗜卷书虱 2 个亚基都具有 1 个长的 N 端胞外区、4 个跨膜区域等保守的结构，其中在长的 N 端胞外区含有一个由两个半胱氨酸中间相隔 13 个氨基酸残基组成的 loop，以及乙酰胆碱的结合位点 (loops A-F)。另外，这两个亚基都具有 2 个

相连的半胱氨酸残基（Cys^{192} 和 Cys^{193}）（编号为电鳐中氨基酸的编号，下同），以及许多与配基结合相关的保守残基，如 Trp^{86}、Tyr^{93}、Trp^{149}、Tyr^{151}、Tyr^{190} 和 Tyr^{198} 等（图 4-30），因此将它们定义为 α 型亚基。

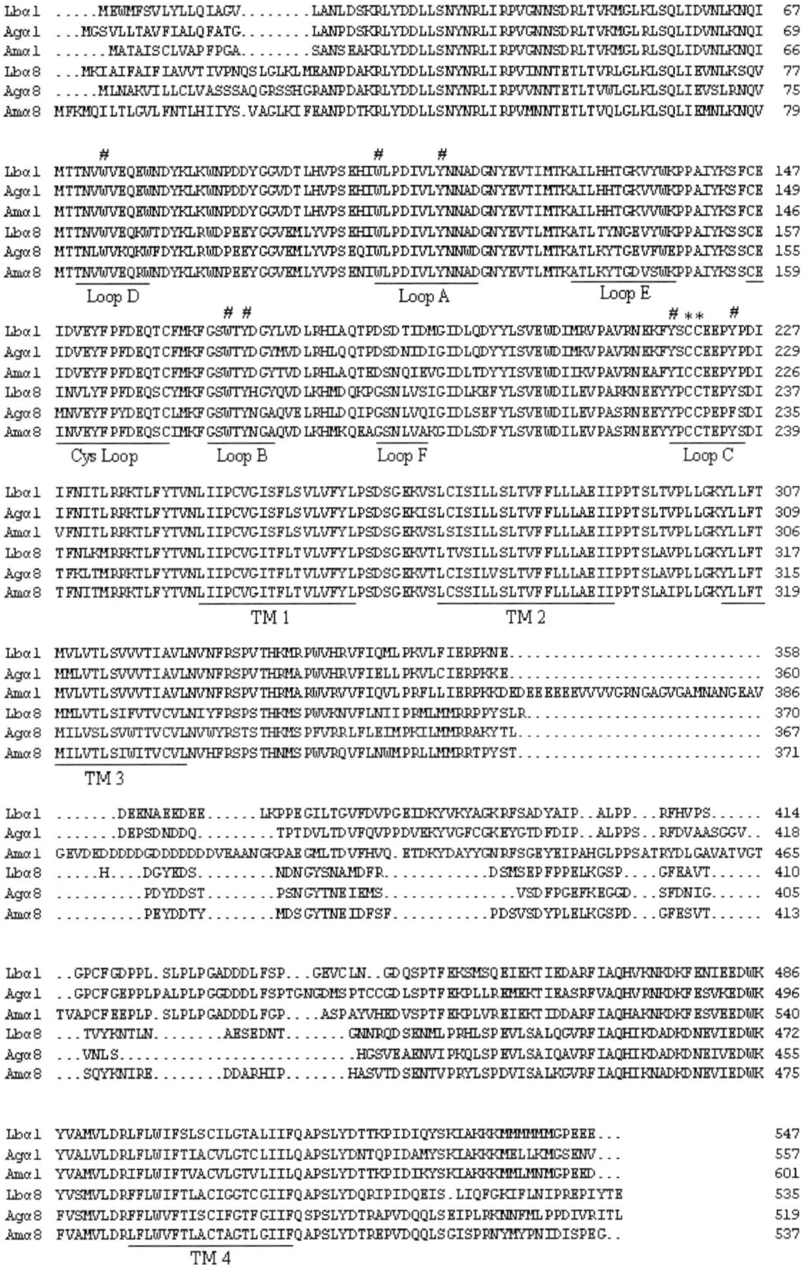

```
Lbα1  ......MEWMFSVLYLLQIAGV........LANLDSKRLYDDLLSNYNRLI RPVGNNSDRLTVKMGLKLSQLIDVNLKNQI     67
Agα1  ...MGSVLLTAVFIALQFATG........LANPDSKRLYDDLLSNYNRLI RPVGNNSDRLTVKMGLRLSQLIDVNLKNQI     69
Amα1  ......MATAISCLVAPFPGA........SANSEAKRLYDDLLSNYNRLI RPVINNTETLTVRLGLKLSQLIEVNLKSQV     66
Lbα8  .....MKIAIFAIFIAVVT IVPNQSLGLKLMEANPDAKRLYDDLLSNYNRLI RPVINNTETLTVRLGLKLSQLIEVNLKSQV     77
Agα8  ...MLNAKVILLCLVASSSAQ GRSSHGRANPDAKRLYDDLLSNYNRLI RPVVNNTETLTVWLGLKLSQLIEVSLRNQV     75
Amα8  MFKMQILTLGVLFNTLHIIYS.VAGLKLFEANPDTKRLYDDLLSNYNRLI RPVMNNTETLTVQLGLKLSQLIEMNLKNQV     79

                                                #                 #   #
Lbα1  MTTNVWVEQEWNDYKLKWNPDDYGGVDT LHVPS EHIWLPDIVLYNNADGNYEVTIMTKAILHHTGKVYWKPPAIYKS FCE   147
Agα1  MTTNVWVEQEWNDYKLKWNPDDYGGVDT LHVPS EHIWLPDIVLYNNADGNYEVTIMTKAILHHTGKVYWKPPAIYKS FCE   149
Amα1  MTTNVWVEQEWNDYKLKWNPDDYGGVDT LHVPS EHIWLPDIVLYNNADGNYEVTIMTKAILHHTGKVYWKPPAIYKS FCE   146
Lbα8  MTTNLWVKQKWTDYKLRWDPEEYGGVEML YVPS EHIWLPDIVLYNNADGNYEVTLMTKATLTYNGEVYWKPPAIYKS SCE   157
Agα8  MTTNLWVKQEWNDYKLKWNPEEYGGVEMLYVPS EQIWLPDIVLYNNUDGNYEVTIMTKATLKYTGEVYWKPPAIYKS FCE   155
Amα8  MTTNVWVEQRWNDYKLKWNPEEYGGVEMLYVPS ENIWLPDIVLYNNADGNYEVTIMTKATLKYTGDVSWKPPAIYKS SCE   159
                Loop D           # #          Loop A                     Loop E        # **  #
Lbα1  IDVEYFPFDEQTCFMKFGSWTYD GYLVD LRHIAQTPDSD TIDMGIDLQDYYLSVEWDIMRVPAVRNEKFYSCCEEPYPDI   227
Agα1  IDVEYFPFDEQTCFMKFGSWTYD GYMVD LRHLQQTPDSD NIDIGIDLQDYYLSVEWDIMRVPAVRNEKFYSCCEEPYPDI   229
Amα1  IDVEYFPFDEQTCFMKFGSWTYD GYTVD LRHLAQTEDSNQIEVGIDLTDYYISVEWDIIKVPAVRNEAFYICCEEPYPDI   226
Lbα8  INVLYFPYDEQSCYMKFGSWTYHGYQVD LKHMDQKPGSNLVSIGIDLKFYLSVEWDILEVPARKNEEYYPCCPEPYSDI   235
Agα8  MNVEYFPYDEQTCLMKFGSWTYNGAQVELFRHLDQIPGSNLVQIGIDLSEFYLSVEWDILEVPASRNEEYYPCCPEPFSDI   235
Amα8  INVEYFPFDEQSCIMKFGSWTYNGAQVPLKHMKQEAGSNLVAKGIDLSDFYLSVEWDILEVPASRNEEYYPCCTEPYSDI   239
       Cys Loop        Loop B             Loop F                        Loop C
Lbα1  IFNITLRRKTLFYTVNLIIPCVGISFLSVLVFYLPSDSGEKVSLCISILLSLTVFFLLLAEIIPPTSLTVPLLGKYLLFT    307
Agα1  IFNITLRRKTLFYTVNLIIPCVGISFLSVLVFYLPSDSGEKISLCISILLSLTVFFLLLAEIIPPTSLTVPLLGKYLLFT    309
Amα1  VFNITLRRKTLFYTVNLIIPCVGISFLSVLVFYLPSDSGEKVSLSISILLSLTVFFLLLAEIIPPTSLTVPLLGKYLLFT    307
Lbα8  TFNLRMRRKTLFYTVNLIIPCVGITFLTVLVFYLPSDSGEKVTLTVSILLSLTVFFLLLAEIIPPTSLAVPLLGKYLLFT    317
Agα8  TFKLTMRRKTLFYTVNLIIPCVGITFLTVLVFYLPSDSGEKVTLCISILLSLTVFFLLLAEIIPPTSLAVPLLGKYLLFT    315
Amα8  TFNITMRRKTLFYTVNLIIPCVGITFLTVLVFYLPSDSGEKVSLCSSILLSLTVFFLLLAEIIPPTSLAIPLLGKYLLFT    319
                                        TM 1                     TM 2
Lbα1  MVLVTLSVVVTIAVLNVNFRSPVTHKMRPWVHRVFIQMLPKVLFIERPKNE............................    358
Agα1  MMLVTLSVVVTIAVLNVNFRSPVTHRMAPWVHRVFIELLPKVLCIERPKNE............................    360
Amα1  MVLVTLSVVVTIAVLNVNFRSPVTHRMARWVRVVFIQVLPRFLLIERPKKDEDEEEEVVVVGRNGAGVGAMNANGEAV    386
Lbα8  MMLVTLSIFVFVCVLNIYFRSPSTHKMSPWVKNVFLNIIPRMLMMRPPYYSLR..........................    370
Agα8  MILVTLSIWITVCVLNVWYRSTSTHKMSPFVRRLFLEIMPKILMMRRAKYTL..........................    367
Amα8  MILVTLSIWITVCVLNWFRSPSTHNMSPWVRQVFLNWMPRLLMMRRTPYST...........................    371
        TM 3
Lbα1  .......DEENAEEDEE.....LKPPEGILTGVFDVPGEIDKYVKYAGKRFSADYAIP..ALPP......RFHVPS....    414
Agα1  .......DEPSDNDDQ.....TPTDVLTDVFQVPPDVEKYVGFCGKEYGTDFDIP..ALPPS...RFDVAASGGV.    418
Amα1  GEVDEDDDDDDGDDDDDDVEAANGKPAEGMLTDVFHVQ.ETDKYDAYYGNRFSGEYEIPAHGLPPSATRYDLGAVATVGT   465
Lbα8  ......H...DGYEDS........NDNGYSNAMDFR.........DSMSEPFPPELKGSP....GFEAVT.......    410
Agα8  ......PDYDDST......PSNGYTNEIEMS.........VSDFPGEFKEGGD...SFDNIG.    405
Amα8  ......PEYDDTY......MDSGYTNEIDFSF......PDSVSDYPLELKGSPD...GFESVT.    413

Lbα1  ..GPCFGDPPL.SLPLPGADDDLFSP...GEVCLN..GDQSPTFEKSMSQEIEKTIEDARFIAQHVKNRDKFENIEEDWK   486
Agα1  ..GPCFGEPPLPALPLPGGDDDLFSPTGNGDMSPTCCGDLSPTFEKPLLREMEKTIKASRFVAQHVKNRDKFESVKEDWK   496
Amα1  TVAPCFEEPLP.SLPLPGADDDLFGP....ASPAYVHEDVSPTFEKPLVREIEKTIDDARFIAQHAKNRDKFESVEEDWK   540
Lbα8  ...TVYKNTLN........AESEDNT.....GNNRQDSENMLPRHLSPSVELSAIQAVRFIAQHIKDADRDNEIVEDWK   472
Agα8  ...VNLS.............HGSVEAENNVIPKQLSPSEVLSAIQAVRFIAQHIKDADRDNEIVEDWK   455
Amα8  ...SQYKNIRE.......DDARHIP.....HASVTDSENTVPRYLSPDVISALRGVRFIAQHIKNADRDNEVIEDWK   475

Lbα1  YVAMVLDRLFLWIFSLSCILGTALIIFQAPSLYDTTKPIDIQYSKIAKKKMMMMMGPEEE...    547
Agα1  YVALVLDRLFLWIFTIACVLGTCLIILQAPSLYDNTQPIDAMYSKIAKKKMELLKMGSENV...    557
Amα1  YVAMVLDRIFLWIFTVACVLGTVLIILQAPSLYDTTKPIDIKYSKVAKKKMELLKMGPED...    601
Lbα8  YVSMVLDRFFLWIFTLACIGGTCGIIFQAPSLYDQRIPIDQEIS.LIQFGKIFLNIPREPIYTE    535
Agα8  FVSMVLDRFFLWIFTISCIFGTFGIIFQSPSLYDTRAPVDQQLSEIPLRKNNFMLPPDIVRITL    519
Amα8  FVAMVLDRLFLWUFFTLACAGTLGIIFQAPSLYDTREPVDQQLSGISPRNYMYPNIDISPEG...    537
        TM 4
```

图 4-30 嗜卷书虱 nAChR 亚基与冈比亚按蚊和意大利蜜蜂同源亚基的比对

"#" 表示 N 端保守的残基；双星号表示相连的半胱氨酸

(2) 嗜卷书虱 nAChR 基因系统分析

将嗜卷书虱 nAChR 2 个亚基与冈比亚按蚊和意大利蜜蜂的 nAChR 家族全序列进行系统分析，用 DNAMAN 对序列进行多重比对后，用 MEGA3.1 软件采用 Neighbor-joining 法构建分子进化树（图 4-31）。从图中可以看出，嗜卷书虱 *Lb α1* 亚基最先与冈比亚按蚊和意大利蜜蜂的 α1 亚基聚类，而 *Lb α8* 最先与冈比亚按蚊和意大利蜜蜂的 α8 亚基聚类，说明这两个亚基分别属于 α1 类和 α8 类亚基。

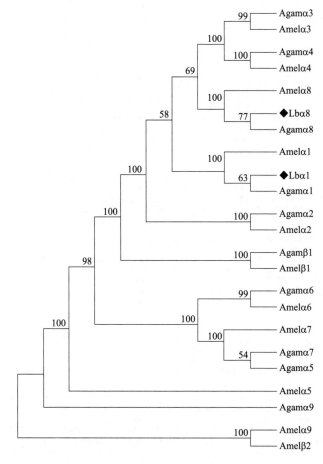

图 4-31 嗜卷书虱 nAChR 亚基与冈比亚按蚊和意大利蜜蜂受体家族的进化关系

研究利用 RACE 技术成功地克隆获得了嗜卷书虱 2 个 nAChR 基因的全长序列，分别命名为 *Lb α1*（GenBank 登录号：EU871527）和 *Lb α8*（GenBank 登录号：EU871526）。序列同源性比对分析发现 2 个亚基均具有完整的 N 端和 C 端结构,且与其他昆虫的 nAChR 亚基具有很高的同源性。根据在线软件预测,$Lb\ \alpha1$ 亚基具有 15 个磷酸化位点和 2 个糖基化位点;$Lb\ \alpha8$ 亚基具有 9 个磷酸化位点和 1 个糖基化位点。序列比对结果表明,嗜卷书虱 nAChR 2 个亚基均具有长的 N 端胞外区和 4 个跨膜区域等保守结构,其中在 N 端胞外区包含 1 个 Cys-loop 以及 6 个乙酰胆碱的结合位点(loops A-F)。另外,这 2 个亚基都含有 α 型亚基所特有的 2 个相连的半胱氨酸残基。系统进化分析结果显示,这 2 个亚基分别属于 α1 类和 α8 类亚基。表 4-9 为用于构建分子进化树的 nAChR 亚基信息。

表 4-9 用于构建分子进化树的 nAChR 亚基信息

物种	基因名称	登录号	物种	基因名称	登录号
冈比亚按蚊	$Agam\alpha1$	AAU12503	意大利蜜蜂 *Apis mellifera*	$Amel\alpha1$	AAY87890
	$Agam\alpha2$	AAU12504		$Amel\alpha2$	AAS48080
	$Agam\alpha3$	AAU12505		$Amel\alpha3$	AAY87891
	$Agam\alpha4$	AAU12506		$Amel\alpha4$	AAY87892
	$Agam\alpha5$	AAU12508		$Amel\alpha5$	AAS75781
	$Agam\alpha6$	AAU12509		$Amel\alpha6$	AAY87894
	$Agam\alpha7$	AAU12511		$Amel\alpha7$	AAR92109
	$Agam\alpha8$	AAU12512		$Amel\alpha8$	AAM51823
	$Agam\alpha9$	AAU12513		$Amel\alpha9$	AAY87896
	$Agam\beta1$	AAU12514		$Amel\beta1$	AAY87897
嗜卷书虱	$Lb\ \alpha1$	ACG49260		$Amel\beta2$	AAY87898
	$Lb\ \alpha8$	ACG49259			

4.5.2 嗜卷书虱 nAChR 基因表达研究

利用实时荧光定量 PCR 技术研究了嗜卷书虱 nAChR 2 个亚基 mRNA 的表达水平(图 4-32)。结果表明,$Lb\ \alpha1$ 亚基在成虫期的表达水平显著高于若虫期($P<0.05$),而在若虫期以一龄若虫期表达量最高,三龄若虫期的表达水平最低;$Lb\ \alpha8$ 亚基在三龄和四龄若虫期表达量最低,而在一龄若虫和成虫期的表达水平最高。$Lb\ \alpha1$ 在一龄、二龄、三龄、四龄若虫及成虫中的表达水平分别是 $Lb\ \alpha8$ 的 2.03、2.55、4.77、6.54 和 5.28 倍,且它们之间的差异均达到显著水平($P<0.05$)。

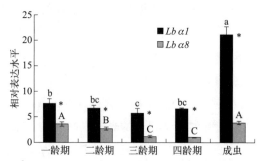

图 4-32 嗜卷书虱 nAChR 2个亚基在不同发育阶段的表达水平

同一颜色柱上不同字母表示差异达显著水平，星号（*）表示同一发育阶段中两基因间差异达显著水平（$P<0.05$）

4.5.3 小结

本研究利用 PCR 和 RACE 技术，从嗜卷书虱体内克隆了 2 个烟碱型乙酰胆碱受体亚基的全长序列。将推导的氨基酸序列进行 BLASTP 搜索比对，发现这 2 个烟碱型乙酰胆碱受体亚基均具有完整的 N 端和 C 端结构，且与其他昆虫的 nAChR 亚基具有很高的同源性，尤其与同源种头虱（*Pediculus humanus corporis*）的 α 亚基同源性高达 90%。

序列比对发现嗜卷书虱 2 个亚基都具有一个长的 N 端胞外区、4 个跨膜区域等保守的结构，其中在长的 N 端胞外区包含由两个半胱氨酸构成的 loop 以及乙酰胆碱的结合位点（loops A~F）。另外，这两个亚基都具有 2 个相连的半胱氨酸残基，这是 α 型亚基所特有的结构。将嗜卷书虱 2 个 nAChR 亚基与冈比亚按蚊和意大利蜜蜂的 nAChR 家族全序列进行系统分析，发现嗜卷书虱 nAChR 亚基 1 最先与冈比亚按蚊和意大利蜜蜂的 α1 亚基聚类，而亚基 2 最先与冈比亚按蚊和意大利蜜蜂的 α8 亚基聚类，说明这两个亚基分别属于 α1 类和 α8 类亚基，因此分别命名为 *Lb α1* 和 *Lb α8*。

利用软件预测到 *Lb α1* 亚基具有 2 个可能的糖基化位点，其中第 1 个糖基化位点在所有的昆虫 nAChR 亚基和大部分脊椎动物的神经型受体中都是保守的，第 2 个糖基化位点被认为是昆虫 α 亚基特有的位点；然而对于 *Lb α8* 亚基而言，虽然具有昆虫 α 型亚基几乎所有的保守结构，但却缺失了被认为是 α 型亚基特征性的第 2 个糖基化位点。磷酸化位点是受体亚基很重要的位点之一。根据预测 *Lb α1* 亚基具有 15 个磷酸化位点，而 *Lb α8* 亚基仅具有 9 个磷酸化位点。

此外，利用实时荧光定量 PCR 技术比较分析了嗜卷书虱 2 个亚基（$Lb\ \alpha1$ 和 $Lb\ \alpha8$）在不同发育阶段中的表达水平，发现 2 个亚基均在成虫的表达水平最高，在高龄若虫中的表达水平最低，在整个若虫期和成虫期 $Lb\ \alpha1$ 的水平均显著高于 $Lb\ \alpha8$，说明 α1 亚基在嗜卷书虱体内的含量较高。抗药性是害虫治理过程中的一个大问题，而昆虫烟碱型乙酰胆碱受体基因突变可导致高水平抗性的产生（Liu et al., 2005；Perry et al., 2007），因此有必要对昆虫 nAChR 的分子结构和功能进行详细的研究，进一步了解杀虫剂的作用方式，为害虫抗药性治理提供理论依据，为基于靶标分子结构设计新型特异性杀虫剂提供基础资料。

4.6 嗜虫书虱 AChE 基因克隆表达研究

在应用实时荧光定量 PCR 来比较不同样本基因的相对表达水平时，需要一个内部参照基因，即"内参基因"或称"看家基因"，对目标基因表达量进行校正，以期获得真实可靠的结果（Radonić et al., 2004）。通过搜索 GenBank 等数据库，未发现嗜虫书虱的内参基因。因此，作者团队首先利用实时荧光定量 PCR（RT-PCR）方法克隆获得了嗜虫书虱 β-actin 基因片段，并以此为内参基因比较研究了嗜虫书虱体内 2 个 AChE 基因在杀虫剂胁迫后表达水平的变化。

4.6.1 嗜虫书虱 AChE 基因克隆

4.6.1.1 嗜虫书虱 AChE 基因片段的克隆及序列分析

利用上述简并引物采用半套式 PCR 技术扩增，分别扩增得到 1 条与设计长度相符的条带（图 4-33），经克隆测序后获得 2 个基因片段。将 2 个片段所推导的氨基酸序列进行 BLASTP 搜索，结果表明，2 个基因片段与其他昆虫 AChE 基因具有很高的同源性。其中片段 1 全长 275 bp，编码 91 个氨基酸，是一个完整的编码序列，与嗜卷书虱 AChE1、无色书虱 AChE1、头虱 AChE、烟夜蛾 AChE1 和小菜蛾 AChE1 的同源性分别为 100%、94%、93%、83% 和 83%。片段 2 全长 1183 bp，编码 394 个氨基酸，也是一个完整的编码序列，与嗜卷书虱 AChE2、无色书虱 AChE2、头虱 AChE、黑尾叶蝉 AChE 和褐飞虱 AChE 的同源性分别为 93%、87%、75%、75% 和 74%。据此初步判定这

2个基因片段分别为嗜虫书虱2个AChE基因的一部分。

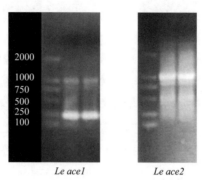

图4-33 嗜虫书虱2条AChE基因片段的扩增结果

4.6.1.2 嗜虫书虱 AChE 基因全长克隆

根据上述克隆获得的2个AChE基因片段，分别设计扩增3′端和5′端的基因特异性引物，利用RACE技术成功地克隆获得了嗜虫书虱2个AChE基因的全长序列，分别命名为 *Le ace1*（GenBank登录号：EU854149）和 *Le ace2*（GenBank登录号：EU854150）。其中 *Le ace1* 基因全长1958bp，其中5′端非编码区51bp，开放阅读框（ORF）1890bp，3′端非编码区17bp，ORF编码一个629个氨基酸组成的蛋白质，其分子质量为71.3kDa，理论等电点为6.25，*Le ace1* cDNA核苷酸序列及其推导的氨基酸序列见图4-34。*Le ace2* 基因全长为2171bp，其中开放阅读框由1914个核苷酸组成，编码一个637个氨基酸组成的前体蛋白，N端20个氨基酸为信号肽。成熟蛋白质的分子质量为72.2kDa，理论等电点为4.99，*Le ace2* cDNA核苷酸及其推导的氨基酸序列见图4-35。

4.6.1.3 嗜虫书虱 AChE 基因序列分析

（1）嗜虫书虱 AChE 基因同源性分析

将获得的嗜虫书虱 AChE 基因推导的氨基酸序列提交到NCBI，进行BLASTP，比对参数采用默认设置。比对发现两条序列都具有Esterase-lipase和COesterase的保守结构域，且具有完整的N端和C端。嗜虫书虱2个AChE基因之间同源性较低，仅为35.73%，但它们却分别与其他昆虫中相应的AChE具有很高的同源性（表4-10和表4-11）。

```
1     acgcgggacatagtgcaacacgatagcggggattttacggaacggggctccATGGAATATGGAGAAAGAAGTAGTGAT
1                                                        M  E  Y  G  E  R  S  S  D

79    ATATTAGCCGATGGTAGTTTAGATTTGAGTAGAAAAGACAGAGTGGAGTTCGGTAGCAGAGATAAAGACATAGAAAGG
10     I  L  A  D  G  S  L  D  L  S  R  K  D  R  V  E  F  G  S  R  D  K  D  I  E  R

157   GAGCGGGAAGCGAAAGATGATTACCACCACGAAGAAACAAAAGCTGAAGAGGATCCGCTGGAAATAATGACGATGAAG
36     E  R  E  A  K  D  D  Y  H  H  E  E  T  K  A  E  E  D  P  L  E  I  M  T  M  K

235   GGGAAGGTTCGCGGGACTACCCTTGTAGCTGGCAATGGTAAACTAGTGGATGCCTGGCTGGGGATACCTTACGCACAA
62     G  K  V  R  G  T  T  L  V  A  G  N  G  K  L  V  D  A  W  L  G  I  P  Y  A  Q

313   AAGCCTTTAGGAAATCTCCGCTTTCGACATCCGAGACCTGTAGAGCGCTGGGAAGGGGTGTTAAACACAACGAAGCTT
88     K  P  L  G  N  L  R  F  R  H  P  R  P  V  E  R  W  E  G  V  L  N  T  T  K  L

391   CCGAACAGTTGCATGCAAATCTTAGATACCGTCTTCGGTGACTTCCCTGGGGCTACAATGTGGAATCCCAATACTCCA
114    P  N  S  C  M  Q  I  L  D  T  V  F  G  D  F  P  G  A  T  M  W  N  P  N  T  P

469   TTATCAGAAGATTGTTTATACATCAACGTAGTTGCACCGAAACCTCGACCTAAGAAAGCAGCCGTTATGGTGTGGATT
140    L  S  E  D  C  L  Y  I  N  V  V  A  P  K  P  R  P  K  K  A  A  V  M  V  W  I

547   TTCGGAGGAGGTTTCTACTCCGGAACTGCTACACTGGACGTTTACGATCCAAAGACTCTTGTAAGCGAGGAAAAAGTA
166    F  G  G  G  F  Y  S  G  T  A  T  L  D  V  Y  D  P  K  T  L  V  S  E  E  K  V

625   ATCGTCGTATCGATGCAATACCGCATCGCATCTCTCGGTTTTCCTCTTTTTCGATACGCCAGACGTGCCGGGTAACGCG
192    I  V  V  S  M  Q  Y  R  I  A  S  L  G  F  L  F  F  D  T  P  D  V  P  G  N  A

703   GGTTTGTTCGATCAGTTAATGGCTTTGCAGTGGGTTCACGATAATATCCACGCGTTCGGGGGTAATCCACATAATGTA
218    G  L  F  D  Q  L  M  A  L  Q  W  V  H  D  N  I  H  A  F  G  G  N  P  H  N  V

781   ACTTTATTCGGGGAATCGGCAGGTGCTGTGTCCGTAAGCACTCATTTGCTGTCGCCGCTAAGCCGAAATTTGTTCAGT
244    T  L  F  G  E  S  A  G  A  V  S  V  S  T  H  L  L  S  P  L  S  R  N  L  F  S

859   CAAGCAATCATGGAATCTGGTTCTCCAACAGCACCATGGGCAATCATATCAAGGGAGGAGAGCATTTTGCGAGGTTTA
270    Q  A  I  M  E  S  G  S  P  T  A  P  W  A  I  I  S  R  E  E  S  I  L  R  G  L

937   CGTCTCGCAGAAGCTGTCAACTGTCCGCACGATAAAAATCAAATAAAATCAGTTATTGAATGCCTGAGAAATACAAAT
296    R  L  A  E  A  V  N  C  P  H  D  K  N  Q  I  K  S  V  I  E  C  L  R  N  T  N

1015  GCTTCAGTTTTAGTCGACAACGAGTGGGGAACTTTAGGAATTTGCGAGTTCCCTTTTGTACCCGTCATTGACGGATCT
322    A  S  V  L  V  D  N  E  W  G  T  L  G  I  C  E  F  P  F  V  P  V  I  D  G  S

1093  TTTTTGGACGAAACGCCTCAAAAATCGTTAGCAAACAAAAATTTTAAAAAGACTAATATTTTAATGGGTTCCAACACC
348    F  L  D  E  T  P  Q  K  S  L  A  N  K  N  F  K  K  T  N  I  L  M  G  S  N  T

1171  GAGGAAGGCTACTATTTTATCTATATATTACCTTACCGAGTTGTTGAGAAAAGAAGAAATGTTTATGTAAATCGGGAC
374    E  E  G  Y  Y  F  I  I  Y  Y  L  T  E  L  L  R  K  E  E  N  V  Y  V  N  R  D

1249  GAGTTCCTGCAAGCGGTTCAGGGAACTAAACCCTTACATAAATAAAGTTGCCAGGCAAGCTATTATTTTCGAATACACA
400    E  F  L  Q  A  V  R  E  L  N  P  Y  I  N  K  V  A  R  Q  A  I  I  F  E  Y  T

1327  GACTGGTTGAATCCGGACGACCCTGTACGAAGTAGGGACGCCCTGGACAAAATGGTCGGCGATTATCATTTCACATGT
426    D  W  L  N  P  D  D  P  V  R  S  R  D  A  L  D  K  M  V  G  D  Y  H  F  T  C

1405  AACGTTAACGAATTCGCGCATCGTTACGCCGAAACCGGTAATAACGTTTACATGTACTATTTCAAACATCGAAGTGCC
452    N  V  N  E  F  A  H  R  Y  A  E  T  G  N  N  V  Y  M  Y  Y  F  K  H  R  S  A

1483  GCGAATCCTTGGCCATCTTGGACGGGCGTAATGCATGGAGATGAAATCAACTACGTCTTTGGAGAACCTTTGAATCCG
478    A  N  P  W  P  S  W  T  G  V  M  H  G  D  E  I  N  Y  V  F  G  E  P  L  N  P

1561  AAGAAAAATTATCAACCTCAGGAAAAGATTTTAAGTAAAAGAATGATGAGATACTGGGCGAATTTCGCGAAAACAGGA
504    K  K  N  Y  Q  P  Q  E  K  I  L  S  K  R  M  M  R  Y  W  A  N  F  A  K  T  G

1639  AATCCCAGCATGTCCGAAGATGGGACATGGACCGATGTTTATTGGCCTGTGCACACTCCTTTTGGAAGAGAATTTTTG
530    N  P  S  M  S  E  D  G  T  W  T  D  V  Y  W  P  V  H  T  P  F  G  R  E  F  L

1717  ACGCTAGCAGTAAACAATACGTCAACGGGCCGTGGACCGAGACTGAAGCAGTGCGCTTTTTGGAAGAAATATCTACCT
556    T  L  A  V  N  N  T  S  T  G  R  G  P  R  L  K  Q  C  A  F  W  K  K  Y  L  P

1795  CAATTGGTGGCAGTTACAGCGAATCTCAATTCCAACAATCCGCAGCCCTGCGCATCAAGTAGTCACAAAACGTTCGAC
582    Q  L  V  A  V  T  A  N  L  N  S  N  N  P  Q  P  C  A  S  S  S  H  K  T  F  D

1873  GTTATTTCCTTCCATGTTTTTACGCTAATCATCATTTCTAAACTAACTCACCTATGGATTCTTCAATGAagaagaaaa
608    V  I  S  F  H  V  F  T  L  I  I  I  S  K  L  T  H  L  W  I  L  Q  *

1951  aaaaaaaa
```

图 4-34 嗜虫书虱 *Le ace1* 的核苷酸序列及推导的氨基酸序列

```
1    acgcggggagttgttgattgtcgggcgtcgtggtacacggtttcaaaatgtgttttgtgttttaaaatagtgaatta
79   cacgaaaaaaaaaattatttcaagttatatttttttatattcacctacttaatagataaatcatgtagaaaatgat
157  atgtgatataacaacgaagtgagcATGTCGAGATACAGTTGCACGGTAATAGTGATATCGATATTAGTGGGGCACGTC
1                            M  S  R  Y  S  C  T  V  I  V  I  S  I  L  V  G  H  V

235  TGGGGAGCCCCATCATGGTCGAGAGAGAGCCTTTCCCTTATCAACACAACAGCCTCTCGAGATTATCACATGGACCCG
19    W  G  A  P  S  W  S  R  E  S  L  S  L  I  N  T  T  A  S  R  D  Y  H  M  D  P

313  CTTGTCGTCGAAACGACAACCGGTCTTGTCAAAGGAGTTTCGAAGATGGTACTCGATAGAGAAGTTCACGTCTTCTAC
45    L  V  V  E  T  T  T  G  L  V  K  G  V  S  K  M  V  L  D  R  E  V  H  V  F  Y

391  GGGATTCCCTTCGCAAAACCCCCGGCTGGACCGCTGCGATTCCGAAGGCCGGTCCCTATCGATCCCTGGCACGGCGTC
71    G  I  P  F  A  K  P  P  A  G  P  L  R  F  R  R  P  V  P  I  D  P  W  H  G  V

469  TTCGACGCCACGACACTGCCAAACAGCTGTTATCAAGAGATACGAGTACTTCCCCGGGTTCGAAGGTGAAGAAATG
97    F  D  A  T  T  L  P  N  S  C  Y  Q  E  R  Y  E  Y  F  P  G  F  E  G  E  E  M

547  TGGAACCCGAACACAAACATATCAGAGGACTGTCTATATTTAAATATATGGGTTCCGCAAAGGGTGAGGCTCAGACAT
123   W  N  P  N  T  N  I  S  E  D  C  L  Y  L  N  I  W  V  P  Q  R  V  R  L  R  H

625  CACGGCGAAGTCAGCAAGACGAACGTCACCCTCATAAGGTTCCCATGTTAATATGGATATATGGAGGCGGTTTTATG
149   H  G  G  S  Q  Q  D  E  R  H  P  H  K  V  P  M  L  I  W  I  Y  G  G  G  F  M

703  AGCGGCACATCGACGCTGGACGTCTATGACGCCGACATAGTTGCAGCTACAAGCGACGTAATCGTCGCCTCCATGCAG
175   S  G  T  S  T  L  D  V  Y  D  A  D  I  V  A  A  T  S  D  V  I  V  A  S  M  Q

781  TATCGAATAGGAGCATTCGGTTTCCTATACTTAGCCCCTTATTCTAAAAATAAAGACAATGACGAGGCCGCTGGGAAT
201   Y  R  I  G  A  F  G  F  L  Y  L  A  P  Y  S  K  N  K  D  N  D  E  A  A  G  N

859  ATGGGCCTTTGGGACCAAGCTATGGCAATAAGATGGTTAAAAGACAACGCAGAAGCGTTTGGAGGCGATCCAGAACTC
227   M  G  L  W  D  Q  A  M  A  I  R  W  L  K  D  N  A  E  A  F  G  G  D  P  E  L

937  CTAACACTTTTTGGCGAATCAGCCGGAGGTGGTTCCGTCAGTTTACATCTAATGTCCCCGGTGACGAAAGGTTTGGTC
253   L  T  L  F  G  E  S  A  G  G  G  S  V  S  L  H  L  M  S  P  V  T  K  G  L  V

1015 AGGCGTGGGATACTTCAATCTGGAACTTTAAACGCCCCGTGGAGCTACATGGAAGCGCCCAAGGCGGTGGATATAGCC
279   R  R  G  I  L  Q  S  G  T  L  N  A  P  W  S  Y  M  E  A  P  K  A  V  D  I  A

1093 AAACAGCTCATTGACGATTGCGGATGCAATTCTTCAATTTTAGCAGATTTCCCTCACGAGGTGATGACCTGCATGAGG
305   K  Q  L  I  D  D  C  G  C  N  S  S  I  L  A  D  F  P  H  E  V  M  T  C  M  R

1171 AACGTGGAACCGAAGCTTATTTCCGTGCAGCAATGGAATTCCTACTGGGGTATACTCGGATTCCCCTCGGCCCCGACC
331   N  V  E  P  K  L  I  S  V  Q  Q  W  N  S  Y  W  G  I  L  G  F  P  S  A  P  T

1249 ATTGACGGTGTATTTCTACCCGAGCATCGGTTGGCTCTACTAAAAAAAGGCGATTTCCCGGAAACGGAAATTATGATC
357   I  D  G  V  F  L  P  E  H  R  L  A  L  L  K  K  G  D  F  P  E  T  E  I  M  I

1327 GGTAGCAATCTAGACGAAGGGACTTACTTCTATACTGTACGATTTTATAGACTATTTTGAGAAGGACGGGCCCAGCTTC
383   G  S  N  L  D  E  G  T  Y  F  I  L  Y  D  F  I  D  Y  F  E  K  D  G  P  S  F

1405 CTGCAGAGAGACAAGTTCCTGGAAATTATTAACACTATCTTTAAGAATTTTTCGAGGATCGAAAGAGAGGCCATTGTA
409   L  Q  R  D  K  F  L  E  I  I  N  T  I  F  K  N  F  S  R  I  E  R  E  A  I  V

1483 TTTCAGTACACCGATTGGGACCAATCCAACGATGGTTTCTTAAATCAGAAAATGATCGCGGATGTGGGGGAGATTAT
435   F  Q  Y  T  D  W  D  Q  S  N  D  G  F  L  N  Q  K  M  I  A  D  V  G  G  D  Y

1561 TATTTCGTATGCCCGTCAAACCTTTTGCAGAGATGTTCGCAGACGTGGGGATGAAAGTATATTATTACTATTTCACT
461   Y  F  V  C  P  S  N  L  F  A  E  M  F  A  D  V  G  M  K  V  Y  Y  Y  Y  F  T

1639 CAGAGAACTAGTACAGATCTATGGGGCGAATGGATGGGTGTGATGCACGGCGATGAAATCGAATACGTATTTGGACAT
487   Q  R  T  S  T  D  L  W  G  E  W  M  G  V  M  H  G  D  E  I  E  Y  V  F  G  H

1717 CCTTTGAACATGAGCATTCAGTACAACAAAAAGGAAAGAGCTCTCAGCAAGCGAATAATGGATACGTTTACTAGATTC
513   P  L  N  M  S  I  Q  Y  N  K  K  E  R  A  L  S  K  R  I  M  D  T  F  T  R  F

1795 GCTTTAACGGGGAAACCGATGCCAGAAGAACGAGAATGGCCTCCATACACAAAAGAAGAACCTAAATACTACATTTAC
539   A  L  T  G  K  P  M  P  E  E  R  E  W  P  P  Y  T  K  E  E  P  K  Y  Y  I  Y

1873 AACGCAGAATCAATGGGAACGGGGAAAGGGCCTCGATCTAACCCTTGCCGTTTTGGAACGACTTCCTACCGAAACTT
565   N  A  E  S  M  G  T  G  K  G  P  R  S  N  P  C  A  F  W  N  D  F  L  P  K  L

1951 CAAGGGAACCCTAGATTCGAGGATCAGGGATGCAACGGGAAAGCGGAGGAAACGTTTTCAAATCCAATGTCAAGGTCA
591   Q  G  N  P  R  F  E  D  Q  G  C  N  G  K  A  E  E  T  F  S  N  P  M  S  R  S

2029 TCCACTTTATCCAAAGGGATTTGGTTAATTTTATTAAGTTCGTTAGCAGTCATCCTTTCGTTATAAaaggaattctt
617   S  T  L  S  K  G  I  W  L  I  L  L  S  S  L  A  V  I  L  S  L  *

2107 ttttttttataattaggatgaaaatataaaaaaatataaaaggacattttttaagggataaaaaaaa
```

图 4-35 嗜虫书虱 *Le ace2* 的核苷酸序列及推导的氨基酸序列

表4-10 嗜虫书虱AChE1与其他物种乙酰胆碱酯酶的同源性

物种	基因	登录号	同源性
嗜卷书虱	$ace1$	ACN78619	92%
无色书虱	$ace1$	ACN43352	91%
东亚飞蝗	$ace1$	ABY75631	82%
体虱	ace	BAF46105	81%
黑尾叶蝉	$ace1$	AAP87381	80%
甜菜夜蛾	ace	ABB86963	79%
德国小蠊	$ace1$	ABB89946	76%
小菜蛾	$ace1$	AAV65825	76%
烟夜蛾	$ace1$	AAY42136	75%
淡色库蚊	$ace1$	AAV28503	74%
三带喙库蚊	$ace1$	BAD06210	74%
家蚕	$ace1$	BAF33337	72%
白纹伊蚊	$ace1$	BAE71348	71%
疟蚊	ace	CAD56157	70%
烟粉虱	$ace1$	ABV45413	69%
二化螟	$ace1$	ABO38111	69%
桃蚜	$ace2$	AAN71600	68%
跳虫	$ace1$	ACL27226	66%
麦二叉蚜	ace	AF321574	64%
棉蚜	$ace1$	BAD51408	64%
禾谷缢管蚜	$ace1$	AAT76530	64%
麦长管蚜	$ace1$	AAV68493	64%
黑脚硬蜱	ace	EEC16520	60%

表4-11 嗜虫书虱AChE2与其他物种乙酰胆碱酯酶的同源性

物种	基因	登录号	同源性
嗜卷书虱	$ace2$	ABO31937	94%
无色书虱	$ace2$	ACN43353	86%
体虱	ace	BAF46106	75%
黑尾叶蝉	$ace2$	AF145235	74%
蜜蜂	ace	AF213012	71%
小菜蛾	$ace2$	AAK39639	71%

续表

物种	基因	登录号	同源性
褐飞虱	*ace*	CAH65679	70%
烟粉虱	*ace2*	CAE11222	70%
德国小蠊	*ace2*	ABB89947	69%
温室白粉虱	*ace*	CAE11223	67%
苹果蠹蛾	*ace2*	ABB76665	67%
烟夜蛾	*ace2*	AAV65638	66%
棉铃虫	*ace2*	AAN37403	66%
家蚕	*ace2*	BAF33338	66%
二化螟	*ace2*	ABR24230	66%
白纹伊蚊	*ace2*	BAE71347	61%
桃蚜	*ace1*	AF287291	61%
禾谷缢管蚜	*ace2*	AAU11285	61%
三带喙库蚊	*ace2*	BAD06209	61%
淡色库蚊	*ace2*	CAJ43752	61%
棉蚜	*ace2*	AAM94375	60%
麦长管蚜	*ace2*	AAU11286	59%
橄榄果实蝇	*ace*	AF452052	56%
桔小实蝇	*ace*	AAO06900	56%
地中海实蝇	*ace*	ABW97510	54%
铜绿蝇	*ace*	AAC02779	54%
家蝇	*ace*	AAM69372	53%

(2) 嗜虫书虱、黑腹果蝇和电鳐的 AChE 氨基酸序列比对分析

使用 DNAMAN 分析软件，将嗜虫书虱 AChE 的氨基酸序列与黑腹果蝇和电鳐的 AChE 序列进行多重序列比对。结果发现嗜虫书虱 AChE 具有该家族所有的保守性功能位点：①保守的催化三联体，*Le ace1*：S249、E375、H489；*Le ace2*：S259、E388、H502（电鳐 *T. californica* 中为 S221、E358、H471；果蝇 *D. melanogaster* 中为 S276、E405、H518）；②六个保守的半胱氨酸残基形成三对二硫键（*Le ace1*：C117-144、C303-316、C451-573；*Le ace2*：C106-133、C314-329、C464-580）；③保守的氧阴离子洞，*Le ace1*：G167、G168、A250；*Le ace2*：G170、G171、A260（电鳐中为 G149、G150、A232；果蝇中为 G188、G189、A277）；④FGESAG 序列，在所有的胆碱酯酶里都是

保守的（图 4-36）。

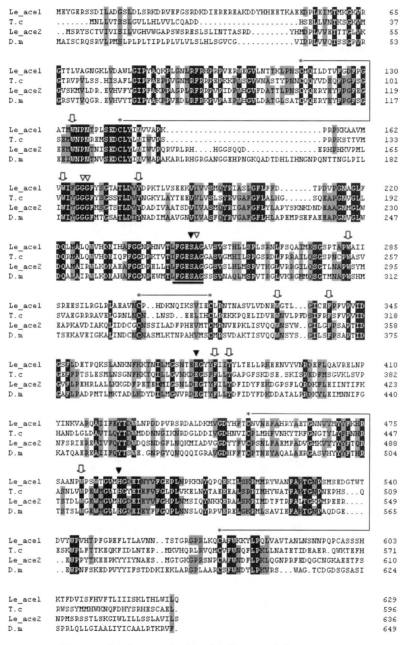

图 4-36 嗜虫书虱、黑腹果蝇和电鳐的 AChE 氨基酸序列比对

星号（*）和连线表示三对二硫键；实心三角表示催化三联体；
空心三角表示氧阴离子洞；空心箭头表示保守的芳香族氨基酸残基

4.6.1.4 嗜虫书虱 AChE 的蛋白结构同源建模

应用蛋白结构同源建模工具 SWISS-MODEL 对嗜虫书虱 2 个 AChE 基因推导的蛋白质进行同源建模，经软件自动比对，*Le ace1* 推导的蛋白质以人丁酰胆碱酯酶（1p0i：A）的蛋白质晶体结构为模板进行模拟，而 *Le ace2* 推导的蛋白质则以果蝇乙酰胆碱酯酶（1d×4：A）的蛋白质晶体结构为模板进行模拟，预测的信号肽部分因不参加成熟蛋白质的高级结构形成，所以在预测前被去除。得到的三维结构模型见图 4-37 和图 4-38，对比电鳐的活性位点氨基酸，发现了嗜虫书虱 AChE 的酶解活性位点（在图中用紫色球表示）。

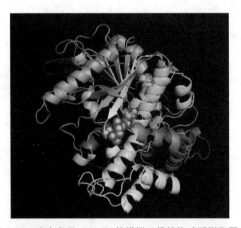

图 4-37 嗜虫书虱 AChE1 的模拟三维结构（后附彩图）

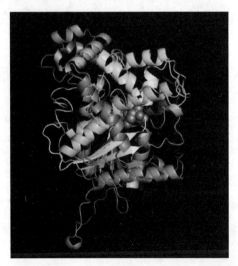

图 4-38 嗜虫书虱 AChE2 的模拟三维结构（后附彩图）

研究成功地从嗜虫书虱体内克隆到 2 个 AChE 基因，分别命名为 *Le ace1*（GenBank 登录号：EU854149）和 *Le ace2*（GenBank 登录号：EU854150）。序列比对发现两条序列都具有 Esterase-lipase 和 COesterase 的保守结构域，且具有完整的 N 端和 C 端。嗜虫书虱 2 个 AChE 基因之间同源性较低，仅为 35.73%，但它们却分别与其他昆虫中相应的 AChE 具有很高的同源性。将嗜虫书虱、黑腹果蝇和电鳐的乙酰胆碱酯酶的氨基酸序列进行多重序列比对，表明嗜虫书虱 AChE 具有 AChE 家族所有的保守性功能位点，如催化三联体、氧阴离子洞等。另外，应用蛋白质结构同源建模工具 SWISS-MODEL，对嗜虫书虱 2 个 AChE 蛋白质的三维结构进行了模拟，并发现了嗜卷书虱 AChE 的酶解活性位点。研究结果证明嗜虫书虱体内存在 2 个 AChE 基因，并为研究嗜虫书虱 AChE 的分子毒理学特性奠定了基础。

4.6.2　嗜虫书虱 AChE 基因表达研究

嗜虫书虱 2 个 AChE 基因在药剂处理前后的表达水平见图 4-39。嗜虫书虱经 2 种药剂分别处理后体内 AChE 基因的表达水平均显著提高（$P<0.05$）。其中经马拉硫磷处理后 *Le ace1* 的表达水平为对照（CK）的 1.64 倍，*Le ace2* 为对照的 1.49 倍。涕灭威处理对嗜虫书虱体内 AChE 基因表达水平的影响虽相对较小，但均显著高于对照（$P<0.05$）。

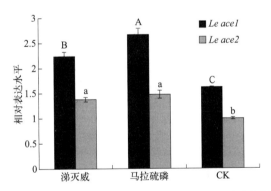

图 4-39　嗜虫书虱 2 条 AChE 基因在药剂处理前后表达水平的比较
同一颜色柱上不同字母表示差异达显著水平（$P<0.05$）

4.6.3　小结

研究利用 RT-PCR 技术从嗜虫书虱体内克隆获得 1 条 *β-actin* 基因片段

(GenBank 登录号：FJ041117)，序列同源性比对发现嗜虫书虱 β-actin 蛋白与其他昆虫的 β-actin 具有很高的同源性。建立了以此基因为内参的实时荧光定量 PCR 技术，通过实时荧光定量 PCR 分析表明，嗜虫书虱 *Le ace1* 基因 mRNA 的表达量是 *Le ace2* 基因的 1.6 倍，且涕灭威和马拉硫磷处理可诱导嗜虫书虱体内两条基因的过量表达。

研究成功地从嗜虫书虱体内克隆获得 2 个 AChE 基因的全长序列，分别命名为 *Le ace1* 和 *Le ace2*。序列同源性分析表明，嗜虫书虱 2 条 AChE 氨基酸序列之间的同源性很低（35.73%），但与各自同类型的其他昆虫的 AChE 却具有很高的同源性，如 *Le ace1* 推导的氨基酸序列与嗜卷书虱和无色书虱 AChE1 的同源性达到 90% 以上，而与东亚飞蝗、体虱以及黑尾叶蝉 AChE1 的同源性也达到 80% 以上；*Le ace2* 推导的氨基酸序列与嗜卷书虱和无色书虱 AChE2 的同源性分别为 94% 和 86%，与体虱和黑尾叶蝉的同源性也达到 70% 以上。经序列比对分析表明，嗜虫书虱 2 条 AChE 均具有 AChE 家族的所有保守性功能位点，如催化三联体、氧阴离子洞等。作者团队还利用蛋白质结构同源建模工具，对嗜虫书虱 AChE 的三维结构进行了模拟，并在三维结构中发现了嗜虫书虱 AChE 的酶解活性位点，表明嗜虫书虱体内也存在 2 条 AChE 基因。另外，目前有关嗜虫书虱分子生物学方面的研究较少，通过搜索 GenBank 等数据库未发现嗜虫书虱的内参基因，因此本研究利用 RT-PCR 技术从嗜虫书虱体内克隆获得 1 条 *β-actin* 基因片段，并建立了以此基因为内参基因的实时荧光定量 PCR 技术。通过实时荧光定量 PCR 分析表明，嗜虫书虱 *Le ace1* 基因 mRNA 的表达水平是 *Le ace2* 基因的 1.6 倍，差异达显著水平（$P<0.05$），说明在嗜虫书虱体内 AChE1 的含量较高。经涕灭威和马拉硫磷分别处理后，嗜虫书虱体内 2 条 AChE 基因的表达量均显著升高（$P<0.05$）。

参考文献

陈凤花，王琳，胡丽华.2005.实时荧光定量 RT-PCR 内参基因的选择 [J].临床检测杂志，23：393-395.

符伟，谢文，张卓，等.2012.Bt 毒素诱导下小菜蛾实时定量 PCR 内参基因的筛选 [J].昆虫学报 55，1406-1412.

高贵田，陈克平，姚勤，等.2006.家蚕羧酸酯酶基因克隆及差异表达 [J].昆虫学报，49：930-937.

郭惠琳，高希武.2005.棉蚜抗氧化乐果品系的羧酸酯酶基因突变 [J].昆虫学报，48：194-202.

何林，谭仕禄，曹小芳，等.2003.朱砂叶螨的抗药性选育及其解毒酶活性研究 [J].农药学学报，5（4）：23-29.

梁沛.2001.小菜蛾对阿维菌素抗性的分子机制研究 [D].北京：中国农业大学.

刘金泊，欧静，姚富姣，等.2014.磷化氢诱导下赤拟谷盗实时定量 PCR 内参基因的筛选 [J].农业生物技术学报 22，257-264.

王东，李兵，管京敏，等.2008.棉铃虫羧酸酯酶基因的克隆、序列分析及组织表达［J］.昆虫学报，51：979-985.

吴国星，高熹，刘小文，等.2008.小菜蛾对辛硫磷的抗性选育及其乙酰胆碱酯酶和羧酸酯酶活力变化［J］.江西农业学报，20：52-54.

吴学友.2013.转 Bt 基因稻谷对印度谷螟生长发育的影响及其机理研究［D］.南京：南京财经大学.

吴玉，翟渊粉，黄明霞，等.2013.家蚕常用内参基因稳定性分析及丝蛋白相关基因表达调控研究［J］.中国细胞生物学学报，423-431.

许雄山，韩召军，王荫长.1999.羧酸酯酶与棉铃虫对有机磷杀虫剂抗性的关系［J］.南京农业大学学报，22（4）：41-44.

岳秀利，高新菊，王进军，等.2013.二斑叶螨内参基因的筛选及解毒酶基因的表达水平.中国农业科学 46，4542-4549.

张霞，郭巍，李国勋，等.2008.甜菜夜蛾羧酸酯酶基因 cDNA 的克隆、表达及序列分析［J］.昆虫学报，51：681-688.

周世豪，李磊，符悦冠.2016.高温胁迫下瓜实蝇的内参基因筛选［J］.热带作物学报，131-135.

Baxter G D，Barker S C.2002.Analysis of the sequence and expression of a second putative acetylcholinesterase cDNA from organophosphate-susceptible and organophosphate-resistant cattle ticks［J］.Insect Biochemistry and Molecular Biology，32(7)：814-820.

Bower N I，Moser R J，Hill J R，et al.2007.Universal reference method for real-time PCR gene expression analysis of preimplantation embryos［J］.Bio Techniques，42(2)：199-206.

Bustin S A，Benes V，Garson J A，et al.2009.The MIQE guidelines：minimum information for publication of quantitative real-time PCR experiments［J］.Clinical Chemistry，55，611-622.

Cao S，Zhang X，Ye N，et al.2012.Evaluation of putative internal reference genes for gene expression normalization in *Nannochloropsis* sp. by quantitative real-time RT-PCR［J］.Biochemical and Biophysical Research Communications 424，118-123.

Chan S Y，Snow J W.2017.Uptake and impact of natural diet-derived small RNA in invertebrates：Implications for ecology and agriculture［J］.RNA Biology，14：402-414.

Chen I H，Chou L S，Chou S J，et al.2015.Selection of suitable reference genes for normalization of quantitative RT-PCR in peripheral blood samples of bottlenose dolphins（*Tursiops truncatus*）［J］.Scientific Reports，5：15425.

Cheng D，Zhang Z，He X，et al.2013.Validation of reference genes in Solenopsis invicta in different developmental Stages，castes and tissues［J］.PLoS ONE，8：e57718.

Coulson D T R，Brockbank S，Quinn J G，et al.2008.Identification of valid reference genes for the normalization of RT qPCR gene expression data in human brain tissue［J］.BMC Molecular Biology，9：46.

Creppe C，Malinouskaya L，Volvert M L，et al.2009.Elongator controls the migration and differentiation of cortical neurons through scetylation of α-Tubulin［J］.Cell，136：551-564.

Derveaux，S，Vandesompele，J，Hellemans，J.2010.How to do successful gene expression analysis using real-time PCR［J］.Methods，50：227-230.

Dragon F，Gallagher J E G，Compagnone P A，et al.2002.A large nucleolar U3 ribonucleoprotein required for 18S ribosomal RNA biogenesis［J］.Nature，417：967-970.

Fu W，Xie W，Zhang Z，et al.2013.Exploring valid reference genes for quantitative real-time PCR analysis in *Plutella xylostella*（*Lepidoptera*：*Plutellidae*）［J］.International Journal of Biological Sciences，9：792-802.

Han G D，Na J，Chun Y S，et al.2017.Chlorine dioxide enhances lipid peroxidation through inhibiting calcium-independent cellular PLA2 in larvae of the Indianmeal moth，Plodia interpunctella［J］.Pesticide Biochemistry and Physiology，143：48-56.

Heid C A, Stevens J, Livak K J, et al. 1996. Real time quantitative PCR[J]. Genome Research, 6: 986-994.

Huang S J, Qin W J, Chen Q. 2010. Cloning, sequence analysis and expression levels of a carboxylesterase gene from *Spodoptera litura* (Fab.) (*Lepidoptera*: *Noctuidae*)[J]. Acta Entomologica Sinica, 53(1): 29-37.

Infante C, Matsuoka M P, Asensio E, et al. 2008. Selection of housekeeping genes for gene expression studies in larvae from flatfish using real-time PCR[J]. BMC Molecular Biology, 9:28.

Li R, Xie W, Wang S, et al. 2013. Reference gene selection for qRT-PCR analysis in the sweetpotato whitefly, *Bemisia tabaci* (*Hemiptera*: *Aleyrodidae*)[J]. PLoS ONE, 8: e53006.

Maroniche G A, Sagadin M, Mongelli V C, et al. 2011. Reference gene selection for gene expression studies using RT-qPCR in virus-infected planthoppers[J]. Virology Journal, 8: 1-8.

Nakamura A M, Chahad-Ehlers S, Lima A L A, et al. 2016. Reference genes for accessing differential expression among developmental stages and analysis of differential expression of OBP genes in *Anastrepha obliqua*[J]. Scientific Reports, 6: 17480.

Ohno M, Kida Y, Sakaguchi M, et al. 2014. Establishment of a quantitative PCR system for discriminating chitinase-like proteins: catalytically inactive breast regression protein-39 and *Ym1* are constitutive genes in mouse lung[J]. BMC Molecular Biology, 15(1): 1-12.

Olsvik P A, Lie K K, Jordal A E O, et al. 2005. Evaluation of potential reference genes in real-time RT-PCR studies of *Atlantic salmon*[J]. BMC Molecular Biology, 6(1): 1-9.

Pombo-Suarez M, Calaza M, Gomez-Reino J J, et al. 2008. Reference genes for normalization of gene expression studies in human osteoarthritic articular cartilage[J]. BMC Molecular Biology, 9: 1-7.

Ponton F, Chapuis M P, Pernice M, et al. 2011. Evaluation of potential reference genes for reverse transcription-qPCR studies of physiological responses in Drosophila melanogaster[J]. Journal of Insect Physiology, 57: 840-850.

Radonić A, Thulke S, Mackay I M, et al. 2004. Guideline to reference gene selection for quantitative real-time PCR[J]. Biochemical and Biophysical Research Communications, 313: 856-862.

Schaeck M, Spiegelaere W D, Craene J D, et al. 2016. Laser capture microdissection of intestinal tissue from sea bass larvae using an optimized RNA integrity assay and validated reference genes[J]. Scientific Reports, 6: 21092.

Schmid H, Cohen C D, Henger A, et al. 2003. Validation of endogenous controls for gene expression analysis in microdissected human renal biopsies[J]. Kidney International, 64: 356-360.

Shen G M, Jiang H B, Wang X N, et al. 2010. Evaluation of endogenous references for gene expression profiling in different tissues of the oriental fruit fly *Bactrocera dorsalis* (*Diptera*: *Tephritidae*)[J]. BMC Molecular Biology, 11: 76.

Spinsanti G, Panti C, Lazzeri E, et al. 2006. Selection of reference genes for quantitative RT-PCR studies in *striped dolphin* (*Stenella coeruleoalba*) skin biopsies[J]. BMC Molecular Biology, 7: 1-11.

Sun M, Lu M X, Tang X T, et al. 2015. Exploring valid reference genes for quantitative real-time PCR analysis in *Sesamia inferens* (*Lepidoptera*: *Noctuidae*)[J]. PLoS ONE, 10: e0115979.

Rajarapu S P, Mamidala P, Mittapalli O. 2012. Validation of reference genes for gene expression studies in the emerald ash borer (*Agrilus planipennis*)[J]. Insect Science, 19: 41-46.

Tanja P N, Isabella G, Christian G S, et al. 2005. Standardization strategy for quantitative PCR in human seminoma and normal testis[J]. Biotechnology Journal, 117: 163-171.

Van Hiel M B, Wielendaele P Van, Temmerman L, et al. 2009. Identification and validation of housekeeping genes in brains of the desert locust *Schistocerca gregaria* under different developmental conditions[J]. BMC Molecular Biology, 10:56.

VanGuilder H D, Vrana K E, Freeman W M. 2008. Twenty-five years of quantitative PCR for gene expression analysis[J]. Biotechniques, 44: 619.

Vontas J G, Small G J, Hemingway J. 2000. Comparison of esterase gene amplification, gene expression and esterase activity in insecticide susceptible and resistant strains of the brown planthopper, Nilaparvata lugens[J]. Insect Molecular Biology, 9: 655-660.

Wei D D, He W, Miao Z Q, et al. 2020. Characterization of esterase genes involving malathion detoxification and establishment of an RNA interference method in *Liposcelis bostrychophila* [J]. Frontiers in Physiology, 11:1-13.

Yan H Z, Liou R F. 2006. Selection of internal control genes for real-time quantitative RT-PCR assays in the oomycete plant pathogen *Phytophthora parasitica*[J]. Fungal Genetics and Biology, 43: 430-438.

Yang C, Pan H, Liu Y, et al. 2015. Stably expressed housekeeping genes across developmental stages in the two-spotted spider mite, *Tetranychus urticae*[J]. PLoS ONE, 10: e0120833.

第五章

储粮害虫磷化氢抗性监测及其分子机制

磷化氢（PH_3）作为控制储粮害虫的熏蒸剂，具有穿透性好、扩散性强、杀虫效果显著、费用低、污染残留少、不影响谷物品质和种子发芽力、使用方便并且对环境友好、不会破坏臭氧层等优良的性能。多年来，PH_3作为储粮熏蒸剂发挥着巨大的作用，在控制虫害方面贡献极大，取得了明显的经济和社会效益。

长期以来磷化氢使用条件不合理以及施药方式不科学等客观原因，例如熏蒸时间过短、仓房气密性不好、PH_3气体分布不均、盲目提高PH_3的剂量、依赖使用等原因，导致多种主要储粮害虫对磷化氢产生了不同程度的抗性（白旭光 等，2002；曹阳，2005），这已经引起储粮害虫防治研究者的关注。不仅我国的储粮害虫对磷化氢有很高的抗性，国外的粮库同样面临害虫抗药性问题，因此，深入了解储粮害虫对磷化氢的抗性至关重要。

5.1 我国主要害虫磷化氢抗性水平测定及分析

本部分将对不同来源的锈赤扁谷盗、赤拟谷盗、谷蠹进行磷化氢和敌敌畏抗性测定，了解其对磷化氢熏蒸剂以及敌敌畏的抗性情况，为后续分析其抗性产生的机理奠定基础。

5.1.1 我国主要储粮害虫的磷化氢抗性监测

磷化氢抗性水平的评判指标是：抗性系数 Rf 1~5 倍为无抗性或敏感；5~10 倍为低抗性；10~40 倍为中等抗性；40~160 倍为高抗性；160 倍以上为极高抗性。

储粮害虫各品系磷化氢熏蒸毒力测定见表 5-1。由表 5-1 可知，锈赤扁谷盗 3 个品系张家港、成都和太仓品系抗性系数为 7.18、11.45、1906.82，分别属抵抗性、中等抗性和极高抗性；16个赤拟谷盗的磷化氢抗性范围为1.7～44.4，其中，有12个品系是敏感品系，占调查总数的75%，其余4个品系是抗性品系，其中，3个中抗品系，1个高抗品系。

谷蠹5个品系中江苏省张家港品系1、江苏省张家港品系2、福建三明市、广东省阳春市抗性系数分别为16.88、22.63、21、20.38，都属中等抗性，湖北省沙洋县抗性系数为101，属高抗性。

表5-1 不同地区锈赤扁谷盗、赤拟谷盗和谷蠹的磷化氢生物测定

虫种	来源	LC_{50}(95%置信限)/(mg/L)	回归方程	Rf
锈赤扁谷盗	江苏省张家港种粮大户粮堆	0.079(0.060～0.117)	$Y=10.345+9.366X$	7.18
	四川省成都粮科所	0.126(0.091～0.174)	$Y=6.602+7.339X$	11.45
	江苏省苏州太仓粮库	20.975(15.694～24.582)	$Y=-2.136+0.102X$	1906.82
赤拟谷盗	湖南省常德市1	15.6(14.8～16.4)	$Y=-9.527+7.980X$	1.7
	湖南省常德市2	15.2(14.1～16.2)	$Y=-7.108+6.009X$	1.7
	湖南省常德市3	15.4(14.6～16.2)	$Y=-8.455+7.117X$	1.7
	湖南省衡阳市	16.3(15.4～17.3)	$Y=-8.499+7.009X$	1.8
	湖南省怀化市3	18.7(17.7～19.6)	$Y=-11.656+9.169X$	2.1
	湖南省怀化市4	21.1(18.8～23.5)	$Y=-8.637+6.522X$	2.3
	湖南省湘阴县	21.7(20.8～22.5)	$Y=-10.915+8.171X$	2.4
	湖南省岳阳市1	26.4(24.9～28.0)	$Y=-6.845+4.814X$	2.9
	湖南省岳阳市2	26.7(25.7～27.7)	$Y=-15.083+10.569X$	3.0
	湖南省岳阳市3	27.0(25.6～28.5)	$Y=-11.071+7.735X$	3.0
	湖南省长沙市	27.3(25.0～29.6)	$Y=-6.337+4.414X$	3.0
	江苏省扬州市	32.1(29.8～34.6)	$Y=-6.520+4.327X$	3.6
	江苏省苏州市	178.4(148.7～227.5)	$Y=-4.848+2.153X$	19.8
	上海市嘉定区	182.1(151.6～240.7)	$Y=-6.378+2.822X$	20.2
	上海市闵行区	273.9(249.9～303.8)	$Y=-6.304+2.587X$	30.4
	四川省广安市	399.3(362.0～444.05)	$Y=-7.201+2.768X$	44.4
谷蠹	江苏省张家港品系1	0.135(0.080～0.163)	$Y=4.370+5.015X$	16.88
	江苏省张家港品系2	0.181(0.132～0.230)	$Y=2.619+3.532X$	22.63
	福建省三明市	0.168(0.105～0.223)	$Y=2.142+2.763X$	21.00
	广东省阳春市（地方粮库）	0.163(0.115～0.209)	$Y=2.317+2.944X$	20.38
	湖北省沙洋县（国家粮库）	0.808(0.426～1.000)	$Y=0.410+4.424X$	101.00

5.1.2 赤拟谷盗的磷化氢抗性发展趋势分析

结合作者实验室已有的赤拟谷盗磷化氢抗性的数据从不同地区和不同场所两个方面进行分析，其结果如图 5-1 和图 5-2 所示，由图可知，28 个赤拟谷盗的磷化氢抗性范围为 1.7～983.4，其中 16 个敏感品系，占总数的 57.14％，12 个抗性品系包括 1 个低抗品系、4 个中抗品系、3 个高抗品系以及 4 个极高抗品系，抗性最高的品系为 SC-XD-JGC。

对于不同地区赤拟谷盗的抗性分析结果见图 5-1，从图中可以看出，来自湖南省地区的 13 个赤拟谷盗抗性范围在 1.7～120.8 之间，其中，8 个敏感品系，占湖南省品系的 62％，其余 5 个品系中 1 个低抗品系、2 个中抗品系、2 个高抗品系，这些数据表明湖南省的赤拟谷盗磷化氢抗性较低，推测仍然可以采取磷化氢熏蒸杀虫来防治储粮害虫；来自重庆市、江苏省、云南省以及宁夏回族自治区四个地区的 6 个赤拟谷盗的抗性系数均低于 5，推测这些地区的赤拟谷盗对于磷化氢药剂没有产生抗药性，可以采用磷化氢药剂熏蒸的方式来进行储粮害虫的防治工作。剩余的 10 个品系来自于四川省、山东省、广东省、海南省以及上海市，上海市的 2 个品系分别为敏感品系和中抗品系，海南省的 1 个品系为中抗品系，推测上海市和湖南省的赤拟谷盗磷化氢抗性较低，来自于山东省的 2 个品系分别为高抗品系和极高抗品系，来自于四川省的 3 个品系分别为敏感品系和极高抗品系，推测山东省和四川省的赤拟谷盗抗性较为严重；来自于广东省的 1 个品系为极高抗品系，抗性系数高达 862.7，推测广东省的赤拟谷盗抗性极为严重。综合这些数据可以发现，极高抗的赤拟谷盗主要分布在广东省、四川省和山东省，结合这三个地区的地理位置可以发现，主要分布于南方地区，这些地区温度较高，比较适合赤拟谷盗的生长。推测当地出现储粮害虫时，使用磷化氢熏蒸剂杀虫，磷化氢的使用频繁，最终导致了这些地区的赤拟谷盗对磷化氢产生了较强的抗药性。

对于不同场所赤拟谷盗的抗性分析结果见图 5-2，赤拟谷盗主要来自于农户、加工厂、酒厂以及粮库四个场所，从图中可以发现，农户和酒厂的赤拟谷盗共计 7 个，其中抗性品系只有 2 个，而且还是中抗品系，表明来自农户和酒厂的赤拟谷盗对磷化氢的抗性较低，推测可以采用磷化氢杀虫的方式来防止储粮害虫的发生。剩余的 21 个品系分别来自粮库和加工厂，结合粮库和加工厂

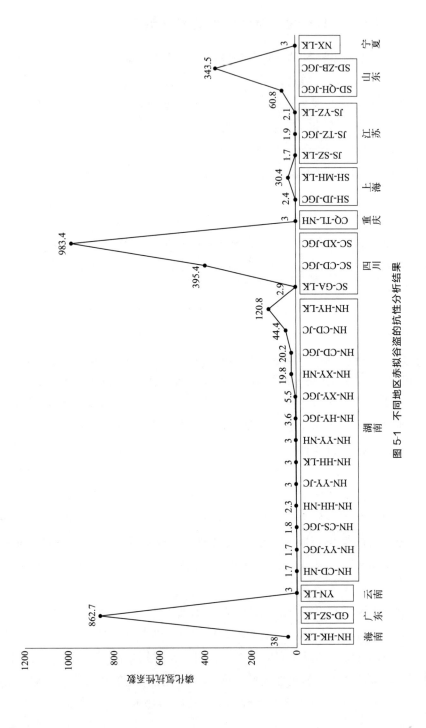

图 5-1 不同地区赤拟谷盗的抗性分析结果

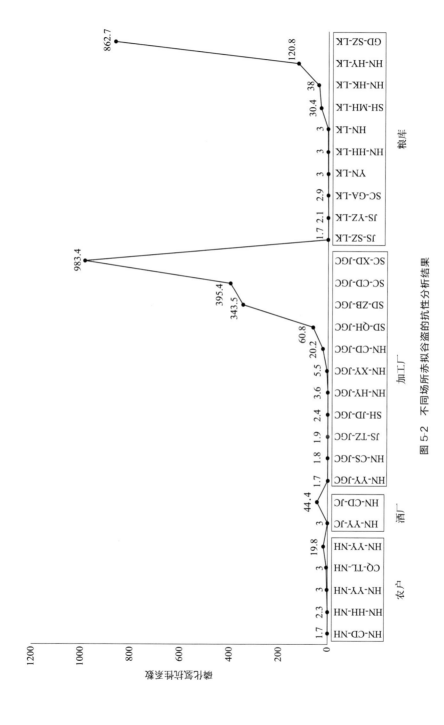

图 5-2 不同场所赤拟谷盗的抗性分析结果

的数据可以发现,加工厂的磷化氢抗性要比粮库的磷化氢抗性严重。结合这两个场所的相关情况,推测加工厂的环境以及治理方面是导致对磷化氢熏蒸剂产生较强抗性的原因,环境方面主要是工厂车间的温湿度情况,温湿度较高利于储粮害虫的生长发育,而治理方面也是一个重要因素,对于粮食的来源管理不够严格,导致储粮害虫的产生,使用磷化氢杀虫,车间的密闭性之类的情况导致杀虫不够彻底,有成虫存活,进而导致一系列的连锁反应,最终导致加工厂的储粮害虫对于磷化氢熏蒸剂产生较强的抗性。

5.1.3 小结

储粮害虫对常用熏蒸剂磷化氢具有逃避性、保护性昏迷等多种行为,现阶段高抗性锈赤扁谷盗增多,使得磷化氢熏蒸效果下降。锈赤扁谷盗在我国南方地区危害较严重,早在20世纪90年代初,就陆续有关于广东省内锈赤扁谷盗抗性严重的相关报道。研究发现检测了广东16个地区,共29个粮管所,5种害虫68个品系对PH_3的抗性,锈赤扁谷盗17个品系中,轻度抗性和中抗性品系占到94%,其中最高抗性水平Rf为67。研究发现在浙江省调查发现抗性较强的品系中锈赤扁谷盗有2个,Rf分别为80和87。研究证实害虫的抗性发展与磷化氢的使用频率有关。本部分研究的3个不同地区的锈赤扁谷盗种群张家港、成都和太仓分别属低抗性、中等抗性、极高抗性,谷蠹种群张家港品系1、张家港品系2、福建三明都属中等抗性,湖北省沙洋县属高抗性,这与其用药背景呈正相关。由此可见,长期单一连续使用磷化氢是害虫产生抗性的主要原因。

分析已有的赤拟谷盗磷化氢抗性数据发现,赤拟谷盗对于磷化氢已经产生了较强的抗药性,从不同地区的磷化氢抗性的数据进行分析,可以发现,处于较高温度和较高湿度的地区,容易导致储粮害虫的发生与生长,储粮害虫的发生增加了磷化氢熏蒸剂的使用量,药剂频繁使用会导致储粮害虫对磷化氢的抗性越来越严重。从不同场所的磷化氢抗性数据进行分析,可以发现,较强抗性的赤拟谷盗主要来自于粮库和加工厂方面,相比较而言,加工厂方面的储粮害虫对于磷化氢的抗性更为严重,主要是由于加工厂的温度以及湿度两方面适合储粮害虫的生长,又因为治理方面存在问题,导致使用磷化氢杀虫较为频繁,最终导致储粮害虫对磷化氢熏蒸剂产生极强的抗性。

5.2 赤拟谷盗细胞色素 P450 酶活力测定及磷化氢抗性相关性分析

细胞色素 P450 是一种重要的解毒酶，能够参与多种杀虫剂的代谢。目前已经研究了 20 多种昆虫的细胞色素 P450，研究表明，解毒酶 P450 在昆虫对杀虫剂的代谢过程中起到了至关重要的作用，昆虫对药剂产生抗性的重要原因是 P450 基因的过量表达导致 P450 解毒酶的表达量增加，表达量的增加导致昆虫体内单加氧酶介导了反应，昆虫对于杀虫剂产生了抗性。通过对不同磷化氢抗性的赤拟谷盗的 P450 比活力的测定，初步从蛋白质水平方面判断 P450 酶是否参与了磷化氢抗性的产生，为后续的基因定量实验做铺垫。

5.2.1 不同品系细胞色素 P450 比活力比较

根据已知的标准曲线和测定的吸光度，可计算出不同赤拟谷盗的 P450 比活力，结果如表 5-2 所示，16 个品系的 P450 比活力的范围为 $0.81\sim2.41$ U/μg，4 个抗性品系的 P450 比活力分别为 (2.41 ± 0.11) U/μg、(1.98 ± 0.19) U/μg、(2.29 ± 0.13) U/μg 和 (2.26 ± 0.12) U/μg，抗性品系的 P450 比活力明显高于敏感品系的 P450 比活力，表明 P450 酶在抗性品系中的表达量要高于敏感品系。

表 5-2 不同赤拟谷盗的 P450 比活力

品系	磷化氢抗性	P450 比活力/(U/μg)	比值
HN-YY-JGC	1.7	0.96±0.09g	1
HN-CD-NH	1.7	1.22±0.10f	1.27
JS-SZ-LK	1.7	0.81±0.05h	0.84
HN-CS-JGC	1.8	0.97±0.08g	1.00
JS-YZ-LK	2.1	1.36±0.08e	1.41
HN-HH-NH	2.3	1.23±0.11g	1.28
SH-JD-JGC	2.4	1.54±0.13d	1.60
SC-GA-LK	2.9	0.86±0.05h	0.89
HN-YY-JC	3	1.65±0.14c	1.71
HN-YY-NH	3	1.6±0.11d	1.67

续表

品系	磷化氢抗性	P450 比活力/(U/μg)	比值
HN-HH-LK	3	1.34±0.09e	1.39
HN-HY-JGC	3.6	1.71±0.17c	1.78
HN-XY-NH	19.8	2.41±0.11a	2.51
HN-CD-JGC	20.2	1.98±0.19b	2.06
SH-MH-LK	30.4	2.29±0.13a	2.39
HN-CD-JC	44.4	2.26±0.12a	2.35

注：同一列中标注不同字母代表存在显著性差异（$P<0.05$）。

5.2.2　P450 比活力与磷化氢抗性的相关性分析结果

将本次实验测得的赤拟谷盗 P450 比活力数据与本实验室已有的数据联合分析，分析结果见图 5-3。将赤拟谷盗按照磷化氢的抗性系数进行排序，依次是 15 个敏感品系，1 个低抗品系，4 个中抗品系，2 个高抗品系和 3 个极高抗品系。结果表明，从整体趋势来看，随着磷化氢抗性的增加，P450 比活力也随之提高。P450 比活力最高的是极高抗品系 GD-SZ-LK 品系，P450 比活力达到了 (3.30±0.19)U/μg，抗性品系的 P450 比活力要显著高于敏感品系的 P450 比活力，推测可能是 P450 蛋白质的过量表达导致了抗性品系的产生。

5.2.3　小结

P450 是昆虫体内主要解毒酶系中的一种，研究表明，细胞色素 P450 的持续过量表达或被诱导后的表达量上升均可以增强其对外源性物质的代谢作用，是昆虫减少药剂持续性伤害的重要途径，同时这也是抗性形成与发展的原因之一。不同磷化氢抗性的赤拟谷盗的 P450 比活力测定结果显示，抗性品系的 P450 比活力显著高于敏感品系的 P450 比活力，而且极高抗品系的水平也明显高于高抗、中抗品系，总体来说，赤拟谷盗 P450 比活力呈现出随着磷化氢抗性的增加而增长的趋势，这一测定结果再次证明了 P450 酶系在磷化氢抗性形成中有重要的作用，也说明了磷化氢抗性的形成与 P450 酶系之间有着重要的联系，与前人的研究结果一致。

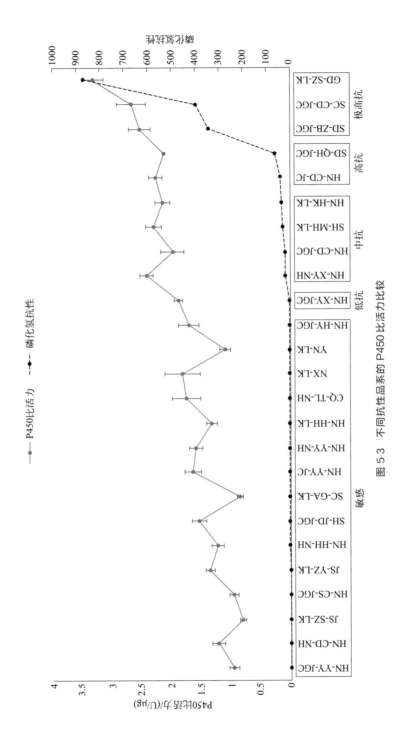

图 5-3 不同抗性品系的 P450 比活力比较

5.3 赤拟谷盗 CYP345 家族基因介导磷化氢抗性的机理研究

本部分内容针对储粮害虫磷化氢抗性这一现实问题，以重要储粮害虫赤拟谷盗为研究对象，在不同品系抗性测定的基础上，借助酶活力测定法、RT-PCR、RNA 干扰等技术，研究赤拟谷盗的磷化氢抗性与细胞色素 P450 解毒酶的关系，进一步揭示赤拟谷盗 CYP345 家族基因对磷化氢抗性形成的促进作用。

5.3.1 不同品系间 CYP345 家族表达量比较

不同品系赤拟谷盗 CYP345 家族基因表达量的比较见图 5-4；从总体趋势看来，抗性品系中 *CYP345A1* 与 *CYP345A2* 的表达量均显著高于敏感品系，而且，二者在极高抗品系中的表达量均显著高于高抗、中抗品系；而 *CYP345B1*、*CYP345C1* 以及 *CYP345D1* 的表达量在所有品系间均不存在显著差异；*CYP345D2* 在极高抗品系（GD）、高抗品系（QH）以及敏感品系（NX 与 TL）中的表达量均高，但在另一极高抗品系（ZB）中表达量最低。根据上述趋势，可以做出初步判断：CYP345A 亚家族（包括 *CYP345A1* 与 *CYP345A2*）介导了磷化氢抗性的产生，而 *CYP345B1*、*CYP345C1* 与 *CYP345D1* 与磷化氢抗性的产生无关，*CYP345D2* 的表达量没有明显的规律性，暂时无法判断其功能，认为其与磷化氢抗性无关，有可能参与调节了其他的生理反应。

5.3.2 磷化氢胁迫前后 CYP345 家族表达量比较

磷化氢胁迫前、后赤拟谷盗 CYP345 家族基因表达量的比较见图 5-5；从趋势来看，在受到药剂胁迫后，高抗品系 XD 中 *CYP345A1* 的表达量迅速提高，经过 2h 达到峰值时，其表达量是未受诱导时的 14.4 倍，是未受胁迫时敏感品系 TL 的 191 倍，但在达到峰值后，其表达量连续并迅速下降，直至达 48h 时，与敏感品系的表达量已十分接近；中抗品系 HK 中 *CYP345A1* 的表达量也具有类似的趋势，但其直到 12h 才达到峰值，峰值时表达量是未受胁迫的敏感品系的 166 倍，随后其表达量开始持续下降；而敏感品系 TL 中 *CYP345A1* 的表达量则表现为持续上升但上升速度比较缓慢，直到 48h 时达到未受胁迫时的 15.3 倍。

CYP345A2 与同处 CYP345A 亚家族的 *CYP345A1* 具有类似的表达趋势，但是，在高抗品系 XD 中，1h 时的表达量与未受胁迫时的表达量数值较为接

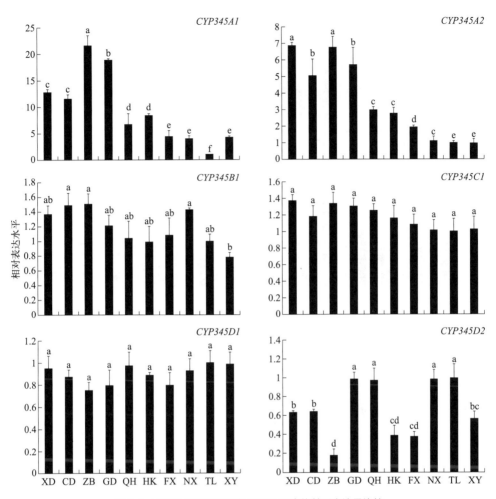

图 5-4 不同品系间赤拟谷盗 CYP345 家族基因表达量比较

以铜梁品系为对照组

近，但之后却持续下降，至 48h 时已降至未受胁迫的敏感品系 TL 的 2%；中抗品系 HK 的表达趋势与 *CYP345A1* 相同，在 12h 时达到峰值，是未受胁迫的敏感品系 TL 的 18.0 倍；敏感品系 TL 在 24h 达到峰值，是未受胁迫时的 7.3 倍。

关于 *CYP345B1*、*CYP345C1*、*CYP345D1* 以及 *CYP345D2*，某些品系中 *CYP345B1* 与 *CYP345D2* 也表现出了与上述结果类似的趋势。受到药剂胁迫后，*CYP345B1* 的表达量在高抗品系 XD 中快速上升而敏感品系上升缓慢，但是就数值来看，其变化幅度并不明显，而 *CYP345D2* 在敏感品系 TL 中的表达量表现较为异常，不仅在未受胁迫时表达量较高，而且在经过长时间的胁迫后达到较高水平并明显高于抗性品系；在受到药剂胁迫后，*CYP345C1* 在各个

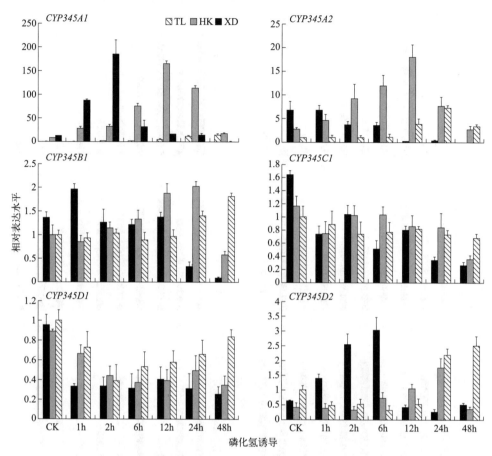

图 5-5 磷化氢胁迫前、后赤拟谷盗 CYP345 家族基因表达量比较

以铜梁品系为对照组；CK 为未受磷化氢诱导

时间点的表达量变化无明显规律，经长时间胁迫，抗性品系的表达量最终明显降低，但是中抗品系 HK 与敏感品系 TL 表达量的变化幅度较不明显；与受药剂胁迫前相比，药剂胁迫后的高抗品系 XD 其 CYP345D1 表达量明显降低并保持稳定，其数值始终低于中抗品系 HK 与敏感品系 TL。

5.3.3 赤拟谷盗 CYP345A 亚家族基因的 RNA 干扰分析

5.3.3.1 不同时间下 RNA 干扰效果比较

目的基因的表达水平见图 5-6，其中图 A、B 分别为不同时间点下 CYP345A1 与 CYP345A2 的表达量柱状图；由图可见，除了目的基因以外，其他基因的表达量无显著差异，这表明本次使用的 dsRNA 仅特异性地抑制了目的基因的表达,而且并未影响其他基因;可以初步判断,本次 RNA 干扰实验成功地避免了脱靶效应的产生,所使用的 dsRNA 具有良好的靶标特异性。

在此前提下,可以发现,在检测时间内,*CYP345A1* 与 *CYP345A2* 的表达量均被显著抑制;就表达趋势来看,*CYP345A1* 的表达量随干扰时间的延长而逐渐恢复,第 13 天的表达量已显著高于第 7 天时,但在第 16 天时未再发生显著变化;而 *CYP345A2* 的表达量并未随时间的延长而发生显著变化,自始至终都保持在同一水平;就数值而言,第 7 天时,*CYP345A1* 的表达量仅有对照组的 21.4%,但随后逐渐上升,至第 16 天时,已升至 54.4%,而 *CYP345A2* 的表达量始终处于 50%~70% 之间,数据分析显示不同时间点下无显著性差异。鉴于上述结果,选择第 7 天为进行生物学测定的时间点。

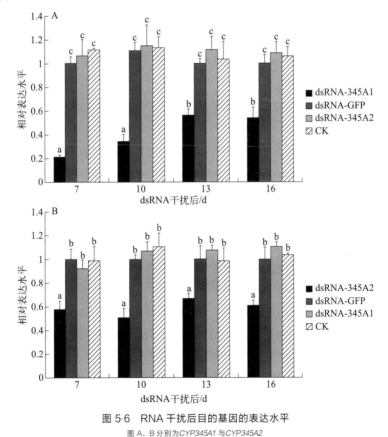

图 5-6 RNA 干扰后目的基因的表达水平

图 A、B 分别为 *CYP345A1* 与 *CYP345A2*

5.3.3.2 生物学测定

RNA 干扰前、后试虫对磷化氢的敏感度变化见图 5-7,可以发现,干扰基因 CYP345A1 与 CYP345A2 均导致试虫死亡率显著提升，即试虫对磷化氢的敏感程度显著提升，而且，干扰基因 CYP345A1 的效果更为显著，试虫死亡率上升至 74.3%，高于 CYP345A2 的 57.9%，而阴性对照组的死亡率（36.0%）与空白对照组（30.5%）基本相同，均在 30% 左右，这与预想情况相符。

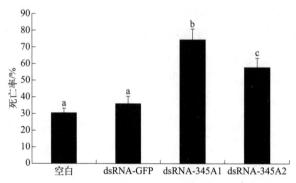

图 5-7　LC_{30} 处理下，RNA 干扰前、后试虫的死亡率

5.3.4　小结

本研究针对赤拟谷盗这一模式昆虫，主要使用实时荧光定量 PCR 技术检验并对比了 CYP345 家族基因在不同磷化氢抗性品系以及磷化氢胁迫前后的表达量。CYP345A1 已被证明介导赤拟谷盗对溴氰菊酯、氯菊酯、氯氟氰菊酯以及吡虫啉的抗性，低浓度药剂的胁迫即可导致其表达量显著提升，这也是选择 CYP345 家族作为目的基因的主要依据。

对不同品系赤拟谷盗的研究结果显示，CYP345A1 与 CYP345A2 均在 6 个抗性品系中过量表达，其表达量均显著高于其他 4 个敏感品系，不仅如此，其在 4 个极高抗品系中的表达量均显著高于高抗、中抗品系；由此初步推测，CYP345A 亚家族介导了磷化氢抗性的产生。

对 3 个品系赤拟谷盗在磷化氢胁迫前、后表达量的研究结果显示，受到磷化氢胁迫后，CYP345A1 在高抗品系中可以快速上调，上调速度明显大于中抗品系与敏感品系，且上调幅度可达胁迫前的 14.4 倍，由此推测 CYP345A1 直接介导了磷化氢抗性的产生。这一结果，与之前对 CYP345A1 表达量及其功能的预测十分相似。CYP345A2 的表达趋势与实验前的预测略有差异，主要体现在高抗品系在受到胁迫后其表达量不升反降，针对这一现象，做出了两种猜测：一种可能是，磷化氢胁迫不会导致高抗品系 CYP345A2 的过量表达，所以 CYP345A2 可能没有介导磷化氢抗性的产生，或者，与磷化氢抗性不存在直接联系；而另外一种可能是，磷化氢胁迫也会导致高抗品系 CYP345A2 的过量表达，但是，其上调速度极快，在胁迫达到1h之前其表达量已达到峰值，因此本次实验中对固定时间点下基因表达量的检测未能正确发现这一趋势。因为无法就定量实验对 CYP345A2 的功能做出合理判断，所以会在后续实验中对其做出进一步检测与分析。

而对于其他 4 条 CYP 基因，CYP345B1、CYP345C1、CYP345D1 的表达量在所有品系间均不存在显著差异，这不符合抗性基因在不同抗性品系中的表达趋势，磷化氢胁迫实验进一步证明了这一结论；关于 CYP345D2，根据对不同品系赤拟谷盗的研究结果，可以初步判断其不参与磷化氢抗性的产生，磷化氢胁迫实验中，CYP345D2 在敏感品系中明显过量表达，而且其表达量甚至高于中抗品系，与高抗品系保持在同一水平，由此判断，CYP345D2 可能介导了赤拟谷盗的应激反应，但与磷化氢抗性的产生无直接联系。

除了上述结论，根据定量实验结果，还发现了其他问题。对比不同品系间 CYP345A1 的表达量发现，新都（XD）作为抗性系数最高的极高抗品系，其表达量却仅与成都（CD）品系相近，而且显著低于淄博（ZB）与广东（GD）品系，这与 4 个品系抗性系数的大小关系存在着一定的矛盾。结合不同品系的用药背景可以推断，淄博（ZB）、广东（GD）两种品系不仅对磷化氢具有极强的抗性，对DDVP 等杀虫剂也具有一定的抗性，交互抗性共同导致了相关抗性基因的过量表达，然而新都（XD）、成都（CD）两种品系的抗性则较为单一，二者虽然均对磷化氢具有极高抗性，但其相关基因的表达量却低于另外两个极高抗品系。所以，这一结果并不违背"CYP345A1 介导了多种杀虫剂抗性的产生"这一客观事实。

除此之外，在磷化氢胁迫实验中，以 CYP345A1 为例，敏感品系在经历长时间药剂胁迫后，其表达量显著升高；理论上讲，不能将造成这一现象的原因简单归结为"磷化氢胁迫导致"，原因是，我们选择了分别以各品系的 LC_{30} 作为胁迫浓度，这表示当胁迫时间达到 20h 时，种群死亡率可达到 30%，这意味着长期胁迫会对种群起到人为选择的作用，即人为挑选出了每个种群中的磷化氢"抗性"个体，而"敏感"个体在长期胁迫后被杀死，其中"抗性"与"敏感"是就种群内不同个体而言的；因此，这一人为选择作用很有可能同样导致了目的基因表达量的提高。不过，观察抗性品系表达量的变化可以发现，短时间的药剂胁迫确实可以显著提升相关基因的表达量。所以，我们认为药剂胁迫与人为选择共同导致了中抗品系与敏感品系在长时间胁迫后相关基因表达量的显著提升。

总的来说，根据定量结果，认为 CYP345A 亚家族基因在磷化氢抗性产生中发挥了重要作用，同时发现，抗性品系在面对药剂胁迫时的应答方式，即相关基因表达量快速、显著地提升，也与其他研究人员对昆虫抗性来源的研究结果相似；所以，为了进一步明确抗性产生的机理，设计并进行了后续的 RNA 干扰实验，以验证 CYP345A 亚家族基因在磷化氢抗性产生中的功能。

脱靶效应是限制 RNA 干扰技术进一步发展的主要障碍之一，其主要表现在抑制非目的基因的正常表达，无论能否准确检测这一现象的发生，均会妨碍正确解读实验结果，导致结论错误。本次实验中，在设计 dsRNA 的合成引物时，主要将引物序列与赤拟谷盗全基因组进行对比，从而尽量降低脱靶效应的产生，检测结果显示，dsRNA 的干扰效果具有特异性。但是，尽管如此，这也无法作为本次实验可以完全避免脱靶效应的依据，因为检测对象仅限于两条目的基因，所以，只能凭借当前的实验结果，以避免脱靶效应为前提，进一步对目的基因的功能进行研究与分析，而脱靶效应的存在与否，则需要后续实验的验证。

通过基因表达分析，发现 CYP345A1 的表达量会随干扰时间的延长而逐渐回升，但在干扰初期，其表达量的抑制程度最为明显；而 CYP345A2 的表达量并未随干扰时间的延长而升高。通过进一步的生物学测定实验，发现在表达量相对最低的时间点（第 7 天），干扰 CYP345A1 与 CYP345A2 分别使试虫对磷化氢的敏感程度由 30% 左右上升至 74.3% 与 57.9%。所以，RNA 干扰导致了试虫在面对等量药剂处理时死亡率的显著提升，即抑制 CYP345A1 与 CYP345A2 的表达均导致试虫药剂敏感性的提升，从而得出结论：CYP345A1 与 CYP345A2 的过量表达可以导致赤拟谷盗磷化氢抗性的提升，二者均为引发磷化氢抗性的关键因子。

就抑制赤拟谷盗磷化氢抗性的角度来看，虽然抑制 CYP345A1 可以在短期内大大增强抗性品系对药剂的敏感性，但从基因表达实验的结果来看，CYP345A1 的表达量将逐渐回升，这意味着其敏感性可能会慢慢降低，如果这样的话，那么抑制 CYP345A2 的表达将更能长期、稳定地增强试虫的敏感性，抑制其磷化氢抗性。本实验未能更进一步阐述基因表达与试虫药剂敏感性的潜在关系，这需要后续实验的研究与分析。

5.4　赤拟谷盗 CYP346 家族基因介导磷化氢抗性的机理研究

5.4.1　CYP346 家族 5 条基因的序列分析

通过酶活力测定方法测定细胞色素 P450 特异性抑制剂（PBO）对赤拟谷

盗 P450 酶活力的影响,证明细胞色素 P450 参与赤拟谷盗对磷化氢的解毒作用,对 CYP346 基因家族进行生物信息学分析,研究 CYP346 家族基因氨基酸及核苷酸序列之间的同源性以及特殊的 P450 保守结构域等信息,为进一步对该家族基因的分子生物学研究提供坚实的基础。

5.4.1.1 赤拟谷盗 CYP346 家族基因的氨基酸序列分析

采用在线软件分析赤拟谷盗 CYP346 家族基因 5 条预测氨基酸的理化性质,包括编码氨基酸的个数、预测分子质量、理论等电点和蛋白质分子式,见表 5-3。

表 5-3 赤拟谷盗 CYP346 家族基因 5 条基因全长序列详细信息

基因	编码氨基酸个数	预测分子质量/kDa	理论等电点	蛋白质分子式
CYP346A1	502	57.77	8.73	$C_{2636}H_{4078}N_{676}O_{738}S_{23}$
CYP346A2	497	57.56	7.20	$C_{2617}H_{4042}N_{664}O_{732}S_{23}$
CYP346B1	503	57.92	8.90	$C_{2695}H_{4128}N_{660}O_{735}S_{12}$
CYP346B2	493	56.54	9.06	$C_{2624}H_{4059}N_{649}O_{714}S_{13}$
CYP346B3	503	58.08	8.48	$C_{2697}H_{4130}N_{658}O_{737}S_{16}$

经在线软件预测赤拟谷盗 *CYP346A1* 基因编码的蛋白质分子式为 $C_{2636}H_{4078}N_{676}O_{738}S_{23}$,蛋白质预测分子质量为 57.77kDa,理论等电点为 8.73(表 5-3);预测的蛋白质中,含量最高的 2 种氨基酸为亮氨酸(Leu)和赖氨酸(Lys),其含量比分别为 9.4% 和 7.4%,含量较低的 3 种氨基酸分别为色氨酸(Trp)(0.8%)、半胱氨酸(Cys)(1.6%)、组氨酸(His)(2.0%);带正电荷的氨基酸有 62 个 [精氨酸(Arg)和赖氨酸(Lys)],带负电荷的氨基酸有 55 个 [天冬氨酸(Asp)和谷氨酸(Glu)]。TMHMM 跨膜结构预测结果显示,*CYP346A1* 基因编码蛋白质的跨膜区域在第 10 个氨基酸到第 29 个氨基酸之间(图 5-8)。用软件分析发现,预测蛋白质可能存在信号肽,位于第 23 至第 24 个氨基酸之间(ILS-GY)(图 5-9)。

经在线软件预测赤拟谷盗 *CYP346A2* 基因编码的蛋白质分子式为 $C_{2617}H_{4042}N_{664}O_{732}S_{23}$,蛋白质预测分子质量为 57.56kDa,理论等电点为 7.20(表 5-3);预测的蛋白质中,含量最高的 2 种氨基酸为 Leu 和 Lys,其含量比分别为 10.5% 和 7.0%,含量较低的 3 种氨基酸分别为 Trp(0.8%)、Cys(1.2%)、His(2.6%);带正电荷的氨基酸有 56 个(Arg 和 Lys),带负电荷的氨基酸有 56 个（Asp 和 Glu）。跨膜结构预测结果显示，CYP346A2 基因编码蛋白质的跨膜区域在第 2 个氨基酸到第 24 个氨基酸范围内（图 5-10）。通过软件分析发现位于第 20 至第 21 个氨基酸之间（LFA-YY）可能存在信号肽（图 5-11）。

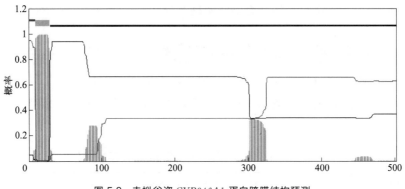

图 5-8　赤拟谷盗 CYP346A1 蛋白跨膜结构预测
——跨膜域；——里部；——外部

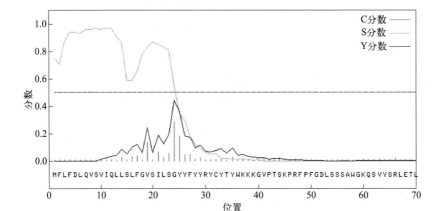

图 5-9　赤拟谷盗 CYP346A1 信号肽预测

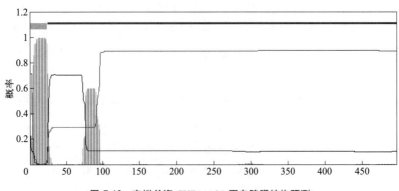

图 5-10　赤拟谷盗 CYP346A2 蛋白跨膜结构预测
——跨膜域；——里部；——外部

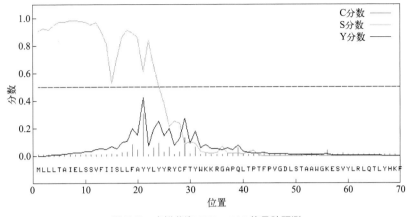

图 5-11 赤拟谷盗 *CYP346A2* 信号肽预测

经在线软件预测赤拟谷盗 *CYP346B1* 基因编码的蛋白质分子式为 $C_{2695}H_{4128}N_{660}O_{735}S_{12}$，蛋白质预测分子质量为 57.92kDa，理论等电点为 8.90（表 5-3）；预测的蛋白质中，含量最高的 2 种氨基酸为亮氨酸（Leu）和苯丙氨酸（Phe），其含量比分别为 10.5% 和 9.3%，含量较低的 3 种氨基酸分别为 Trp（0.8%）、Cys（1.0%）、组氨酸（His）和甲硫氨酸（Met）（1.4%）；带正电荷的氨基酸有 63 个（Arg 和 Lys），带负电荷的氨基酸有 55 个（Asp 和 Glu）。跨膜结构预测结果显示，*CYP346B1* 基因编码蛋白质的跨膜区域在第 7 个氨基酸到第 29 个氨基酸范围内（图 5-12）。通过软件分析发现位于第 28 至第 29 个氨基酸之间（WYL-YY）可能存在信号肽（图 5-13）。

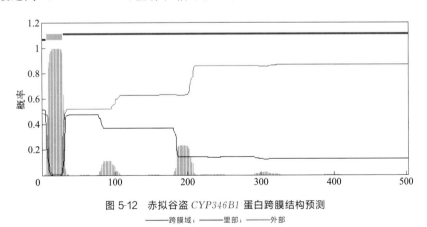

图 5-12 赤拟谷盗 *CYP346B1* 蛋白跨膜结构预测
——跨膜域；——里部；——外部

经在线软件预测赤拟谷盗 *CYP346B2* 基因编码的蛋白质分子式为 $C_{2624}H_{4059}N_{649}O_{714}S_{13}$，蛋白质分子质量为 56.54kDa，理论等电点为 9.06（表 5-3）；预测的蛋白质中，含量最高的 2 种氨基酸为 Leu 和 Lys，其含量比分别为

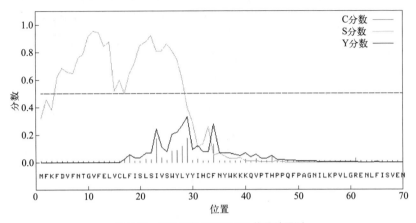

图 5-13　赤拟谷盗 CYP346B1 信号肽预测

11.6%和9.1%，含量较低的3种氨基酸分别为Trp(0.8%)、Cys(1.2%)、Met(1.4%)；带正电荷的氨基酸有62个（Arg和Lys），带负电荷的氨基酸有51个（Asp和Glu）。跨膜结构预测结果显示，CYP346B2基因编码蛋白质的跨膜区域在第2个氨基酸到第21个氨基酸范围内（图5-14）。通过软件分析发现位于第23至第24个氨基酸之间（VHC-FN）可能存在信号肽（图5-15）。

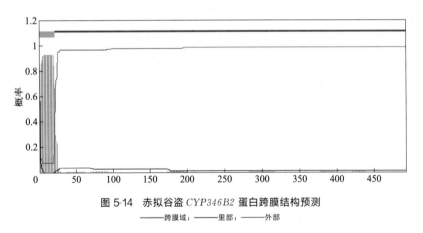

图 5-14　赤拟谷盗 CYP346B2 蛋白跨膜结构预测
——跨膜域；——里部；——外部

经在线软件预测赤拟谷盗 CYP346B3 基因编码的蛋白质分子式为 $C_{2697}H_{4130}N_{658}O_{737}S_{16}$，蛋白质预测分子质量为58.08kDa，理论等电点为8.48（表5-3）；预测的蛋白质中，含量最高的2种氨基酸为Leu和Phe，其含量比分别为11.3%和8.9%，含量较低的3种氨基酸分别为Trp(0.8%)、Cys(1.0%)、His(1.6%)；带正电荷的氨基酸有61个（Arg和Lys），带负电荷的氨基酸有57个（Asp和Glu）。跨膜结构预测结果显示，CYP346B3基因编码蛋白质的跨膜区域在第12个氨基酸到第34个氨基酸范围内（图5-16）。通过软件分析

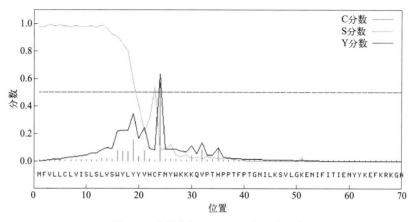

图 5-15 赤拟谷盗 *CYP346B2* 信号肽预测

发现位于第 33 至第 34 个氨基酸之间（GYC-FN）可能存在信号肽（图 5-17）。

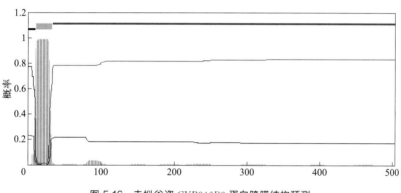

图 5-16 赤拟谷盗 *CYP346B3* 蛋白跨膜结构预测
——跨膜域；——里部；——外部

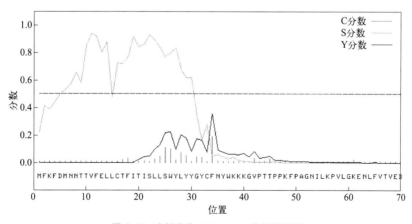

图 5-17 赤拟谷盗 *CYP346B3* 信号肽预测

5.4.1.2　赤拟谷盗 CYP346 家族 5 条基因同源性分析

用 DNAMAN 软件对赤拟谷盗 5 条 CYP346 家族基因氨基酸及核苷酸序列进行同源性对比，结果表明，CYP346 家族 5 条基因的氨基酸序列的同源性范围在 48.39%～84.49%，核苷酸序列的同源性范围在 56.75%～83.47%（表 5-4）。*CYP346B1* 和 *CYP346B2* 两个基因的同源性最高，氨基酸序列和核苷酸序列的同源性分别为 84.49% 和 83.47%；*CYP346B1* 和 *CYP346A1* 两个基因的同源性较低，氨基酸序列和核苷酸序列的同源性分别为 48.39% 和 58.05%。CYP346 亚家族内的氨基酸序列及核苷酸序列的同源性普遍较高，CYP346B 亚家族内的氨基酸序列及核苷酸序列的同源性分别为 71.57%～84.49%、71.63%～83.47%，而 CYP346A 亚家族内同源性分别为 63.35%、66.31%。其余 CYP346 家族基因间的同源性比较低，且数值比较接近，核苷酸序列同源性范围为 56.75%～58.96%，氨基酸序列同源性范围为 48.51%～51.09%。

表 5-4　赤拟谷盗 5 个 P450 基因核苷酸（下三角）和氨基酸（上三角）序列同源性比对表

序列(百分比/%)	*CYP346A1*	*CYP346A2*	*CYP346B1*	*CYP346B2*	*CYP346B3*
CYP346A1		63.35	48.39	48.61	51.09
CYP346A2	66.31		48.51	48.39	50.30
CYP346B1	58.05	57.08		84.49	77.53
CYP346B2	56.75	57.66	83.47		71.57
CYP346B3	58.96	58.00	73.48	71.63	

用 DNAMAN 在线软件对赤拟谷盗 CYP346 家族基因推导的氨基酸序列进行对比，结果表明，5 条 CYP346 家族基因氨基酸序列中，发现几种重要的细胞色素 P450 保守区域：螺旋 I（helix I）保守结构 G×E/DTS、螺旋 C（helix C）保守结构 W×××R、"曲"（meander）区域保守序列 P××F×P××F、螺旋 K（helix K）保守结构 E×LR 以及血红素结合环（heme binding loop）P450 标志序列 F××G×××C×G（图 5-18）。其中螺旋 C、"曲"区域、螺旋 K、血红素结合环的序列同源性高达 100%，表明高度保守；在螺旋 K 中仅仅只有一个氨基酸残基不同，表现出很好的保守性。

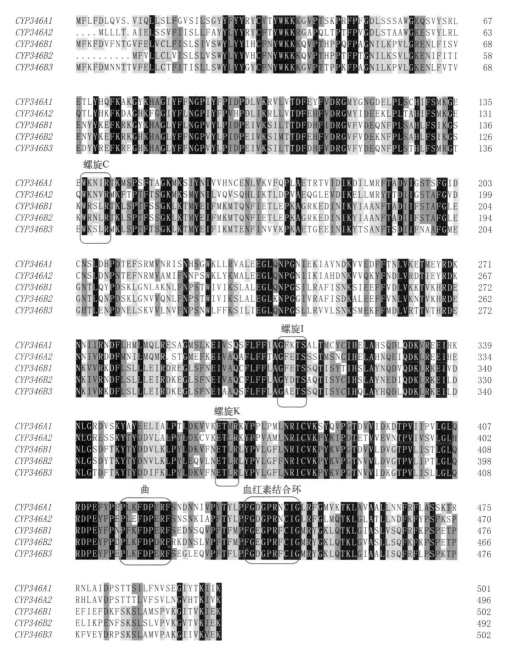

图 5-18 赤拟谷盗 CYP346 家族基因（*CYP346A1*、*CYP346A2*、*CYP346B1*、*CYP346B2* 和 *CYP346B3*）氨基酸系列多重对比

P450 的保护区域用红框标出

5.4.1.3 讨论

基于 GenBank 上公布的赤拟谷盗 *CYP346A1*、*CYP346A2*、*CYP346B1*、*CYP346B2* 和 *CYP346B3* 的基因序列,通过 ExPASy 中 ProtParam 软件对赤拟谷盗这 5 条基因的编码氨基酸、分子质量以及理论等电点等进行分析,序列分析发现 5 条 CYP346 基因的 cDNA 的开放阅读框长度范围为 1482~1512bp,其编码的氨基酸个数范围为 493~503 个,分子质量以及等电点分别为 56.54~58.08kDa 和 7.20~9.06;5 条推测的氨基酸序列中亮氨酸(Leu)含量比最高,而色氨酸(Trp)的含量比最低;对 CYP346 家族基因蛋白跨膜结构预测分析可知,5 条 CYP346 家族基因编码的蛋白质都含有跨膜区域,跨膜区域的范围在第 2 个氨基酸到第 34 个氨基酸之间;对 CYP346 家族基因蛋白信号肽结果分析可知,5 条 CYP346 家族基因编码的蛋白质均含有信号肽,说明 CYP346 家族基因属于微粒体型 P450。将赤拟谷盗 CYP346 家族基因 cDNA 序列进行同源性对比,5 条基因的氨基酸序列和核苷酸序列的同源性范围比较大,但亚家族基因氨基酸序列和核苷酸序列同源性较高,高达 84.49%。赤拟谷盗 CYP346 家族基因氨基酸序列中,均含有与细胞色素 P450 功能有关的保守结构域,其中特征序列为 G×E/DTT/S 的螺旋 I 保守区域在 5 条完全保守。特征序列为 W×××R 的螺旋 C 保守区域中的精氨酸和色氨酸与血红素辅基相互作用,参与血红素的结合。位于蛋白质近表面的"曲"(P××F×P××F)氨基酸序列在 5 条 CYP346 家族基因中完全保守。在众多保守结构域中,血红素结合环(F××G×××C×G/A)区域最为保守,该结构域中 Cys 提供血红素配体,因此 P450 同 CO 结合在 450nm 形成特征吸收峰(Dawson 和 Sono,1987),且在 5 条 CYP346 家族基因中完全保守。表明赤拟谷盗 CYP346 基因家族在功能上具有一定的多样性。

5.4.2 赤拟谷盗 CYP346 家族 5 条基因的表达模式及其与磷化氢抗性关系研究

通过细胞色素 P450 酶专性抑制剂 PBO 对赤拟谷盗 P450 酶活性生物测定试验,从毒力方面明确表明细胞色素 P450 酶在赤拟谷盗解毒代谢中的重要作用与磷化氢抗性形成有关,将从分子水平继续探究具体的 P450 CYP346 家族基因与磷化氢抗性的关系。为了解 CYP346 家族 5 条基因在赤拟谷盗不同抗性品系中的表达情况,将通过 qPCR 技术对赤拟谷盗 CYP346 家族基因在不同抗性品系的 mRNA 表达水平进行检测，并检测亚致死剂量磷化氢处理后CYP346家族基因的表达模式，从而从分子生物学的角度进一步验证细胞色素P450酶在赤拟谷盗磷化氢抗性中的作用，为揭示细胞色素P450酶介导赤拟谷盗抗性分子机制奠定基础。

采自全国不同地区的10个赤拟谷盗品系，其中2个品系为深圳（SZ）和云南（YN）品系，另外8个来自本实验室已有品系，分别为成都（CD）、淄博（ZB）、武陵（WL）、双凤（SF）、齐河（QH）、铜梁（TL）、汨罗（ML）和金霞（JX）。具体采集地点、抗性水平等见表5-5。

表5-5 10个不同品系赤拟谷盗的详细信息

品系	采集时间	采集来源	抗性系数
SZ	2015年12月	广东省深圳某粮库	862.7
CD	2015年11月	四川省成都市某饲料加工仓库	395.4
ZB	2015年1月	山东省淄博某粮库	343.5
WL	2016年8月	湖南省常德市武陵酿酒厂	44.4
SF	2016年7月	上海市上海双凤粮食仓库	30.4
QH	2015年1月	山东省德州市齐河饲料加工厂	60.8
YN	2016年1月	云南西双版纳农户	3.0
TL	2015年9月	重庆市铜梁储粮农户铁桶仓	3.0
ML	2016年8月	湖南省常德市汨罗酒厂	3.0
JX	2016年8月	湖南省长沙市金霞九鼎饲料厂	1.8

5.4.2.1 赤拟谷盗CYP346家族5条基因在不同品系的表达分析

用qPCR对赤拟谷盗CYP346家族基因在不同品系的表达进行分析（图5-19）。结果表明，与敏感品系相比，在赤拟谷盗中抗品系和高抗品系中有3条基因（*CYP346B1*、*CYP346B2* 和 *CYP346B3*）的表达量都显著高于敏感品系，并且在极高抗品系中的表达量均显著高于敏感品系、中抗品系（$P<0.05$）；*CYP346B1*、*CYP346B2* 和 *CYP346B3* 在抗性品系（SZ）的表达量分别是敏感品系（JX）的 (11.97 ± 4.55) 倍、(5.03 ± 0.27) 倍、(9.00 ± 1.89) 倍，且3个基因在4个敏感品系中的表达量几乎一致，没有显著性差异（$P>0.05$）；而 *CYP346A2* 在所有品系中的表达量均不存在显著差异（$P>0.05$），且在不同品系中 *CYP346A2* 的表达量在 $1.00\sim1.69$ 倍之间；*CYP346A1* 在敏感品系（TL、YN）和极高抗品系（SZ）品系中的表达量相对于其他品系较高，但是在中抗品系（SF）中的表达量最低，表达量为 53%±1%。

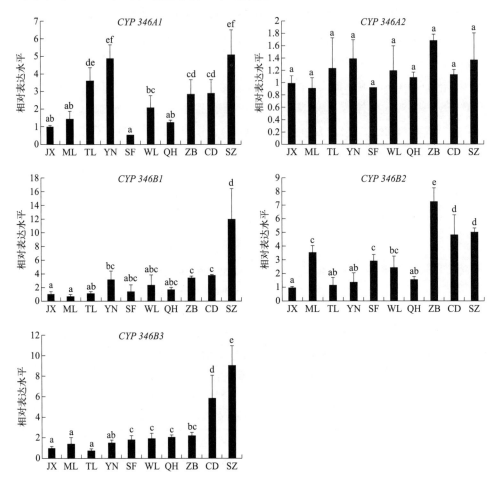

图 5-19　不同品系间赤拟谷盗 CYP346 家族基因表达量比较

表中数据为平均数±SD，同列中的不同小写字母表示不同品系存在显著性差异（$P<0.05$），JX 为对照组

5.4.2.2　CYP346 家族基因在磷化氢胁迫下的表达分析

（1）CYP346A1 在磷化氢胁迫下的表达

磷化氢胁迫前、后赤拟谷盗 CYP346A1 基因表达量的比较见图 5-20。从变化趋势来看，未经胁迫处理的 YN、SZ 两个品系的 CYP346A1 基因的表达量差异不显著（$P>0.05$）；用磷化氢处理后，与抗性品系（SZ）相比，敏感品系（YN）的 CYP346A1 在各个时间点的表达量的变化幅度并不明显（$P>0.05$）；赤拟谷盗 CYP346A1 基因在抗性品系（SZ）中在 6h 和 20h 出现上调表

达，分别是对照组（未胁迫）的 4.3 倍和 4.9 倍，但是在其他时间点的基因表达量无显著差异（$P>0.05$）。

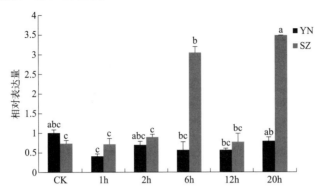

图 5-20　赤拟谷盗 *CYP346A1* 在磷化氢胁迫后的表达量

柱形图表示平均数±SD；同一品系不同字母之间表示显著性差异（P<0.05）；以 YN 品系为对照组

（2）*CYP346A2* 在磷化氢胁迫下的表达

磷化氢胁迫前、后赤拟谷盗 *CYP346A2* 基因表达量的比较见图 5-21。结果表明，未经胁迫处理的 YN、SZ 两个品系的 *CYP346A2* 基因的表达量没有显著差异（$P>0.05$）；用磷化氢胁迫后，在不同时间点 *CYP346A2* 基因表达量在抗性品系（SZ）中基本没有变化，而在敏感品系（YN）中的基因表达量表现较为异常，经磷化氢药剂胁迫后，*CYP346A2* 基因表达量达到较高水平，并明显高于抗性品系（SZ），2h、6h、12h、20h 的表达量分别是对照组的 2.69 倍、1.56 倍、2.31 倍、2.12 倍。

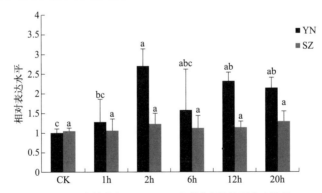

图 5-21　赤拟谷盗 *CYP346A2* 在磷化氢胁迫后的表达量

柱形图表示平均数±SD；同一品系不同字母之间表示显著性差异（P<0.05）；以 YN 品系为对照组

（3）*CYP346B1* 在磷化氢胁迫下的表达

磷化氢胁迫前、后赤拟谷盗 *CYP346B1* 基因表达量的比较见图 5-22。结果显示，未经胁迫处理的 SZ 品系的 *CYP346B1* 基因的表达量是敏感品系的

3.78 倍；用磷化氢处理后，CYP346B1 基因表达量在敏感品性（YN）和抗性品系（SZ）出现不同程度的上调，两者的变化规律相似；其中在抗性品系（SZ）中，基因的表达量与胁迫时间成正相关，在 20h 达到最大值，是未处理时的 5.0 倍，在敏感品系（YN）中，处理 2h 后达到最大值，是未胁迫时的 5.6 倍，随后其表达量开始稍微下降，但并未出现显著性差异（$P>0.05$），整体来说，经磷化氢胁迫后，抗性品系的基因表达量高于敏感品系。

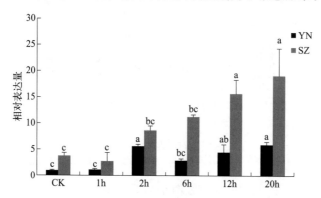

图 5-22　赤拟谷盗 CYP346B1 在磷化氢胁迫后的表达量

柱形图表示平均数±SD；同一品系不同字母之间表示显著性差异（$P<0.05$）；以 YN 品系为对照组

（4）CYP346B2 在磷化氢胁迫下的表达

磷化氢胁迫前、后赤拟谷盗 CYP346B2 基因表达量的比较见图 5-23。结果表明，磷化氢处理后，CYP345B2 在 YN 品系中的表达量缓慢上升，在 2h 达到最大值，是对照组的 5.23 倍，随后缓慢下降，但变化幅度不大；而在 SZ 品系中，CYP345B2 基因表达量先下降，之后逐渐上升，在 20h 达到峰值，是未胁迫时的 5.11 倍，是 YN 品系未胁迫的 20.68 倍。整体来说，经磷化氢胁迫后，CYP345B2 基因表达量在磷化氢抗性品系中的上调幅度高于敏感品系。

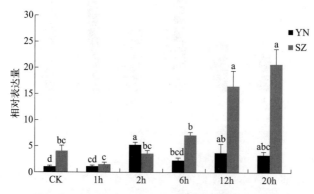

图 5-23　赤拟谷盗 CYP346B2 在磷化氢胁迫后的表达量

柱形图表示平均数±SD；同一品系不同字母之间表示显著性差异（$P<0.05$）；以 YN 品系为对照组

（5）CYP346B3 在磷化氢胁迫下的表达

磷化氢胁迫前、后赤拟谷盗 CYP346B3 基因表达量的比较见图 5-24，结果显示，磷化氢胁迫后，赤拟谷盗 CYP346B3 基因在 YN 品系和 SZ 品系中在特定时间点都出现不同程度的上调表达，且都是随着胁迫时间，表达量逐渐上升，表达量均是在 20h 达到最大值，分别是未胁迫的 9.14 倍、10.19 倍，其中 SZ 品系在磷化氢胁迫 20h 后的表达量是 YN 品系未胁迫的 66.34 倍，且抗性品系整体的表达量都高于敏感品系。

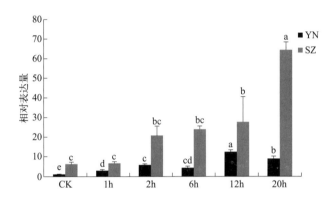

图 5-24 赤拟谷盗 CYP346B3 在磷化氢胁迫后的表达量

柱形图表示平均数±SD；同一品系不同字母之间表示显著性差异（$P<0.05$）；以 YN 品系为对照组

5.4.2.3 讨论

采用实时荧光定量 PCR 技术分析赤拟谷盗细胞色素 P450 酶系 CYP346 家庭基因在磷化氢胁迫前后的表达量。对不同品系赤拟谷盗在磷化氢胁迫后的表达模式分析表明，经磷化氢胁迫后，CYP346B1 在敏感品系和抗性品系中具有可诱导性且具有一定的时间效应，并且在抗性品系中的上调幅度高于敏感品系。CYP346B2 在抗性品系中的变化趋势与 CYP346B1 十分相似，都是在 1h 出现下降，随后逐渐上升，直到 20h 达到最大值。CYP346B2 在敏感品系中的变化趋势与 CYP346B1 稍有不同，CYP346B2 在 2h 达到最大值，随后缓慢下降，但整体来说，CYP346B1、CYP346B2 在抗性品系中的上调幅度都明显大于敏感品系；CYP346B3 的变化趋势与 CYP346B1 很相似；由此进一步推测 CYP346B 亚家族基因介导赤拟谷盗对磷化氢抗性的产生，并且在抗性品系中的上调幅度远大于敏感品系。这些基因胁迫后表达上调将可能在磷化氢的解毒代谢中起着重要的作用。很多的研究表明与昆虫抗性相关的细胞色素 P450 基因能够被杀虫剂胁迫，如棉铃虫二龄幼虫经溴氰菊酯胁迫处理后，体内主要代谢部位的两个 UGT 基因的表达量显著提高（Tao et al，2012）；灰翅夜蛾（*Spodoptera mauritia*）经溴氰菊酯胁迫后，*UGT40R3* 和 *UGT46A6* 基因的表达量显著高于对照组（Bozzolan et al，2014）；嗜卷书虱溴氰菊酯抗性中的 *CYP6CE1*、*CYP6CE2* 两个基因的表达量能被溴氰菊酯所胁迫（Jiang et al，2010）；柑橘全爪螨抗性品系在用哒螨灵、阿维菌素处理后，2 条相关基因的表达量显著上调。

对于 *CYP346A2* 的表达量在所有品系之间都没有显著差异，这不符合抗性基因在不同抗性水平中的表达趋势，经磷化氢胁迫试验进一步验证这个结论；经磷化氢胁迫后，*CYP346A2* 的表达量在抗性品系中均无显著性变化，但在敏感品系中过量表达，且其表达量甚至高于抗性品系，由此可以推断，*CYP346A2* 可能参与赤拟谷盗的应激反应，但与磷化氢的抗性没有直接关系。而对于 *CYP346A1* 的基因表达量与不同抗性品系之间没有直接的变化规律，其在部分敏感品系(TL、YN)和抗性品系(SZ)中都过量表达，而在中抗品系(SF)中的基因表达量最低；经磷化氢胁迫后，*CYP346A1* 在敏感品系(YN)中在不同胁迫时间后的表达量的变化幅度并不明显，而抗性品系在药剂处理 6h、20h 后，基因的表达量高于对照组，但这并不足以说明 *CYP346A1* 与磷化氢的抗性有关，因此还需要进一步的试验验证。

5.4.3　基于 RNAi 技术对赤拟谷盗 CYP346 家族 5 条基因的功能验证

目前昆虫基因功能的研究主要是通过 RNAi 技术沉默抑制目的基因的表达，进而确定目的基因的功能。如果想要说明某个基因在杀虫剂代谢中的作用，需要通过 RNAi 技术沉默目的基因，然后进行生物测定，检测其对杀虫剂的敏感性变化来验证。因此，为了探索赤拟谷盗 CYP346 家族基因在赤拟谷盗抗性品系中的作用，作者团队以赤拟谷盗成虫为研究对象，通过注射特异性基因的 dsRNA 并测定其沉默效率，进行磷化氢的敏感性测定，根据赤拟谷盗对磷化氢敏感性的差异性，明确 CYP346 家族基因对磷化氢的解毒作用。

5.4.3.1　CYP346 家族基因的沉默效率检测

对赤拟谷盗 CYP346 家族 5 条基因分别实施体外注射 dsRNA，采用实时荧光定量 PCR 方法分析特异性基因沉默对目的基因表达量的影响（图 5-25），

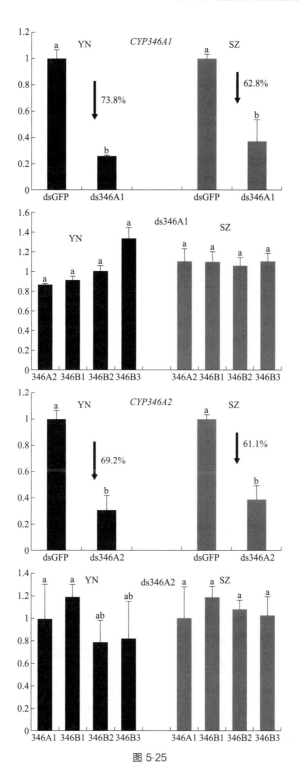

图 5-25

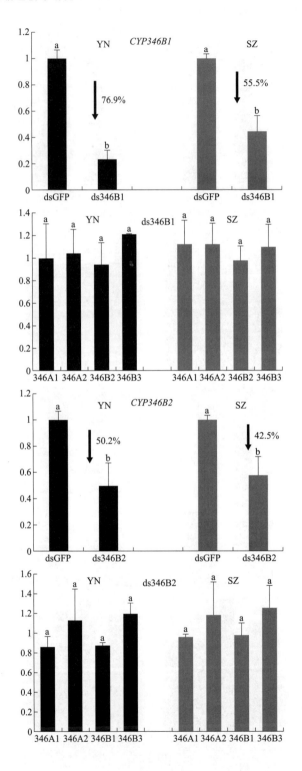

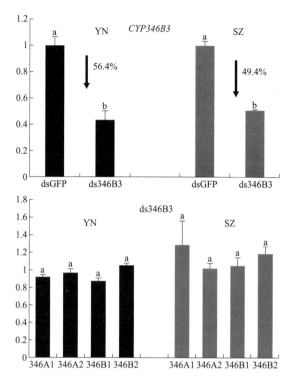

图 5-25 赤拟谷盗 CYP346 家族基因沉默效率检测

柱形图表示平均数±SD；柱上的字母表示显著性差异（P<0.05）；以 dsGFP 为对照组

结果表明：体外注射特异性 dsRNA 的赤拟谷盗体内靶标基因的表达量都出现不同程度的下降，敏感品系（YN）和抗性品系（SZ）的 *CYP346A1*、*CYP346A2*、*CYP346B1*、*CYP346B2*、*CYP346B3* 的沉默效率分别达到 50.2%～76.9%、42.5%～62.8%。其中注射 dsRNA-346B1 后，相对于抗性品系（SZ），敏感品系（YN）沉默效率高达 76.9%。因为这 5 条基因属于同一家族，为了防止基因出现脱靶效应，本试验还分别测定注射特异性 dsRNA 对其他 4 个基因的表达影响，发现除了目的基因以外，其他基因的表达量都没有显著变化，可以初步判定，本次试验成功避免脱靶效应的产生，所使用的 dsRNA 具有很好的特异性，并且注射的 dsRNA 可以有效地抑制 P450 基因 mRNA 的表达，可以用于后续的杀虫剂敏感性试验。

5.4.3.2 干扰 CYP346 家族基因后赤拟谷盗对磷化氢的敏感性测定

为了进一步明确 5 个赤拟谷盗 CYP346 家族基因在磷化氢代谢中的作用，将体外合成的 dsRNA 对赤拟谷盗蛹期进行注射，并采用亚致死浓度的磷化氢熏蒸观察死亡情况，研究结果表明：注射特异性 CYP346B 亚家族的 dsRNA 后，赤拟谷盗对磷化氢的敏感性发生了变化。在 *CYP346B1* 基因被抑制后，与对照组相比，敏感品系(YN)和抗性品系(SZ)的赤拟谷盗的死亡率分别从 33.2%、33.2%增加到 75%、64.7%；注射 dsRNA-346B2 后，与对照组相比，YN 和 SZ 品系的赤拟谷盗的死亡率分别从 33.2%、33.2%增加到 72.7%、52.6%；注射 dsRNA-346B3 后，与对照组相比，YN 和 SZ 品系的赤拟谷盗的死亡率分别从 33.2%、33.2%增加到 63%、53.12%；而阴性对照 dsRNA 的死亡率没有显著变化，而另外两个基因，*CYP346A1*、*CYP346A2*，在注射特异性 dsRNA 后，在敏感品系（YN）和抗性品系（SZ）中均对磷化氢的敏感性没有发生显著性的变化（$P>0.05$）。图 5-26 为赤拟谷盗 CYP346 基因家族干扰后对磷化氢的敏感性检测。

5.4.3.3 讨论

目前，RNAi 技术已经广泛用于研究昆虫的抗性与解毒酶基因功能。在昆虫的 RNAi 试验中，经常采用饲喂法、浸泡法和显微注射法将 dsRNA 导入体内。对于不同的昆虫，选择某种特定的导入方法至关重要，对于赤拟谷盗这种模式昆虫，考虑到虫体的大小、取食方式等因素，选择显微注射法进行 RNAi 试验。因为不同物种间达到 RNAi 沉默效果所需要注射的 dsRNA 剂量是不同的，有时相差甚远（Zhuang et al，2008），本研究在大量预试验的基础上，采用 300μL dsRNA 对赤拟谷盗蛹期进行注射，得到很好的沉默效果，敏感品系和抗性品系的 *CYP346A1*、*CYP346A2*、*CYP346B1*、*CYP346B2*、*CYP346B3* 的沉默效率分别达到 50.2%~76.9%、42.5%~62.8%。在 RNAi 试验中经常会出现脱靶效应，因非靶标基因的抑制，导致试验数据不准确，因此为了避免出现脱靶效应，本试验还分别测定注射特异性 dsRNA 对其他 4 个基因的表达影响，发现除了目的基因以外，其他基因的表达量都没有显著变化，因此表明，本试验成功避免脱靶效应的产生，所使用的 dsRNA 具有很好的特异性。

目前有很多研究表明通过 RNAi 技术可以很好地提高昆虫对杀虫剂的敏感性。通过显微注射法将 *CYP9AQ2*、*CYP409A1* 和 *CYP408B1* 的 dsRNA 注射到东亚飞蝗体内，结果表明这三条基因的表达量都明显被抑制，从而降低东亚飞蝗对溴氰菊酯的抗性（Guo Y et al，2015）。王梦瑶等（2018）研究表明，饲喂 UGT201D3-dsRNA 后，可以成功将 *UGT201D3* 基因沉默，并且使得朱砂叶螨对阿维菌素的敏感性显著增加，证明 *UGT201D3* 参与朱砂叶螨对阿维菌素抗性的形成。

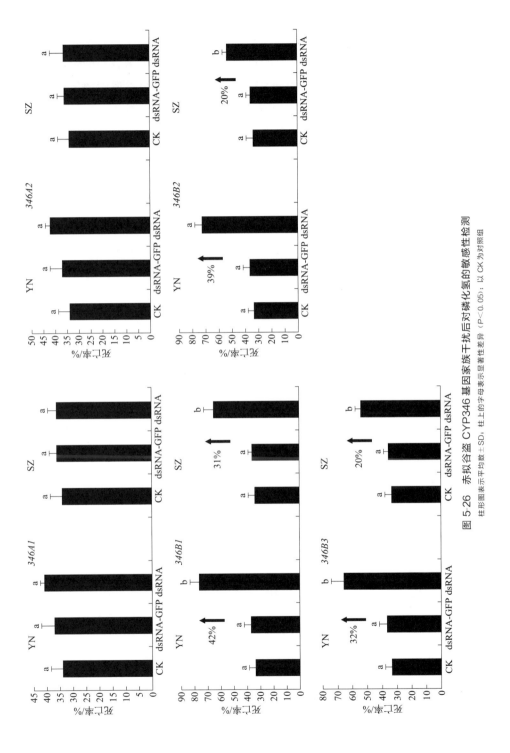

图 5-26 赤拟谷盗 CYP346 基因家族干扰后对磷化氢的敏感性检测

柱形图表示平均数±SD；柱上的字母表示显著性差异（$P<0.05$）；以 CK 为对照组

RNAi 技术能够实现对靶标基因高效、特异性的沉默，对于基因功能的研究起着重要的促进作用，该项技术已经被广泛用于探索昆虫基因功能领域。为进一步验证赤拟谷盗 P450 CYP346 家族基因是否参与对磷化氢的抗性，本试验采用显微注射法，将体外合成的 dsRNA 片段注射到赤拟谷盗蛹期体内，特异性沉默靶标基因，并结合实时荧光定量 PCR 和毒理生物测定试验来验证沉默效率。结果表明，在成功干扰赤拟谷盗敏感品系和抗性品系的 CYP346B 亚家族基因的表达量后，敏感品系和抗性品系对磷化氢的敏感性都升高，表明 CYP346B 亚家族在赤拟谷盗对磷化氢的解毒代谢中发挥着重要的作用，即赤拟谷盗 CYP346B1、CYP346B2、CYP346B3 基因的过量表达，增加其对磷化氢的解毒作用，从而导致赤拟谷盗对磷化氢的抗性增加。其中在成功干扰 CYP346A 亚家族基因的表达后，敏感品系和抗性品系对磷化氢的敏感性均无显著变化，这进一步证明赤拟谷盗对磷化氢的抗性与 CYP346A 亚家族基因无关。

5.5 赤拟谷盗表皮相关基因介导磷化氢抗性研究

基于高通量转录组测序技术，作者团队筛选出 3 个抗性相关基因 *CP14.6*、*Yellow-h* 和 *LCPA3A*，并利用相关软件对其进行生物信息学分析，为后续目的基因的功能研究提供基础数据和理论依据。

5.5.1 赤拟谷盗表皮蛋白相关基因生物信息学分析

（1）赤拟谷盗表皮蛋白相关基因全长序列分析

根据 ORF Finder 分析，赤拟谷盗 *CP14.6*、*Yellow-h* 和 *LCPA3A* 的全长序列信息见表 5-6。

表 5-6　赤拟谷盗 3 个表皮蛋白相关基因全长序列详细信息

基因	登录号	全长	开放阅读框	3′非编码区	5′非编码区
CP14.6	XM_008202625.2	660	504	57	99
Yellow-h	XM_008198277.2	1645	840	29	776
LCPA3A	XM_962464.4	752	594	62	96

（2）赤拟谷盗表皮蛋白氨基酸序列结构分析

ExPASy 分析预测赤拟谷盗 CP14.6、Yellow-h 和 LCPA3A 蛋白质的氨基酸理化性质见表 5-7。

表 5-7 赤拟谷盗 3 个表皮蛋白氨基酸理化性质

蛋白质	编码氨基酸个数	预测分子量	理论等电点	蛋白质分子式
CP14.6	167	18.29	4.62	$C_{801}H_{1213}N_{229}O_{261}S_2$
LCPA3A	197	20.26	6.48	$C_{926}H_{1415}N_{247}O_{264}S_{11}$
Yellow-h	279	32.67	6.66	$C_{1487}H_{2242}N_{390}O_{417}S_{13}$

TMHMM 跨膜结构预测结果显示：赤拟谷盗 CP14.6 和 Yellow-h 编码的蛋白质不存在跨膜区域；LCPA3A 包含一个跨膜区域，位于第 5～27 个氨基酸之间，说明 LCPA3A 是一种跨膜蛋白。

Signal P 4.1 信号肽预测结果显示：赤拟谷盗 CP14.6 可能存在信号肽，位于第 15～16 个氨基酸之间 (ASA～AR)；Yellow-h 不存在信号肽；LCPA3A 可能存在信号肽，位于第 17～18 个氨基酸之间 (ASA～GI)。

SMART 结构域分析结果显示：赤拟谷盗 CP14.6 在第 53～108 个氨基酸之间存在几丁质结合域 ChtBD4，在第 115～138 个氨基酸之间存在低复杂度结构域；Yellow-h 在第 1～259 个氨基酸之间存在保守的 MRJP 氨基酸区域；LCPA3A 在 81～133 个氨基酸之间存在几丁质结合域 ChtBD4，第 35～72 个、第 143～172 个氨基酸之间均存在低复杂度的结构域。见图 5-27。

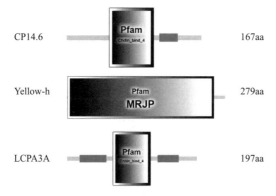

图 5-27 赤拟谷盗 3 个表皮蛋白氨基酸序列结构分析（后附彩图）

各蛋白质保守结构域、低复杂度结构域、信号肽和跨膜区域分别用黑色、粉色、蓝色和红色盒子表示

(3) 赤拟谷盗表皮蛋白氨基酸序列多重比对分析

多重序列对比发现：赤拟谷盗 CP14.6 氨基酸序列与埃及伊蚊、果蝇具有一定的相似度，并且均存在几丁质结合域 ChtBD4（图 5-28）。赤拟谷盗 Yellow-h 氨基酸序列与桔小实蝇、黑腹果蝇具有一定的相似度，并且均存在一段保守的 MRJP 氨基酸区域（图 5-29）；赤拟谷盗 LCPA3A 氨基酸序列与桔

小实蝇、致倦库蚊相似度较低,但均存在几丁质结合域 ChtBD4(图 5-30)。

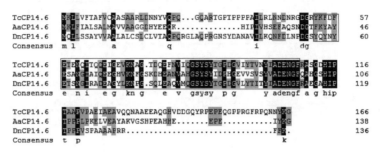

图 5-28　赤拟谷盗 CP14.6 氨基酸序列多重比对结果(后附彩图)

AaCP14.6,埃及伊蚊;DnCP14.6,果蝇;红色方框表示几丁质结合域 ChtBD4

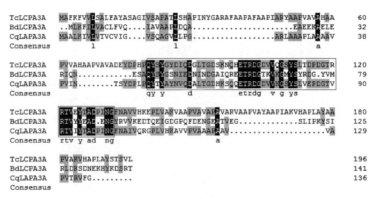

图 5-29　赤拟谷盗 LCPA3A 氨基酸序列多重比对结果(后附彩图)

BdLCPA3A,桔小实蝇;CqLCPA3A,致倦库蚊;红色方框表示几丁质结合域 ChtBD4

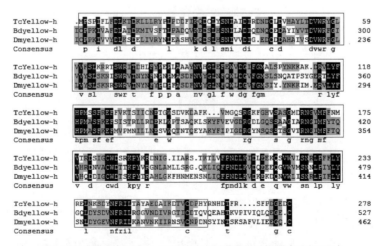

图 5-30　赤拟谷盗 Yellow-h 氨基酸序列多重比对结果(后附彩图)

Bdyellow-h,桔小实蝇;Dmyellow-h,黑腹果蝇;红色方框表示 MRJP 保守结构域

(4) 赤拟谷盗表皮蛋白系统发育分析

系统发育关系分析表明：赤拟谷盗 CP14.6 与黑腹果蝇 CPR 家族的 RR2 亚族聚类在一起；赤拟谷盗 LCPA3A 与黑腹果蝇 DmelCcp84Ag 聚为一支，表明二者亲缘关系较近；赤拟谷盗 CP14.6 与 LCPA3A 聚为一大类（图 5-31）。赤拟谷盗 Yellow-h 与黑腹果蝇 Dmyellow-h 聚为一支，表明二者具有相近的亲缘关系（图 5-32）。

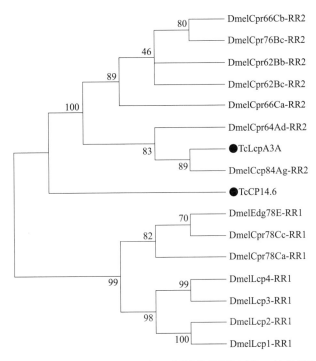

图 5-31 赤拟谷盗 CP14.6、LCPA3A 与黑腹果蝇相关基因（Dmel）的进化关系分析
分支上数字显示自展值百分数；黑色实心圆点代表赤拟谷盗 CP14.6 和 LCPA3A

(5) 讨论

基于赤拟谷盗表皮蛋白相关基因 *CP14.6*、*Yellow-h* 和 *LCPA3A* 的核苷酸序列，系统分析了各基因的氨基酸序列结构、序列比对及系统发育进化关系，结果表明：赤拟谷盗 *CP14.6*、*Yellow-h* 和 *LCPA3A* 开放阅读框分别为 504bp、840bp 和 594bp，分别编码 167 个、279 个和 197 个氨基酸。CP14.6 氨基酸序列存在信号肽和几丁质结合域 ChtBD4，且与埃及伊蚊、果蝇的 CP14.6 氨基酸序列具有一定的相似度，均存在 ChtBD4，与黑腹果蝇 CPR 家族的 RR2 亚族聚类在一起，表明 CP14.6 属于 RR2 亚族。LCPA3A 氨基酸序列存在信号肽，包含一个跨膜区域，可能是一种跨膜蛋白，且存在 ChtBD4，

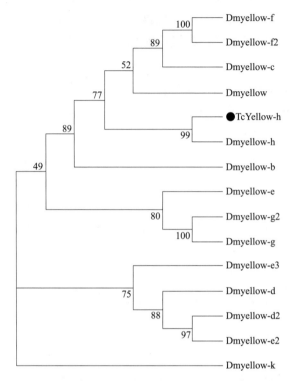

图 5-32 赤拟谷盗 Yellow-h 与黑腹果蝇黄色基因家族的进化关系分析
分支上数字显示自展值百分数；黑色实心圆点代表赤拟谷盗 Yellow-h

与桔小实蝇、致倦库蚊 LCPA3A 相似度较低，与黑腹果蝇 DmelCcp84Ag 亲缘关系较近，属于 RR2 亚族；且赤拟谷盗 CP14.6 与 LCPA3A 聚为一大类，表明二者可能存在一定的相似度。Yellow-h 存在长度约 259 个氨基酸的保守 MRJP 区域，与桔小实蝇、黑腹果蝇 Yellow-h 具有一定的相似度，均存在 MRJP 保守区域，Yellow-h 与黑腹果蝇 Dmyellow-h 具有相近的亲缘关系，与前人研究结果一致（Arakane et al.，2010）。CP14.6 和 LCPA3A 作为表皮结构蛋白且均含有信号肽，表明二者也是分泌蛋白，二者可能参与表皮结构形成或表皮成分合成，在胞外发挥作用，介导外源物质进入生物体内部的过程，可能在昆虫抗性方面发挥着重要作用，有待深入研究。MRJP 蛋白是蜂王浆中的主要蛋白质组分，具有存储营养的功能（Albert et al.，1999），而 Yellow-h 是否在虫体内发挥类似的作用，亦要进一步探索。

5.5.2 赤拟谷盗表皮蛋白相关基因的发育和组织表达模式分析

采用 RT-qPCR 技术探究赤拟谷盗 3 个表皮蛋白相关基因（*CP14.6*、

Yellow-h、*LCPA3A*）的发育和组织部位表达模式，预测特定基因在赤拟谷盗不同时空中的作用及功能。

（1）赤拟谷盗表皮蛋白相关基因在不同发育时期表达模式分析

赤拟谷盗 3 个表皮蛋白相关基因在试虫不同发育时期的相对表达量如图 5-33 所示。*CP14.6* 基因在赤拟谷盗幼虫期表达量呈现先升后降的趋势；在预蛹期（PP）表达量最高且与其他时期表达均存在显著性差异（$P<0.05$），其表达量是幼虫期平均水平的 3.23 倍；化蛹后，*CP14.6* 表达量急剧下降，但与时间呈正相关；羽化后，*CP14.6* 表达量较低或几乎不表达。表皮蛋白 Yellow-h

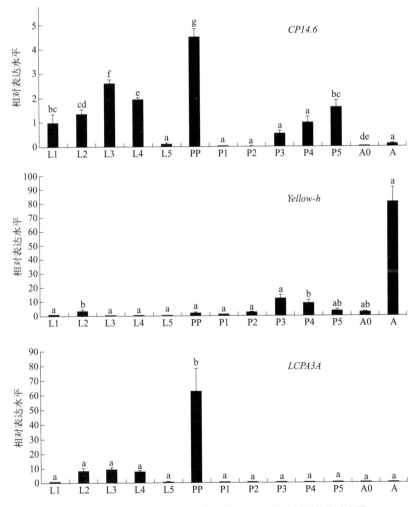

图 5-33　3 个表皮蛋白相关基因在赤拟谷盗不同发育时期的表达水平

L1~L5 表示 1~5 龄幼虫，PP 表示预蛹期，P1~P5 表示 1~5d 蛹，A0 表示羽化后 3h 的成虫，A 表示羽化后 7d 的成虫。
图中数据为平均值±标准差，不同英文字母表示不同样品基因表达量的差异显著性（$P<0.05$），以 L1 为对照组

主要在成熟成虫期大量表达，是蛹期平均表达水平的 14.46 倍，与其他发育时期表达量均存在显著性差异（$P<0.05$），在蛹期少量表达，在其他发育时期表达量较少或几乎不表达。表皮蛋白 LCPA3A 在 2、3、4 龄幼虫少量表达；主要在预蛹期大量表达且与其他发育时期表达量均存在显著性差异（$P<0.05$），其表达量是幼虫期平均水平的 11.67 倍；在蛹期和成虫期表达量较少或几乎不表达。

(2) 赤拟谷盗表皮蛋白相关基因在不同组织表达模式分析

赤拟谷盗 3 个表皮蛋白相关基因在试虫不同发育时期的相对表达量如图 5-34 所示。由图可知，表皮相关基因 *CP14.6* 在赤拟谷盗头和翅表达量相对较高，与其他组织存在显著性差异（$P<0.05$）；在胸、腹、足、脂肪体中相对表达量较低且无显著性差异（$P>0.05$）；在肠道、马氏管中表达量极低。表皮蛋白 Yellow-h 主要在翅中高表达，其表达量与其他组织存在显著性差异（$P<0.05$）；在头、胸、腹、足相对表达量较低；在肠道和马氏管中表达量极少。表皮蛋白 LCPA3A 主要在头部表达，其表达量与其他组织存在显著性差异（$P<0.05$）；在胸、翅、足等其他组织中表达量均较低。

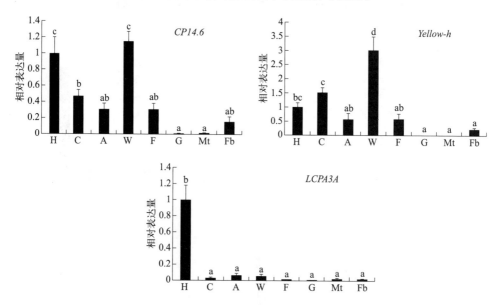

图 5-34　3 个表皮蛋白相关基因在赤拟谷盗不同组织的表达水平

H~Fb 分别表示赤拟谷盗的头、胸、腹、翅、足、肠道、马氏管、脂肪体。
图中数据为平均值±SD，不同英文字母表示不同样品基因表达差异显著性（$P<0.05$），以 H 为对照组

(3) 讨论

通过对赤拟谷盗表皮蛋白基因在不同发育时期的研究，结果表明：①赤拟

谷盗表皮蛋白相关基因 $CP14.6$ 在预蛹期表达量达到峰值且是幼虫期平均表达水平的 3.23 倍，但在蛹期和成虫期表达量相对较低；从 5 龄幼虫到预蛹期 $CP14.6$ 表达量剧烈增加的现象暗示了 $CP14.6$ 可能在赤拟谷盗化蛹阶段表皮的形成中发挥了重要作用；而 $CP14.6$ 在化蛹期表达量急剧下降，表明在蜕皮过程中试虫可能分泌了一组新的表皮蛋白参与内表皮的形成，抑制了 $CP14.6$ 的表达，以保持虫体总蛋白质水平平衡（Hopkins et al.，2000）；而烟草天蛾表皮蛋白相关基因 $MSCP14.6$ 主要在整个幼虫期表达，在蛹期和成虫期均受限制，与赤拟谷盗的表达模式存在一定差异（Rebers et al.，1997）；Rondot（1998）研究发现黄粉虫特定在幼虫期和蛹期表达的表皮蛋白基因 $TMLPCP\text{-}22$ 和 $TMLPCP\text{-}23$，与赤拟谷盗 $CP14.6$ 的表达模式相似，可能发挥着类似的作用。②赤拟谷盗表皮蛋白相关基因 $Yellow\text{-}h$ 主要在成熟成虫期大量表达，P3 期后表达量逐渐下降，在其他发育时期表达量较低，幼龄成虫到成熟成虫阶段 $Yellow\text{-}h$ 表达量上升了接近 30 倍。Noh 等（2015）研究发现赤拟谷盗 $Yellow\text{-}e$ 在幼虫期到蛹期几乎不表达，主要在成虫表皮表达，这与研究的 $Yellow\text{-}h$ 的发育表达模式极为相似，前者参与了昆虫蛹期蜕皮、色素沉着及保水等功能，因此赤拟谷盗 $Yellow\text{-}h$ 可能存在类似的功能。从赤拟谷盗黄色家族基因（yellow family genes）发育表达模式分析发现，赤拟谷盗黄色基因 $TcY\text{-}h$ 在 P3～P4 阶段被高度诱导，之后呈下降趋势，与研究结果一致；RNAi 表明 $TcY\text{-}f$ 可能参与了成虫表皮硬化，有趣的是，其硬化方式可能也与 $DmY\text{-}g$ 和 $DmY\text{-}g2$ 的作用方式类似；研究发现，$Yellow\text{-}h$ 在 A0～A 阶段表达量也剧烈上升，表明 $Yellow\text{-}h$、$TcY\text{-}g$、$TcY\text{-}g2$ 和 $TcY\text{-}f$ 可能扮演了类似的角色，这 4 个黄色基因的相互作用关系及作用机制仍需要深入探索（Arakane et al.，2010；Drapeau，2001）。③赤拟谷盗表皮蛋白相关基因 $LCPA3A$ 主要在幼虫期至预蛹期表达，蛹期至成虫期表达量较低，5 龄幼虫期到预蛹期表达量急剧上升，达到幼虫期平均水平的 11.67 倍，化蛹后，其表达量又迅速下降，这一变化趋势与 $CP14.6$ 相似且更为剧烈，表明其在预蛹期可能具有更为重要的功能，其具体作用机制有待深入探索。Nakato 等（1994）研究发现家蚕 $LCP30$ 在幼虫蜕皮阶段高表达，但在 5 龄中期后不再表达，与 $LCPA3A$ 的表达模式存在明显差异；另外发现保幼激素能够激活 $LCP30$ 的转录，直接影响其表达水平，而其对 $LCPA3A$ 是否具有调控作用也有待进一步研究。研究的 3 个表皮蛋白相关基因在赤拟谷盗不同发育时期的表达量不同，是否暗示其磷化氢抗性在不同发育时期亦存在差异，二者之间的关系有待进一步研究。

通过对赤拟谷盗表皮蛋白基因在不同组织的研究，结果表明：①赤拟谷盗表皮蛋白相关基因 $CP14.6$ 在头部和翅的表达量较高，约是胸、腹、足平均表达水平的 3 倍，而在其他部分表达量较低或几乎不表达，可以初步预测赤拟谷盗 $CP14.6$ 可能主要参与了头部和翅的表皮形成，在昆虫神经方面也可能具有一定的功能，有待深入研究。②赤拟谷盗表皮蛋白相关基因 $Yellow\text{-}h$ 在头、胸、腹、翅、足、脂肪体中均有一定量的表达，在翅中表达量最高，预测其可能参与了成虫外表皮的形成。据相关研究表明，黑色素能够协助果蝇表皮硬化，改变昆虫体色，而 Yellow 蛋白是黑色素形成的必要条件之一（Nappi and Christensen，2005；Drapeau，2003；Ferguson et al.，2011）。研究发现，$Aa\text{-}yellow\text{-}h$ 具有 DCE 活性，而 DCE 是昆虫鞣化过程中的一种关键酶（Johnson et al.，2001），组织特性表达分析显示 $Aa\text{-}yellow\text{-}h$ 在卵巢中丰富度较高，在肠道和其他部位表达量较低，几乎不表达（颜凤，2016），这与 $Tc\text{-}Yellow\text{-}h$ 的组织表达谱存在差异。王博等（2015）研究发现褐飞虱 $Nl\ Yellow$ 在头、胸、翅、足、中肠和睾丸表达，雄虫表达水平显著高于雌虫，RNAi 表明 $Nl\ Yellow$ 可能参与了外表皮色素沉着。对家蚕黄色基因组织表达谱分析发现 $Bm\text{-}yellow\text{-}c$ 在头、翅、体壁、肠道、脂肪体、马氏管中均大量表达，所有的家蚕黄色基因家族成员在卵巢和睾丸中均大量表达（Xia et al.，2006），其中脂肪体是 20E、JH 等主要激素作用的主要靶标组织。以上研究表明，埃及伊蚊、褐飞虱、家蚕黄色基因家族成员均有可能参与昆虫生殖方面的调控。而赤拟谷盗 $Yellow\text{-}h$ 是否参与表皮鞣化、色素沉着及生殖调控，有待进一步深入研究。③赤拟谷盗表皮蛋白相关基因 $LCPA3A$ 在头部具有极高丰富度，在其他组织部位表达量极少或几乎不表达。Zheng 等（2007）研究表明冈比亚按蚊幼虫表皮蛋白 Ag-LCP10.6 只在外表皮表达，在肠道和脂肪体中几乎不表达。可以推测赤拟谷盗 $LCPA3A$ 可能主要参与了头部表皮的形成，并在神经系统功能方面扮演了重要角色，这需要更为深入的探索研究。研究的 3 个表皮蛋白相关基因在不同抗性的赤拟谷盗的组织中是否存在差异表达，需要继续深入研究。

综上所述，通过研究赤拟谷盗 3 个表皮蛋白相关基因不同发育时期和组织表达模式发现，不同基因在不同发育时期的相对表达量存在一定差异，在不同组织部位的表达情况符合表皮蛋白相关基因主要在表皮表达的特异性，并对各基因的潜在功能进行了预测，这有待进一步的研究探讨。

5.5.3 赤拟谷盗表皮蛋白相关基因在不同抗性种群及磷化氢胁迫后的表达模式

为进一步研究磷化氢对 3 个表皮蛋白相关基因是否具有诱导作用，将继续通过 qPCR 技术分析相关基因在磷化氢胁迫前后的表达模式，从分子生物学的角度验证相关基因在磷化氢抗性形成中的作用，为揭示表皮蛋白相关基因介导赤拟谷盗磷化氢抗性分子机制奠定基础。

（1）赤拟谷盗表皮蛋白相关基因在不同磷化氢抗性种群的表达模式

赤拟谷盗 3 个表皮蛋白相关基因在不同磷化氢抗性种群的相对表达水平如图 5-35 所示。由图可知，*CP14.6* 在抗性种群中的表达量高于敏感种群且具有显著性差异（$P<0.05$），且该基因的相对表达量与抗性倍数呈正相关。*Yellow-h* 相对表达量与抗性关系的变化趋势与 *CP14.6* 相似，在敏感种群 XK 和 YN 中的表达量无显著性差异（$P>0.05$），在极高抗种群 SZ 和 CD 中的表达量分别是 XK 的 13.85 倍、7.98 倍，并具有显著性差异（$P<0.05$）。*LCPA3A* 在敏感种群中的表达量高于抗性种群且具有显著性差异（$P<0.05$），且该基因的相对表达量与抗性倍数呈负相关，在 XK 中的表达量是 SZ 的 15.15 倍，在抗性种群中的表达量较低且无显著性差异（$P>0.05$）。

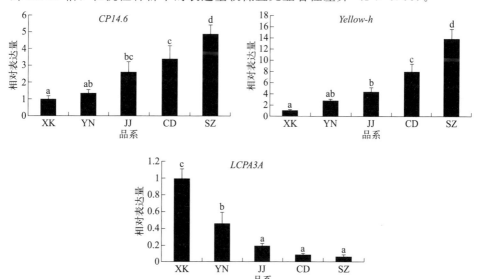

图 5-35 赤拟谷盗 3 个表皮蛋白基因在不同磷化氢抗性种群中的表达水平

图中数据为平均值±标准差，英文字母表示不同样品基因表达量的差异显著性（$P<0.05$），以 XK 为对照组

(2) 赤拟谷盗表皮蛋白相关基因在磷化氢胁迫下的表达模式

敏感品系(YN)与抗性品系(SZ)赤拟谷盗 3 个表皮蛋白相关基因在磷化氢胁迫前后的相对表达水平如图 5-36 所示。由图可知：

敏感品系经 PH_3 处理不同时间后，*CP14.6* 相比未处理组（0h），相对表达量平均下降了约 51%，具有显著性差异（$P<0.05$）；该基因在胁迫不同时间后的相对表达量无显著性差异（$P>0.05$）。抗性种群经 PH_3 处理不同时间后，*CP14.6* 相对表达量在 6h 出现峰值，是 0h 的 2.26 倍，具有显著性差异（$P<0.05$）；其他处理时间该基因表达量间无显著性差异（$P>0.05$）。PH_3 胁迫对该基因在敏感品系与抗性品系中的表达模式具有不同的影响。

敏感品系经 PH_3 处理不同时间后，*Yellow-h* 相对表达量变化趋势与 *CP14.6* 相似，经磷化氢胁迫不同时间后该基因表达量下调明显，不同时间点间基因表达量不存在显著性差异（$P>0.05$）。抗性品系 *Yellow-h* 经 PH_3 处理不同时间后，其相对表达量呈现先上升后下降的趋势，在处理 6h 后达到顶峰，是未处理的 3.95 倍；12h 后，该基因的相对表达量与未处理时不存在显著性差异（$P>0.05$）。PH_3 胁迫对该基因在敏感品系与抗性品系中的表达模式具有不同的影响。

敏感品系经 PH_3 处理不同时间后，*LCPA3A* 相对表达量具有波动性，无明显规律；处理 1h 后该基因表达量是未处理组的 24%，出现明显下调现象且存在显著性差异（$P<0.05$）；处理 2h 后该基因表达量相比 0h 不存在显著性差异 [(1.35±0.20) 倍，$P>0.05$]。抗性品系经 PH_3 处理不同时间后，*LCPA3A* 相对表达量呈现不断上升趋势；处理 20h 时的表达量相比 0h 高达 97.91 倍，存在显著性差异（$P<0.05$）。PH_3 胁迫对该基因在敏感品系与抗性品系中的表达模式具有不同的影响。

对 3 个表皮蛋白相关基因在不同磷化氢抗性种群赤拟谷盗中的定量分析，结果表明：赤拟谷盗表皮蛋白相关基因 *CP14.6* 和 *Yellow-h* 在磷化氢抗性品系中表达量呈上调趋势，在抗性品系的相对表达量显著高于敏感品系；而 *LCPA3A* 在磷化氢抗性品系中表达量呈下调趋势，在敏感品系中相对表达量显著高于抗性品系；由此推测，*CP14.6*、*Yellow-h* 和 *LCPA3A* 可能参与了赤拟谷盗磷化氢抗性的形成。

(3) 讨论

为了进一步验证 3 个表皮蛋白相关基因是否介导赤拟谷盗磷化氢抗性的形成，对磷化氢敏感品系与抗性品系赤拟谷盗 3 个表皮蛋白相关基因在磷化氢胁

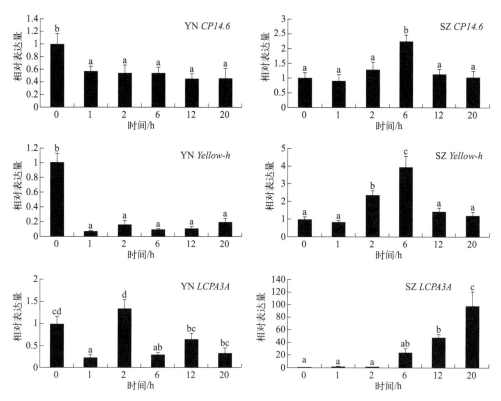

图 5-36 不同种群赤拟谷盗 3 个表皮蛋白相关基因在磷化氢胁迫前后的表达水平

图中数据表示平均值±标准差;英文字母表示不同样品基因表达量的差异显著性($P<0.05$);以 0h 为对照组

迫前、后的表达量进行分析,结果表明:受磷化氢胁迫后 *CP14.6* 和 *Yellow-h* 在抗性品系中呈现先上升后下降的趋势,且相对表达量均在 6h 达到峰值,暗示磷化氢胁迫可能对抗性品系具有一定的诱导作用;但是长时期诱导后表达量下降,可能是由于昆虫产生适应性调节,从而维持体内蛋白质水平稳定。但是在敏感品系中 *CP14.6* 和 *Yellow-h* 迅速下调,不同胁迫时间对基因的相对表达量无显著性差异,表达趋势与实验前的预测略有差异,针对这一现象,我们做出两种猜测:一种可能是,磷化氢胁迫不会导致敏感品系 *CP14.6* 和 *Yellow-h* 的过量表达,反而会使敏感品系试虫对磷化氢更为敏感,昆虫自身不能产生适应性地调节以抵御磷化氢的毒性,可能导致昆虫表皮变薄或其他生理变化,这有待进一步研究;另一种可能是,磷化氢胁迫也会导致敏感品系 *CP14.6* 和 *Yellow-h* 的表达量上调,但是,可能由于目的基因对磷化氢极为敏感,在 1h 之前基因表达量已达到峰值,随后出现下调,因此本实验所设计的胁迫时间,未能准确检测并发现这一可能趋势,对于这一问题有待进一步研究与分析。

受磷化氢胁迫后，*LCPA3A* 在赤拟谷盗敏感品系中的表达量呈波动变化，无明显规律；而在抗性品系中该基因表达量显著上调，相比未胁迫时，20h 的相对表达量达到 97.91 倍，也显著高于敏感品系未胁迫时的表达量（14.26 倍）。据此推测，抗性品系昆虫在受到磷化氢胁迫后可能产生了应激反应等适应性变化，导致 *LCPA3A* 表达量在短期胁迫后迅速上升，说明磷化氢对该基因具有明显的诱导作用。综合来看，昆虫在磷化氢短期诱导下产生的是一种应激反应，而在抗性品系中显著降低则是长期适应的结果。抗性品系表皮蛋白相关基因上调和下调表达，是昆虫长期适应过程中的平衡作用。

综上所述，根据定量结果，可以认为 *CP14.6*、*Yellow-h* 和 *LCPA3A* 在赤拟谷盗磷化氢抗性产生中扮演了重要角色，同时发现，赤拟谷盗抗性品系在磷化氢胁迫时，表皮蛋白相关基因的表达模式也与相关学者昆虫抗性来源的研究结果相似；为进一步探究表皮蛋白相关基因在赤拟谷盗磷化氢抗性形成中的作用机制，将通过后续的 RNAi 实验，明确 3 个表皮蛋白相关基因在磷化氢抗性产生中所发挥的作用及功能。

5.5.4 基因沉默对赤拟谷盗磷化氢敏感性的影响

为明确赤拟谷盗 3 个表皮蛋白相关基因在磷化氢抗性方面的功能，运用 RNAi 的方法，沉默赤拟谷盗相关目的基因，检测其沉默效率，并进行试虫的生物学测定，根据试虫对磷化氢的敏感性变化情况，揭示 3 个表皮蛋白相关基因在赤拟谷盗磷化氢抗性形成过程中所起到的关键作用。

（1）赤拟谷盗表皮蛋白相关基因沉默效率分析

RNA 干扰后，3 个赤拟谷盗表皮蛋白相关基因在不同抗性品系的表达水平如图 5-37 所示。由图可知：各基因的沉默效率均较高，敏感品系（YN）的 *CP14.6*、*Yellow-h*、*LCPA3A* 的沉默效率分别达到 70.7%、79.6%、80.7%；抗性种群（SZ）的 *CP14.6*、*Yellow-h*、*LCPA3A* 的沉默效率分别达到 70.7%、73.0%、60.2%，各基因的沉默效率相比敏感品系较低。另外，体外注射特异性 dsRNA 的赤拟谷盗体内靶标基因的表达量相比对照组都出现显著性的下降（$P<0.05$），阴性对照组目的基因表达量相比未处理组无显著性差异（$P>0.05$），表明本试验设计的 dsRNA 能够特异性地抑制目的基因的表达，具有良好的靶标特异性，可用于后续的生物学测定实验。

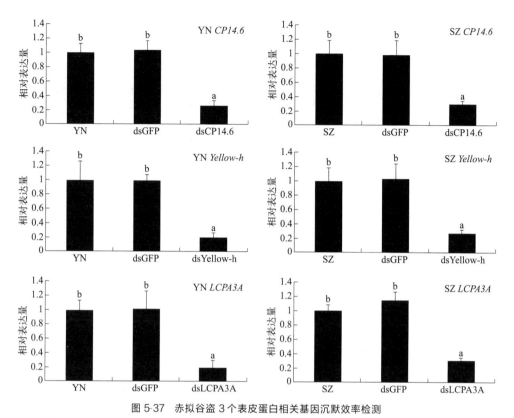

图 5-37 赤拟谷盗 3 个表皮蛋白相关基因沉默效率检测

柱形图表示平均值±标准差；英文字母表示不同样品基因表达量的差异显著性（$P<0.05$）；以 dsGFP 为阴性对照，以未处理组为空白对照

(2) 基因沉默后赤拟谷盗磷化氢敏感性分析

RNA 干扰赤拟谷盗 3 个表皮蛋白相关基因后试虫磷化氢的敏感性变化如图 5-38 所示。注射 dsCP14.6 和 dsYellow-h 后，试虫对磷化氢的敏感性增强，其死亡率相比对照组有不同程度的上升，且均存在显著性差异（$P<0.05$）；敏感品系（YN）死亡率相比未处理组分别上升 28.89%、41.11%；抗性品系（SZ）死亡率上升 25.55%、32.22%；相比敏感品系死亡率更高。注射 dsLCPA3A 后，试虫对磷化氢的敏感性减弱，其死亡率相比对照组显著下降（$P<0.05$）；YN 与 SZ 死亡率分别下降 12.22%、6.67%。注射 dsGFP 后，试虫死亡率无显著性变化（$P>0.05$）。

(3) 讨论

运用 RNAi 技术分别沉默赤拟谷盗表皮蛋白相关基因 CP14.6、Yellow-h 和 LCPA3A。通过实时荧光定量 PCR 分析发现敏感品系和抗性品系赤拟谷盗 CP14.6、Yellow-h 和 LCPA3A 的沉默效率分别达到 70.7%~80.7% 和 60.2%~

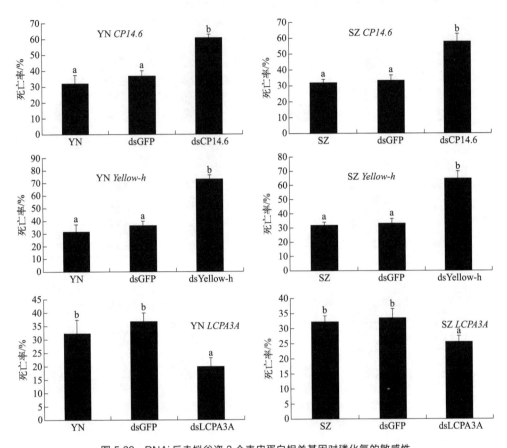

图 5-38 RNAi 后赤拟谷盗 3 个表皮蛋白相关基因对磷化氢的敏感性

柱形图表示平均值±标准差；英文字母表示不同样品死亡率的差异显著性（P<0.05）；以 dsGFP 为阴性对照，以未处理组为空白对照

73.0%，表明我们设计的 dsRNA 具有良好的靶标特异性，可用于后续的生物学测定试验。通过进一步的磷化氢敏感性测定，发现 *CP14.6*、*Yellow-h* 沉默后，敏感品系和抗性品系赤拟谷盗的死亡率相比未处理组分别上升 28.89%、41.11% 和 25.55%、32.22%，表明抑制 *CP14.6*、*Yellow-h* 的表达均导致试虫对磷化氢的敏感性增强；与之相反的是，*LCPA3A* 沉默后，敏感品系和抗性品系赤拟谷盗的死亡率相比未处理组分别下降了 12.22%、6.67%，试虫对磷化氢的敏感性减弱。从而初步得出结论：*CP14.6*、*Yellow-h* 和 *LCPA3A* 这 3 个表皮蛋白相关基因均为介导赤拟谷盗磷化氢抗性的关键因子。

研究人员发现冈比亚按蚊表皮蛋白相关基因 *CPLCG3*、*CPLCG4* 和 *CPF3* 在杀虫剂抗性种群中过量表达，而利用透射电镜（TEM）发现 *CPLCG3*、*CPLCG4* 有助于表皮增厚，*CPF3* 能够增强昆虫的干燥耐受性（Vannini et al.，2014），表皮增厚及表皮成分改变可能阻碍了杀虫剂的渗透及水分的流失；另有学者研究发现抗性种群的冈比亚按蚊角质层更厚，表皮碳氢化合物（CHC）含量显著增加，而 *CYP4G16* 正是催化表皮 CHC 生物合成的关键因子（Balabanidou et al.，2016）。Ahmad 等（2006）研究发现具有拟除虫菊酯抗性的棉铃虫能够延缓角质层穿透，增强杀虫剂的代谢速率，可能与表皮结构改变有关。Noh 等（2015）研究发现赤拟谷盗 *Yellow-e* 参与表皮硬化及色素沉着；此外，发现沉默赤拟谷盗表皮蛋白基因 *TcCPR4* 后，会导致其角质层孔道形状异常，可能会使表皮穿透性减弱，影响昆虫的耐药性（Noh et al.，2015）。由此可以推测，研究的表皮蛋白相关基因 *CP14.6*、*Yellow-h* 和 *LCPA3A* 的过量表达可能会直接或间接导致赤拟谷盗表皮结构或成分发生改变，减少磷化氢进入虫体，从而介导昆虫抗性的形成。另一方面，基因沉默后，试虫的磷化氢抗性是否有明显的变化，这可能是 3 个表皮蛋白相关基因介导赤拟谷盗磷化氢抗性的另一个证据，需要我们进一步研究。

5.6 尿苷二磷酸-葡糖醛酸转移酶基因与赤拟谷盗磷化氢抗性关系研究

以 PH_3 敏感品系和抗性品系的赤拟谷盗为研究对象。首先，采用实时荧光定量 PCR（qPCR）技术分析 *UGT2B7* 和 *UGT2C1* 基因在赤拟谷盗不同发育阶段表达水平；进而，通过 qPCR 技术解析赤拟谷盗在不同抗性品系中和 PH_3 诱导后 *UGT2B7*、*UGT2C1* 基因的表达模式；最后，采用 RNA 干扰技术分别沉默 *UGT2B7* 和 *UGT2C1* 基因，并研究锈赤扁谷盗 PH_3 敏感性变化情况。

5.6.1 *UGT2B7* 和 *UGT2C1* 基因不同发育阶段表达模式

利用 qPCR 检测 *UGT2B7* 和 *UGT2C1* 基因在赤拟谷盗不同发育阶段的表达模式。*UGT2B7* 基因在赤拟谷盗幼虫期大量表达；化蛹后，*UGT2B7* 表达量急剧下降，且与其他时期表达量均存在显著性差异（$P<0.05$）；羽化后，*UGT2B7* 表达量达到最高，其表达量是蛹期平均水平的 7.65 倍。*UGT2C1* 基因在 2、3 龄幼虫少量表达，主要在预蛹期大量表达且与其他发育时期表达量均存在显著性差异（$P<0.05$），其表达量是幼虫期平均水平的 5.86 倍，在蛹期和成虫期表达量较少（图 5-39）。

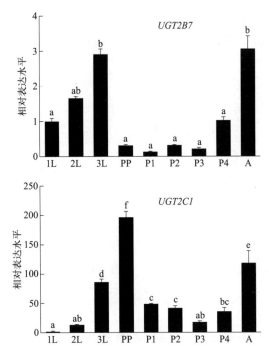

图 5-39 *UGT2B7*、*UGT2C1* 基因在赤拟谷盗不同发育阶段的表达

1L-3L、PP、P1~P4、A 分别代表 1~3 龄幼虫、预蛹、1~4 日龄蛹、成虫，图中数值为平均值 ± SE（n=3），各柱上不同的字母代表基因相对表达有显著性差异（$P<0.05$）

5.6.2 *UGT2B7* 和 *UGT2C1* 基因在敏感品系和抗性品系中的表达模式

赤拟谷盗 *UGT2B7* 和 *UGT2C1* 基因在 PH_3 敏感（YN）品系和抗性（SZ）品系中的表达水平如图 5-40 所示。由图可知，*UGT2B7* 和 *UGT2C1* 基因在抗性种群中的表达量均高于敏感品系，*UGT2B7* 和 *UGT2C1* 基因在抗性品系 SZ 中的表达量分别是敏感品系 YN 的 2.70 倍、5.90 倍，并具有显著性差异（$P<0.05$）。

5.6.3 *UGT2B7* 和 *UGT2C1* 基因在磷化氢胁迫下的表达模式

不同时间梯度下，PH_3 胁迫对赤拟谷盗 *UGT2B7* 基因表达量影响见图 5-41。结果显示，PH_3 处理后 *UGT2B7* 的表达量在敏感（YN）品系和抗性品系（SZ）均出现不同程度的上调，两者的变化规律相似，均在 2h 出现峰值。敏感品系基因表达量达到最大值时，是未处理组的 2.47 倍，与胁迫的其他时间点相对表达量形成显著性差异（$P<0.05$）；抗性品系基因表达量达到最大值时，是

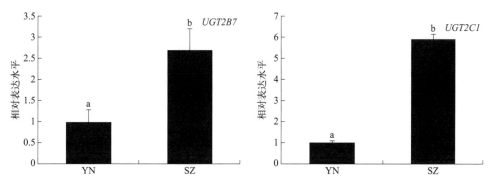

图 5-40　赤拟谷盗 *UGT2B7* 和 *UGT2C1* 基因在不同 PH_3 抗性品系中的表达水平

柱形图表示平均数±SD；不同字母之间表示显著性差异（$P<0.05$），以 YN 为对照组

未处理组的 1.76 倍，具有显著性差异（$P<0.05$）。

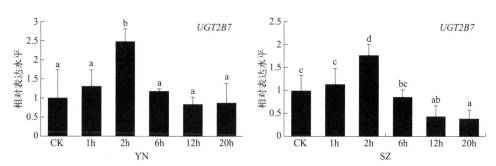

图 5-41　赤拟谷盗 *UGT2B7* 在 PH_3 胁迫后的表达量变化

柱形图表示平均数±SD；不同字母之间表示显著性差异（$P<0.05$）；以未处理药剂组为对照组

PH_3 胁迫后赤拟谷盗 *UGT2C1* 基因表达量变化见图 5-42，结果显示，敏感品系经 PH_3 处理不同时间后，相比未处理组，*UGT2C1* 相对表达量平均下降至对照组的约 18.6%，具有显著性差异（$P<0.05$）；该基因在胁迫 1h 后，其相对表达量无显著性差异（$P>0.05$）。抗性品系经 PH_3 处理不同时间后，

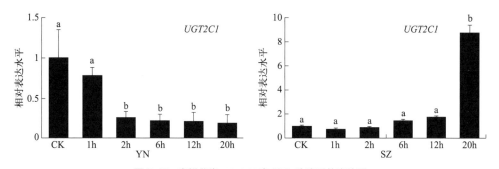

图 5-42　赤拟谷盗 *UGT2C1* 在 PH_3 胁迫后的表达量

柱形图表示平均数±SD；不同字母之间表示显著性差异（$P<0.05$）；以未处理药剂组为对照组

UGT2C1 相对表达量呈现不断上升趋势；处理 20h 时的表达量相比未处理组高达 8.75 倍，存在显著性差异（$P<0.05$）。PH_3 胁迫后该基因在敏感品系和抗性品系中的表达模式不同。

5.6.4　UGT2B7 和 UGT2C1 基因沉默对赤拟谷盗 PH_3 敏感性的影响

为进一步解析赤拟谷盗 UGT2B7 和 UGT2C1 基因与 PH_3 抗性形成的关系，利用 RNA 干扰技术分别沉默这两个基因，并检测其沉默效率，同时研究试虫 PH_3 敏感性变化情况，从而揭示其在赤拟谷盗 PH_3 抗性形成中的关键作用。结果显示，赤拟谷盗分别注射 dsUGT2B7、dsUGT2C1 48h 后，与对照组相比，敏感品系和抗性品系的 UGT2B7、UGT2C1 mRNA 表达水平显著降低，沉默效率分别是 49.4％、41.1％ 和 51.7％、47.6％（图 5-43）。

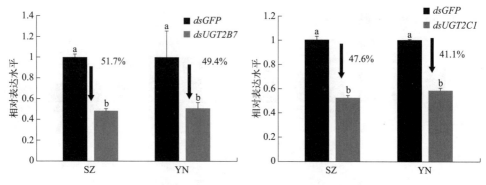

图 5-43　赤拟谷盗 UGT2B7、UGT2C1 基因沉默效率检测
柱形图表示平均数±SD；柱上的字母表示显著性差异（$P<0.05$）；以 dsGFP 为对照组

沉默 UGT2B7、UGT2C1 基因后赤拟谷盗对 PH_3 的敏感性分析结果发现，与对照组相比，RNA 干扰 UGT2B7 后，分别用各自的 LC_{30} 浓度处理敏感品系和抗性品系，赤拟谷盗死亡率分别增加到 27％、22％；RNA 干扰 UGT2C1 后，赤拟谷盗死亡率分别增加 38％、31％。注射 dsGFP 后，试虫死亡率无显著性变化（$P>0.05$）。

5.6.5　小结

研究通过对 UGT2B7 和 UGT2C1 基因在不同 PH_3 抗性品系赤拟谷盗中的定量分析，发现 UGT2B7 和 UGT2C1 基因在 PH_3 抗性品系中表达量均呈上调趋势，抗性品系表达量显著高于敏感品系，暗示其与 PH_3 抗性形成密切相关。

研究发现，9 个 UGT 家族基因在多抗小菜蛾品系中过量表达，且其中的 *UGT40V1*、*UGT45B1* 和 *UGT33AA4* 可以被 5～7 种杀虫剂诱导表达。*UGT40V1*、*UGT45B1*、*UGT33AA4* 和 *UGT2B7* 与 *UGT2C1* 属于同一个家族基因，其功能可能相似，可能介导了昆虫的抗性上调。为了进一步验证这两条基因是否介导赤拟谷盗 PH_3 抗性的形成，研究对 PH_3 敏感品系与抗性品系赤拟谷盗 *UGT2B7* 和 *UGT2C1* 基因在 PH_3 胁迫前、后的表达量进行分析，结果表明，*UGT2B7* 基因在敏感品系和抗性品系中均出现先升后降的应激反应，且均在 2h 相对表达量达到峰值，相比未胁迫组显著上调，但是长时间胁迫后表达量下降，可能是昆虫产生了适应性调节，从而维持体内蛋白质水平稳定。而 *UGT2C1* 基因的表达量，在敏感品系试虫中持续下调，在抗性品系中持续上调。在敏感品系中的持续下调这一趋势与实验前的预测略有差异，对于这一问题我们会在后续实验中对其做出进一步检测与分析。在抗性品系中表达量显著上调，胁迫 20h 后该基因的表达量是对照组的 8.75 倍。据此推测，抗性品系赤拟谷盗在受到 PH_3 胁迫后可能产生了应激反应等适应性变化，导致 *UGT2C1* 表达量在胁迫一定时间后迅速上升，以应对外界的药剂压力使赤拟谷盗对 PH_3 的敏感性迅速增强，同时也验证了在赤拟谷盗抗性品系中 *UGT2C1* 表达量呈上调趋势这一结果。有报道表明，茚虫威处理后甜菜夜蛾（*Spodoptera Exigua*）6 个 UGT 家族基因表达水平显著上调，硫丹处理后的斜纹夜蛾（*Spodoptera Litura*）UGT 酶活性于 24h 后显著升高。有研究者发现抗吡唑硫磷果蝇代谢速率明显高于敏感品系，并且通过荧光同位素[14]C 标记法得出 UGT 只存在于微粒体酶液中，同时在抗性品系中 UGT 酶活性明显高于敏感品系。Kojima（2010）等利用高通量转录组测序发现，除虫菊酯可诱导 UGT 表达量显著上升，同时经吡虫啉、啶虫脒和除虫脲筛选或者处理后，其体内的 UGT 的表达量明显提高，表明 UGT 与昆虫对杀虫剂的解毒代谢关系密切。综上所述，根据定量结果，认为 *UGT2B7* 和 *UGT2C1* 基因在赤拟谷盗 PH_3 抗性产生中扮演了重要角色，同时发现，赤拟谷盗抗性品系在 PH_3 胁迫时的表达模式也与相关研究人员对昆虫抗性来源的研究结果相似。

为了进一步明确赤拟谷盗 PH_3 抗性产生机理，通过 RNA 干扰实验，验证 *UGT2B7* 和 *UGT2C1* 基因在 PH_3 抗性产生中所发挥的作用及功能。目前对于 UGT 家族基因的功能研究最早是在烟芽夜蛾（*Heliothis Virescens*）中开展的，发现 UGT 能增强其对有机磷杀虫剂甲基对硫磷的抗性。王梦瑶（2018）采用"叶碟吸收饲喂法"对朱砂叶螨（*Tetranychus cinnabarinus*）*UGT201D3* 基因进行RNA干扰，研究表明AbR品系处理前后对阿维菌素的敏感性在LC_{30}、LC_{50}和LC_{70}剂量下均变强了。Li等（2016）利用RNA干扰对UGT2B17表达进行沉默，研究其与小菜蛾对氯虫苯甲酰胺抗性的关系，结果表明，UGT2B17参与了氯虫苯甲酰胺的解毒作用，该基因的过表达在小菜蛾的抗氯虫苯甲酰胺中起着重要的作用。对赤拟谷盗老熟幼虫进行RNA干扰，使UGT2B7和UGT2C1分别沉默，从而研究其与PH_3抗性的关系，PH_3敏感性实验结果表明，UGT2B7和UGT2C1基因沉默后，敏感品系和抗性品系的赤拟谷盗死亡率都明显变高，该结果证实UGT2B7和UGT2C1基因在赤拟谷盗PH_3抗性形成过程中发挥着重要作用，其参与了赤拟谷盗对PH_3的解毒作用。

赤拟谷盗UGT2B7和UGT2C1基因的表达具有发育阶段特异性，UGT2B7在3龄幼虫和成虫阶段高表达，UGT2C1在预蛹中高表达，结果暗示UGT2B7和UGT2C1可能参与赤拟谷盗的生理代谢过程。UGT2B7和UGT2C1基因在抗性品系中的表达量均显著高于敏感品系（$P<0.05$）。敏感品系和抗性品系赤拟谷盗的UGT2B7和UGT2C1基因的表达量均随着磷化氢熏蒸时间的变化而变化，表明这两个基因可能在赤拟谷盗对PH_3产生抗性的过程中起着重要的作用。UGT2B7、UGT2C1基因沉默后，赤拟谷盗对PH_3的敏感性显著提高，进一步表明UGT2B7、UGT2C1基因参与赤拟谷盗对PH_3的抗性的形成。

参考文献

白旭光.2002.储藏物害虫与防治［M］.北京：科学出版社，268-269.
曹阳，刘梅，郑彦昌.2003.五种储粮害虫11个品系的磷化氢抗性测定［J］.粮食储藏，32(2)：9-11.
曹阳，宋翼.2002.磷化氢毒理学研究综述［J］.郑州工程学院学报，23(2)：84-89.
曹阳.2005.我国储粮害虫玉米象和米象磷化氢抗药性调查［J］.河南工业大学学报（自然科学版），(5)：4-8.
曹阳.2006.我国谷蠹、赤拟谷盗、锈赤扁谷盗和土耳其扁谷盗磷化氢抗药性调查［J］.河南工业大学学报（自然科学版），1(4)：1-6.
陈春刚.2004.磷化氢杀虫机理研究综述［J］.粮食储藏，32(3)：12-17.
方福瑾.2014.蚊杀虫剂表皮抗性的初步研究［D］.南京：南京医科大学.
蒋庆慈，黄辅元，姜武峰，等.1995.几种主要储粮害虫毒地磷化氢和马拉硫磷抗药性及对策技术研究［J］.郑州粮食学院学报，16(3)：79-87.
孔卫青，杨金宏.2009.家蚕Bmugt 3基因cDNA序列的克隆、表达与序列分析［J］.西北农林科技大学学报（自然科学版），37(11)：19-24.
李秀霞.2018.CYP6BG1和UGT33AA4介导的小菜蛾对氯虫苯甲酰胺抗性的分子机制［D］.北京：中国农业大学.
李月，李克强，郭道林，等.2015.国际储藏物保护研究进展—第十一届国际储藏物保护工作会议情况综述［J］.粮食储藏，1(2)：49-54.

梁欣，陈斌，乔梁.2014.昆虫表皮蛋白基因研究进展［J］.昆虫学报，57(9)：1084-1093.
林国番.1993.几种储粮害虫对磷化氢抗性监测和对策研究［C］.中国粮油学会储藏专业分会第三次学术交流会论文集，15(2)：239-240.
娄琳琳.2014.杀虫剂对斜纹夜蛾UDP-葡萄糖基转移酶活性的影响［D］.南京：南京农业大学.
罗婉冰，何文婧，黄玉秋，等.2013.斜纹夜蛾中肠糖代谢相关基因的克隆及表达模式分析［J］.昆虫学报，56(09)：965-973.
马凯.2015.MiR-92a通过调控表皮蛋白基因 $CpCPR4$ 参与蚊抗药性［D］.南京：南京医科大学.
王博，姚云，徐泽炜，等.2015.褐飞虱 Yellow 基因的克隆及功能［J］.中国农业科学，48(15)：2976-2984.
王梦瑶.2018.朱砂叶螨 $UGT201D3$ 基因参与阿维菌素抗药性的机制研究［D］.重庆：西南大学.
王燕，李大琪，刘晓健，等.2015.飞蝗表皮蛋白 Obstructor 家族基因的分子特性及基于RNAi的功能分析［J］.中国农业科学，48(01)：73-82.
吴益东，杨亦桦，陈进，等.2000.增效醚（PBO）对棉铃虫细胞色素P450的抑制作用及拟除虫菊酯的增效作用［J］.昆虫学报，43(2)：138-142.
严晓平，黎万武，刘作伟，等.2004.我国主要储粮害虫抗性调查研究［J］.粮食储藏，4：17-20.
颜凤.2016.埃及伊蚊 yellow 基因家族表达谱分析及rAa-Yc蛋白的功能初探［D］.贵阳：贵州医科大学.
张书恒.2016.杀虫剂处理对甜菜夜蛾尿苷二磷酸葡萄糖基转移酶基因表达的影响［D］.南京：南京农业大学.
Ahmad M, Denholm I, Bromilow R H. 2006. Delayed cuticular penetration and enhanced metabolism of deltamethrin in pyrethroid-resistant population of *Helicoverpa armigera* from China and Pakistan[J]. Pest Management Science, 62(9): 805-810.
Albert S, Klaudiny J, Simuth J. 1999. Molecular characterization of *MRJP3*, highly polymorphic protein of honeybee (*Apis mellifera*) royal jelly[J]. Insect Biochemistry and Molecular Biology, 29(5): 427-434.
Andersen S O. 2000. Studies on proteins in post-ecdysial nymphal cuticle of locust, *Locusta migratoria*, and cockroach, *Blaberus craniifer*[J]. Insect Biochemistry and Molecular Biology, 30(7): 569-577.
Arakane Y, Dittmer N T, Tomoyasu Y, et al. 2010. Identification, mRNA expression and functional analysis of several yellow family genes in *Tribolium castaneu*[J]. Insect Biochemistry and Molecular Biology, 40(3): 259-266.
Aron M B, Anderson J B, Farideh C, et al. 2009. CDD: specific functional annotation with the Conserved Domain Database [J]. Nucleic Acids Research, 37(1): 205-210.
Awolola T S, Oduola O A, Strode C, et al. 2008. Evidence of multiple pyrethroid resistance mechanisms in the malaria vector Anopheles gambiae sensu stricto from Nigeria [J]. Transactions of the Royal Society of Tropical Medicine and Hygiene, 103(11): 1139-1145.
Balabanidou V, Kampouraki A, MacLean M, et al. 2016. Cytochrome P450 associated with insecticide resistance catalyzes cuticular hydrocarbon production in Anopheles gambiae [J]. Proceedings of the National Academy of Sciences of the United States of America, 113(33): 9268-9273.
Bozzolan F, Siaussat D, Maria A, et al. 2014. Antennal uridine diphosphate (UDP)-glycosytransferases in a pest insect: diversity and putative function in odorant and xenobiotics clearance [J]. Insect Molecular Biology, 23(5):539.
Bui Cong Hien. 1999. Some initial results on phosphine resistance of major product insect pests in Vietnam [C]. Proceedings of the 7th International Working Conference of stored product, 648-652.
Bull D L, Whitten C J. 1972. Factors influencing organophosphorus insecticide resistance in tobacco budworms [J]. Journal of Agricultural and Food Chemistry, 20(3): 561-564.
Chen Z, Schlipalius D, Opit G, et al. 2015. Diagnostic molecular markers for phosphine resistance in U. S. populations of *Tribolium castaneum* and *Rhyzopertha dominica*. [J]. PloS One, 10(3: e0121343.

Dawson J H, Sono M. 1987. Cytochrome P-450 and chloroperoxidase: thiolate-ligated heme enzymes. Spectroscopic determination of their active-site structures and mechanistic implications of thiolate ligation [J]. Chemical Reviews, 87(5): 1255-1276.

Drapeau M D. 2001. The family of yellow-related Drosophila melanogaster proteins[J]. Biochemical and Biophysical Research Communications, 281(3): 611-613.

Fang F J, Wang W J, Zhang D H, et al. 2015. The cuticle proteins: a putative role for deltamethrin resistance in *Culex pipiens pallens* [J]. Parasitology Research, 114(12): 4421-4429.

Ferguson L C, Jack G, Alison S, et al. 2011. Evolution of the insect yellow gene family [J]. Molecular Biology and Evolution, 28(1): 257-272.

Fogleman J C, Danielson P B. 2001. Analysis of fragment homology among DNA sequence from cytochrome P450 families 4 and 6 [J]. Genetica, 110: 257-265.

Gao Y, Kim K, Kwon D H, et al. 2017. Transcriptome-based identification and characterization of genes commonly responding to five different insecticides in the diamondback moth, *Plutella xylostella* [J]. Pesticide Biochemistry and Physiology, 144(6): 1-9.

Gellatly K J, Yoon K S, Doherty J J, et al. 2015. RNAi validation of resistance genes and their interactions in the highly DDT-resistant 91-R population of Drosophila melanogaster[J]. Pesticide Biochemistry and Physiology, 121(4): 107-115.

Guo Y, Zhang X, Wu H, et al. 2015. Identification and functional analysis of a cytochrome P450 gene *CYP9Q2* involved in deltamethrin detoxification from *Locusta migraria* [J]. Pesticide Biochemistry & Physiology, 122:1-7.

Hopkins T L, Krchma L J, Ahmad S A, et al. 2000. Pupal cuticle proteins of Manduca sexta: characterization and profiles during sclerotization[J]. Insect Biochemistry and Molecular Biology, 30(3): 19-27.

Huang J H, Liu Y, Lin Y H, et al. 2018. Practical use of RNA interference: Oral delivery of double-stranded RNA in liposome carriers for cockroaches [J]. Jove-Journal of Visualized Experiments, 135: e57385.

Jiang H B, Liu Y H, Tang P A, et al. 2010. Validation of endogenous reference genes for insecticide induced and development expression profiling of *Liposcelis bostsrychophila* (*Psocoptera: Liposcelididae*) [J]. Molecular Biology Reports, 37(2): 1019-1029.

Johnson J K, Li J, Christensen B M. 2001. Cloning and characterization of a dopachrome conversion enzyme from the yellow fever mosquito, *Aedes aegypti* [J]. Insect Biochemistry and Molecular Biology, 31(11): 1125-1135.

Kamiya E, Yamakawa M, Shono T, et al. 2001. Molecular cloning, nucleotide sequences and gene expression of new cytochrome P450s (*CYP6A24*, *CYP6D3v2*) from the pyrethroid resistant housefly, *Musca domestica L.*(*Diptera: Muscidae*) [J]. Applied Entomology & Zoology, 36(2): 225-229.

Kaplanoglu E, Chapman P, Scott I M, et al. 2017. Overexpression of a cytochrome P450 and a UDP-glycosyltransferase is associated with resistance in the Colorado potato beetle, *Leptinotarsa decem Lineata* [J]. Scientific reports, 7(1):1762.

Karunker I, Benting J, Lueke B, et al. 2008. Over-expression of cytochrome P450 *CYP6CM1* is associated with high resistance to imidacloprid in the B and Q biotypes of *Bemisia tabaci* (*Hemiptara: Aleyrodidae*) [J]. Insect Biochemisty & Molecular Biology, 38(6): 634-644.

Kojima W, Fujii T, Suwa M , et al. 2010. Physiological adaptation of the Asian corn borer *Ostrinia furnacalis* to chemical defenses of its host plant, maize [J]. Journal of Insect Physiology, 56(9): 1349-1355.

Li X, Shi H, Gao X, et al. 2019. Characterization of UDP-glucuronosyltransferase genes and their possible roles in multi-insecticide resistance in *Plutella xylostella* (L.) [J]. Pest Management Science, 74(3):695-

704.

Li X, Zhu B, Gao X, et al. 2016. Over-expression of UDP-glycosyltransferase gene *UGT2B17* is involved in chlorantraniliprole resistance in *Plutella xylostella* (L.) [J]. Pest Management Science, 73 (7): 1402-1409.

Mackenziea P I, Bock K W, Burchellc B, et al. 2005. Nomenclature update for the mammalian UDP glycosyhransfer ase(UGT gene superfamily)[J]. Pharmacogenet Genomics, 15: 677-685.

Maria, V, Karouzoua, Yannis Spyropoulosa. 2007. Drosophila cuticular proteins with the R&R Consensus: Annotation and classification with a new tool for discriminating RR-1 and RR-2 sequences [J]. Insect Biochemistry and Molecular Biology, (37): 754-760.

Moussian B. 2010. Recent advances in understanding mechanisms of insect cuticle differentiation [J]. Insect Biochemistry and Molecular Biology, 40(5): 363-375.

Nakato H, Shofuda K I, Izumi S, et al. 1994. Structure and developmental expression of a larval cuticle protein gene of the silkworm, *Bombyx mori* [J]. Biochimica Et Biophysica Acta, 1218(1): 64-74.

Nappi A J, Christensen B M. 2005. Melanogenesis and associated cytotoxic reactions: Applications to insect innate immunity [J]. Insect Biochemistry and Molecular Biology, 35(5): 443-459.

Noh M Y, Muthukrishnan S, Kramer K J, et al. 2015. *Tribolium castaneum* RR-1 cuticular protein *TcCPR4* is required for formation of pore canals in *Rigid Cuticle* [J]. PLoS Genetics, 11(2): e1004963.

Oppert B, Guedes R N C, Aikins M J, et al, 2015. Genes related to mitochondrial functions are differentially expressed in phosphine resistant and -susceptible *Tribolium castaneum* [J]. BMC Genomics, 2015, 16(1): 1-10.

Posnien N, Schinko J, Grossmann D, et al. 2009. RNAi in the red flour beetle (*Tribolium*) [J]. Cold Spring Harbor protocols, (8): pdb. prot 5256.

Qiu Y, Tittiger C, Wicker-Thomas C, et al. 2012. An insect-specific P450 oxidative decarbonylase for cuticular hydrocarbon biosynthesis [J]. Proceedings of the National Academy of Sciences, 109 (37): 14858-14863.

Rajendran S. 2001. Insect resistance to phosphine-challenges and strategies [J]. International Pest Control, 43: 118-123.

Rebers J E, Niu J, Riddiford L M. 1997. Structure and spatial expression of the *Manduca sexta* MSCP14. 6 cuticle gene[J]. Insect Biochemistry and Molecular Biology, 27(3): 229-240.

Riaz M A, Chandor-Proust A, Dauphin-Villemant C, et al. 2012. Molecular mechanisms associated with increased tolerance to the neonicotinoid insecticide imidacloprid in the dengue vector *Aedes aegypti* [J]. Aquatic toxicology (Amsterdam, Netherlands), 126: 326-337.

Rondot I, Quennedey B, Delachambre J. 1998. Structure, organization and expression of two clustered cuticle protein genes during the metamorphosis of an insect, *Tenebrio molitor* [J]. FEBS Journal, 254 (2): 304-312.

Ross J, Li Y, Lim E, et al. 2001. Higher plant glycosyltransferases [J]. Genome biology, 2(2): 1-6.

Schlipalius D, Valmas N, Tuck A, et al. 2012. A Core Metabolic Enzyme Mediates Resistance to Phosphine Gas [J]. Science, 338(6108): 807-810.

Si WL, Kazunari O, Shigeki T, et al. 2005. Metabolic resistance mechanisms of the housefly (*Musca domestica*) resistant to pyraclofos [J]. Pesticide Biochemistry and Physiology, 85(2): 76-83.

Stefan A, Klaudiny J. 2004. The MRJP/YELLOW protein family of Apis mellifera: Identification of new members in the EST library [J]. Journal of Insect Physiology, 50(1): 51-59.

Sztal T, Chung H, Berger S, et al. 2021. A cytochrome P450 conserved in insects is involved in *cuticle formation* [J]. PLoS ONE, 7(5): e36544.

Togawa T, Dunn W A, Emmons A C, et al. 2008. Developmental expression patterns of cuticular protein genes with the R&R Consensus from *Anopheles gambiae*[J]. Insect Biochemistry and Molecular Biology,

38(5): 508-519.

Vannini L, Reed T W, Willis J H. 2014. Temperature oral and spatial expression of cuticular proteins of *Anopheles gambiae* implicated in insecticide resistance or differentiation of M/S incipient species [J]. Parasites & Vectors, 7(1): 24-34.

Vontas J, Blass C, Koutsos A C, et al. 2005. Gene expression in insecticide resistant and susceptible *Anopheles gambiae* strains constitutively or after insecticide exposure [J]. Insect Molecular Biology, 14(5): 509-521.

Wang J, Wu M, Wang B, et al. 2013. Comparison of the RNA interference effects triggered by dsRNA and siRNA in *Tribolium castaneum* [J]. Pest Management Science, 69(7): 781-786.

Willis J H. 2010. Structural cuticular proteins from arthropods: Annotation, nomenclature, and sequence characteristics in the genomics era [J]. Insect Biochemistry and Molecular Biology, 40(3): 189-204.

Xia A H, Zhou Q X, Yu L, et al. 2006. Identification and analysis of YELLOW protein family genes in the silkworm, *Bombyx mori* [J]. BMC Genomics, 7(1): 195-204.

Yong H, Feifan L, Manwen L, et al. 2019. Susceptibility of *Tribolium castaneum* to phosphine in China and functions of cytochrome P450s in phosphine resistance [J]. Journal of Pest Science, 92(4):1239-1248.

Zheng G Z, Kim B Y, Yoon H G, et al, 2007. Anopheles gambiae larva cuticle protein gene: Genomic structure of three cuticle protein genes and cdna cloing of a novel cuticle protein [J]. International Journal of Industrial Entonomogy, 14(1): 51-56.

Zhuang S F, Lisha K, James B N. 2008. Multiple alpha subunits of integrin are involved in cell-mediated responses of the Manduca immune system [J]. Developmental and Comparative Immunolgy, 32(4): 365-376.

Zucker S, Qin X, Rouster S D, et al. 2001. Mechanism of indinavir-induced hyperbilirubinemia [J]. Proceedings of the National Academy of Sciences of the United States of America, 99(22):12671-12676.

第六章

新型储粮害虫熏蒸剂
——甲酸乙酯

甲酸乙酯作为粮食熏蒸剂具有杀虫速度快、熏后对粮食无不良影响、对哺乳动物低毒、对环境安全等许多优点,然而甲酸乙酯对不同种类害虫的防治效果不同,不同的粮食品种对甲酸乙酯的吸附能力也存在很大差异,因此,在实仓应用中根据情况选择合适的施药量是非常重要的。

6.1 甲酸乙酯对锯谷盗的熏蒸活性研究

采用密闭熏蒸法,在实验室条件下研究甲酸乙酯(EtF)对储藏物害虫锯谷盗(*Oryzaephilus surinamensis*)成虫的熏蒸活性。

6.1.1 熏蒸时间对甲酸乙酯熏蒸活性的影响

处理时间对甲酸乙酯熏蒸活性的影响结果见表 6-1。从表中可以看出,随着处理时间的延长,锯谷盗成虫的校正死亡率逐渐增大;而当处理时间超过 48h 后,不同药剂浓度下锯谷盗的校正死亡率无显著差异,表明甲酸乙酯在 48h 内就可以发挥全部活性,具有很好的速效性。在 25μL/L 的浓度下熏蒸处理 48h,锯谷盗的校正死亡率达到了 100%;而在 30μL/L 的浓度下只需熏蒸处理 12h,就可完全控制锯谷盗,表明甲酸乙酯对锯谷盗具有很好的熏蒸活性。

表 6-1 处理时间对甲酸乙酯熏蒸活性的影响(25℃)

处理时间/h	校正死亡率/%			
	15μL/L	20μL/L	25μL/L	30μL/L
12	29.3±4.1 a	78.7±1.3 a	94.0±2.0 a	100.0
24	41.3±3.5 b	89.3±1.8 b	96.7±0.7 a	100.0
48	51.3±4.7 b	88.0±2.0 b	100.0 b	100.0

续表

处理时间/h	校正死亡率/%			
	15μL/L	20μL/L	25μL/L	30μL/L
72	53.3±1.8 b	89.3±1.8 b	100.0 b	100.0
F	8.888	7.108	30.972	—
df	3,8	3,8	3,8	—
P	0.006	0.012	0	—

注：表中数据为3个重复的平均值；同一列数值后面字母相同表示邓肯氏新复极差法检验差异不显著（$P<0.01$）。

6.1.2 处理温度对甲酸乙酯熏蒸活性的影响

方差分析表明处理温度显著影响甲酸乙酯对锯谷盗成虫的熏蒸活性（$P<0.01$）（见表6-2）。甲酸乙酯对锯谷盗成虫的熏蒸效果在低温条件下比在高温条件下好，从15℃到30℃范围内随着处理温度的升高，锯谷盗成虫的校正死亡率逐渐降低，其差异达到极显著水平（$P<0.01$）。

表6-2 处理温度对甲酸乙酯熏蒸活性的影响（24h）

处理温度/℃	校正死亡率/%			
	15μL/L	17.5μL/L	20μL/L	22.5μL/L
15	64.0±2.3 c	84.7±2.4 d	97.3±2.7 c	100.0 e
20	57.3±3.7 c	76.3±2.3 c	92.0±2.3 b	96.0±1.2 d
25	40.7±1.9 b	58.0±1.2 b	85.3±2.9 b	91.3±1.3 c
30	32.7±1.8 a	48.7±1.5 a	67.3±3.7 a	78.7±2.5 b
35	36.6±2.1 ab	42.7±2.9 a	59.3±1.8 a	70.7±2.4 a
F	32.189	64.649	20.003	118.085
df	4,10	4,10	4,10	4,10
P	0	0	0	0

注：表中数据为3个重复的平均值；同一列数值后面字母相同表示邓肯氏新复极差法检验差异不显著（$P<0.01$）。

6.1.3 甲酸乙酯对锯谷盗成虫致死中浓度的测定

在不同温度条件下，测定甲酸乙酯对锯谷盗成虫的致死中浓度，并采用直线回归方程拟合死亡率概率值（Y）与浓度对数值（x）之间的关系，结果见表6-3。从表中我们可以看出，在20～30℃范围内甲酸乙酯对锯谷盗成虫的

LC_{50} 值在 14.78~17.65μL/L 之间，LC_{95} 值在 20.32~26.82μL/L 之间；且低温条件下的 LC_{50} 或 LC_{95} 值小于高温时的值，说明在低温下要达到相同的熏蒸效果所需要的药剂浓度更低。

表6-3 甲酸乙酯对锯谷盗成虫的毒力回归方程（24h）

温度/℃	回归方程/$Y=$	相关系数 R	卡方值 X^2	LC_{50}/(μL/L)	LC_{95}/(μL/L)
20	$-8.922+11.902x$	0.9913	1.7367*	14.78±0.14	20.32±0.66
25	$-11.029+13.091x$	0.9711	5.6091*	16.77±0.21	22.39±0.67
30	$-6.292+9.056x$	0.9678	6.1562*	17.65±0.22	26.82±1.19

6.1.4 甲酸乙酯对不同储粮害虫致死中浓度的比较

比较甲酸乙酯对不同储粮害虫的致死中浓度可以看出（表6-4），在25℃条件下熏蒸24h，甲酸乙酯对锯谷盗的 LC_{50} 值小于赤拟谷盗（27.52μL/L）（唐培安 等，2006a）和米象（28.65μL/L）（唐培安 等，2006b），而大于嗜卷书虱的 LC_{50} 值（13.28μL/L）（李俊 等，2006），说明锯谷盗对甲酸乙酯的敏感性高于赤拟谷盗和米象，而低于嗜卷书虱。

表6-4 甲酸乙酯对不同储粮害虫致死中浓度的比较（25℃）（24h）

虫种	回归方程/$Y=$	LC_{50}/(μL/L)
锯谷盗	$-11.029+13.091x$	16.77±0.21
赤拟谷盗	$-13.270+12.691x$	27.52±0.21
米象	$-11.655+11.430x$	28.65±0.26
嗜卷书虱	$-4.646+8.587x$	13.28±0.19

6.1.5 小结

甲酸乙酯对锯谷盗成虫具有良好的熏蒸效果。在25μL/L的浓度下熏蒸48h或30μL/L熏蒸12h，锯谷盗成虫的校正死亡率均达到100%，说明甲酸乙酯对锯谷盗成虫具有良好的速效性，这对仓房设施的密闭性要求会大大降低。温度对甲酸乙酯熏蒸效果影响的结果表明，甲酸乙酯在相对低温时比在相对高温时熏蒸效果好，这一特性符合国家提倡的低温储粮的要求。因此，甲酸乙酯对锯谷盗具有良好的熏蒸效果，可以作为防治锯谷盗的候选替代药剂之一。

6.2 甲酸乙酯对赤拟谷盗不同虫态的熏蒸活性研究

作者团队系统研究了在不同的药剂浓度、处理时间和温度下甲酸乙酯（EtF）对赤拟谷盗（$T. castaneum$）卵、低龄幼虫、高龄幼虫、蛹以及成虫的熏蒸致死作用。

6.2.1 熏蒸时间对甲酸乙酯熏蒸活性的影响

采用广口瓶密闭熏蒸法，在处理温度为 25℃，处理时间为 12h、24h、36h、48h 和 60h 条件下，分别设定 30μL/L、35μL/L、40μL/L、45μL/L 4 个浓度梯度进行熏蒸处理，具体方法为：先将赤拟谷盗成虫放于容量为 1000mL 的广口瓶中，再将定量的甲酸乙酯滴在熏蒸盒（$d=2cm$，$h=1cm$）底部的滤纸上，然后迅速用尼龙纱布将盒子包好，置于广口瓶内，盖上瓶盖，并用保鲜膜将瓶口密封。将广口瓶置于事先设定好温度的培养箱内，全黑暗条件下进行熏蒸，每个处理供试成虫 50 头，3 次重复，并设空白对照，在散气 24h 后检查记录成虫死亡数。甲酸乙酯在所设定的浓度和处理时间下对赤拟谷盗成虫具有很好的熏蒸活性（表 6-5）。表 6-5 表明，在甲酸乙酯浓度相同时，随着处理时间的延长赤拟谷盗成虫的校正死亡率逐渐增大；在处理时间相同时，随着甲酸乙酯浓度的增加其熏蒸效果明显变好，两因素方差分析表明熏蒸时间及甲酸乙酯浓度显著影响赤拟谷盗成虫的校正死亡率（$P<0.01$）。在处理时间为 36h 时，30μL/L 的药剂浓度下校正死亡率为 81.879%，35μL/L 的浓度下死亡率达到 93.960%，而在 40μL/L 的浓度下达到了 100%；当药剂浓度为 45μL/L 时甚至熏蒸 12h 试虫的校正死亡率就达到了 100%，表明甲酸乙酯具有良好的速效性。

表 6-5 不同浓度下熏蒸时间对甲酸乙酯熏蒸活性的影响（25℃）

处理时间/h	校正死亡率/%			
	30μL/L	35μL/L	40μL/L	45μL/L
12	60.000±7.211 a	78.000±5.774 a	92.667±1.764 a	100.000
24	70.667±2.906 ab	87.333±5.207 ab	96.667±1.764 b	100.000
36	81.879±3.487 bc	93.960±2.325 bc	100.000±0.000 c	100.000
48	89.189±2.436 c	97.973±1.170 c	100.000±0.000 c	100.000

续表

处理时间/h	校正死亡率/%			
	30μL/L	35μL/L	40μL/L	45μL/L
60	87.162±4.730 c	98.649±0.676 c	100.000±0.000 c	100.000
F	6.716	6.373	10.646	—
df	4, 10	4, 10	4, 10	—
P	0.007	0.008	0.001	—

注：表中数据为3个重复的平均值；同一列数值后面字母相同表示邓肯氏新复极差法检验差异不显著（$P<0.01$）。

6.2.2 处理温度对甲酸乙酯熏蒸活性的影响

在 26μL/L、28μL/L、30μL/L、32μL/L 四个浓度下，设定 16℃、19℃、22℃、25℃、28℃、31℃、34℃ 7个温度梯度，熏蒸处理24h，每个处理供试成虫50头，3次重复，散气后检查结果。实验结果表明，处理温度显著影响甲酸乙酯对赤拟谷盗成虫的熏蒸致死效果（$P<0.01$）（见表6-6）。甲酸乙酯对赤拟谷盗成虫的熏蒸效果在低温条件下比在高温条件下好，从16℃到34℃范围内随着处理温度的升高，赤拟谷盗成虫的校正死亡率逐渐降低，其差异达到极显著水平（$P<0.01$）。

表6-6 不同浓度下处理温度对甲酸乙酯熏蒸活性的影响（24h）

处理温度/℃	校正死亡率/%			
	26μL/L	28μL/L	30μL/L	32μL/L
16	75.520±3.13 d	83.673±3.53 d	91.837±3.12 d	100.000±0.00 e
19	69.388±4.71 cd	81.633±7.07 d	88.435±5.93 d	95.238±2.97 de
22	59.732±3.08 c	71.812±3.49 cd	81.879±6.97 cd	86.577±5.24 cd
25	41.610±4.19 b	55.704±4.19 bc	67.785±4.19 bc	77.852±4.65 bc
28	36.000±4.62 b	50.667±5.21 ab	60.000±6.93 ab	65.333±2.91 ab
31	30.000±5.29 ab	40.000±6.43 ab	50.000±3.46 ab	58.000±8.08 a
34	21.476±2.01 a	36.241±4.08 a	43.624±3.08 a	53.020±5.24 a
F	25.110	12.864	10.780	18.535
df	6, 14	6, 14	6, 14	6, 14
P	0	0	0	0

注：表中数据为3个重复的平均值；同一列数值后面字母相同表示邓肯氏新复极差法检验差异不显著（$P<0.01$）。

6.2.3 甲酸乙酯对赤拟谷盗成虫致死中浓度的测定

熏蒸时间设定为24h和48h，分别对应20℃、25℃和30℃三个熏蒸温度，每个处理设定5~7个药剂浓度：在24h熏蒸时间下，20℃时的浓度梯度为21μL/L、22μL/L、23μL/L、24μL/L、25μL/L、26μL/L、27μL/L；25℃时的浓度梯度为24μL/L、25.5μL/L、27μL/L、28.5μL/L、30μL/L、31.5μL/L、33μL/L；30℃时的浓度梯度为26μL/L、28μL/L、30μL/L、32μL/L、34μL/L、36μL/L；在48h熏蒸时间下，20℃时的浓度梯度为20μL/L、21μL/L、22μL/L、23μL/L、24μL/L、25μL/L、26μL/L；25℃时的浓度梯度为22μL/L、24μL/L、26μL/L、28μL/L、30μL/L；30℃时的浓度梯度为22μL/L、24μL/L、26μL/L、28μL/L、30μL/L、32μL/L。使其平均校正死亡率在16%~84%之间，每个处理供试成虫50头，设3次重复。在不同处理时间和处理温度条件下，测定甲酸乙酯对赤拟谷盗成虫的致死中浓度，并采用直线回归方程拟合死亡率概率值（Y）与浓度对数值（x）之间的关系，结果见表6-7。从表中我们可以看出，处理时间相同时，低温条件下的LC_{50}值均小于高温时的LC_{50}值，说明在低温下处理比在高温下熏蒸效果好；处理温度相同时，48h条件下的LC_{50}值均小于24h的LC_{50}值，说明适当延长处理时间可以增加熏蒸效果。从拟合出的回归方程可以看出，这6个方程都具有较大的斜率值，说明赤拟谷盗成虫对甲酸乙酯的同质性较高，因此，适当增加药剂浓度可以大幅提高熏蒸效果。

表6-7 甲酸乙酯对赤拟谷盗成虫的熏蒸活性

时间/h	温度/℃	回归方程/Y=	相关系数	卡方值	LC_{50}/(μL/L)	LC_{95}/(μL/L)
24	20	$-18.242+16.787x$	0.97847	8.7562*	24.239±0.138	32.199±0.849
	25	$-13.270+12.691x$	0.99735	0.97563*	27.516±0.212	37.084±0.801
	30	$-12.770+12.035x$	0.98617	4.4039*	29.953±0.261	41.031±1.020
48	20	$-13.420+13.685x$	0.97945	6.3695*	22.182±0.160	32.512±1.073
	25	$-13.553+13.153x$	0.99617	1.1203*	25.736±0.221	34.325±0.855
	30	$-9.939+10.402x$	0.98922	3.3663*	27.295±0.269	39.284±1.256

6.2.4 甲酸乙酯对赤拟谷盗未成熟期各虫态熏蒸活性比较

参照Obeng-Ofori等（2005）的实验设计，3000头混合性别的赤拟谷盗成虫接种于 8.4kg 以全麦粉和酵母粉按质量比 20∶1 混合的饲料中，产卵 7d 后筛去成虫，将载卵的饲料充分混匀后分装在罐头瓶中，每瓶 100g，用尼龙纱布封口后置于（32±1）℃的养虫室内。1d 后，将部分盛饲料的罐头瓶放在精确测量体积后的大干燥器中，加药密闭后，分别放在 20℃和 30℃的培养箱内熏蒸，用来测定甲酸乙酯对赤拟谷盗卵期的熏蒸活性。随后分别间隔 8d、16d、23d 进行同样的熏蒸实验，分别用来测定甲酸乙酯对赤拟谷盗低龄幼虫、高龄幼虫和蛹期的熏蒸活性。每次熏蒸结束并散气后，将罐头瓶放回养虫室内继续培养，7 周后检查记录每个处理中成虫的个数。每次处理设 3 个重复，并设空白对照。

甲酸乙酯对赤拟谷盗未成熟期各虫态具有较好的熏蒸活性，且不同虫态的熏蒸致死效果显著不同（$P<0.01$）（表 6-8）。表 6-8 表明在同一条件下甲酸乙酯对赤拟谷盗卵期的熏蒸效果最好，低龄幼虫次之，而对蛹期的熏蒸效果最差；在 20℃条件下处理时，各虫态的死亡率均高于 30℃的处理值。在 $32g/m^3$ 的浓度下，赤拟谷盗各虫态的死亡率均高于 90%，此时卵期以及 20℃下处理的低龄幼虫死亡率达到了 100%，从表 6-9 中我们可以看到对照的成虫数均在 800 头以上，蛹期甚至超过了 1000 头，表明甲酸乙酯对赤拟谷盗未成熟期具有优良的熏蒸活性。

表 6-8　甲酸乙酯对赤拟谷盗未成熟期熏蒸活性的比较

虫态	处理温度/℃	死亡率/%		
		$20g/m^3$	$26g/m^3$	$32g/m^3$
卵	20	87.104±0.63 e	98.077±0.52 f	100.000 f
	30	81.900±0.93 d	93.892±0.62 e	100.000 f
低龄幼虫	20	83.078±1.07 d	95.175±0.66 e	100.000 f
	30	77.982±1.01 c	90.010±1.02 d	96.942±0.27 d
高龄幼虫	20	74.011±1.83 c	86.102±1.58 c	98.230±0.31 e
	30	67.345±1.74 ab	81.017±1.49 b	92.278±1.13 b
蛹	20	69.075±1.79 b	82.415±0.90 bc	95.087±0.55 c
	30	63.295±1.52 a	74.952±2.39 a	90.270±0.88 a
F		39.936	47.992	135.316
df		7，16	7，16	7，16
P		0	0	0

注：表中数据为 3 个重复的平均值；同一列数值后面字母相同表示邓肯氏新复极差法检验差异不显著（$P<0.01$）。

表 6-9 甲酸乙酯熏蒸赤拟谷盗未成熟期后存活成虫数

虫态	处理温度/℃	存活的成虫数/头			
		空白对照	20g/m³	26g/m³	32g/m³
卵	20	884.00±28.71	114.00±5.57	13.67±5.70	0
	30		160.00±8.19	54.00±5.51	0
低龄幼虫	20	981.33±47.97	166.00±10.54	47.33±6.44	0
	30		216.00±9.87	98.00±10.02	30.00±2.65
高龄幼虫	20	885.67±24.74	230.00±16.20	123.00±14.01	15.67±2.73
	30		289.00±15.39	168.00±13.23	68.33±10.04
蛹	20	1038.00±37.23	321.00±18.61	186.00±6.08	51.00±5.69
	30		381.00±15.82	260.00±24.85	101.00±9.17

注：表中数据为 3 个重复的平均值。

6.2.5 小结

甲酸乙酯对赤拟谷盗成虫具有良好的熏蒸效果。在 $40\mu L/L$ 的浓度下熏蒸 36h 或 $45\mu L/L$ 熏蒸 12h，赤拟谷盗成虫的校正死亡率均达到 100%，说明甲酸乙酯对赤拟谷盗成虫具有良好的速效性，因此甲酸乙酯不会像磷化氢那样要求长时间的密闭熏蒸，节约费用。温度对甲酸乙酯熏蒸效果影响的结果表明，甲酸乙酯在相对低温时比在相对高温时熏蒸效果好。

6.3 甲酸乙酯对米象不同虫态的熏蒸作用

采用密闭熏蒸法，系统研究甲酸乙酯（EtF）在不同条件下对米象卵、低龄幼虫、高龄幼虫、蛹以及成虫的致死作用。

6.3.1 浓度及熏蒸时间对甲酸乙酯熏蒸活性的影响

采用广口瓶密闭熏蒸法。在处理温度为 25℃、处理时间为 12h、24h、36h、48h 和 60h 条件下，分别设定 $30\mu L/L$、$35\mu L/L$、$40\mu L/L$、$45\mu L/L$ 等 4 个浓度梯度进行熏蒸处理，具体方法：先将米象成虫置于容量为 1000mL 的广口瓶中，再将定量的甲酸乙酯滴在熏蒸盒（$d=2cm$，$h=1cm$）底部的滤纸上，然后迅速用尼龙纱布将盒子包好，置于广口瓶内，盖上瓶盖，并用保鲜膜将瓶口密封。将广口瓶置于事先设定好温度的培养箱内，全黑暗条件下进行熏蒸,每个处理供试成虫 50 头,3 次重复,并设空白对照,在散气 24h 后检查记录成虫死亡数。

表 6-10 说明在甲酸乙酯浓度相同时,随着处理时间的延长,米象成虫的校正死亡率逐渐增大;在处理时间相同时,随着甲酸乙酯浓度的增加,其熏蒸效果明显提高。双因素方差分析表明,熏蒸时间及药剂浓度显著影响米象成虫的校正死亡率($P<0.05$)。药剂浓度为 $40\mu L/L$ 时熏蒸处理 12h,米象成虫的校正死亡率达到 90% 以上;$45\mu L/L$ 时熏蒸处理 12h 校正死亡率达到了 99.324%,而处理 24h 或以上时,校正死亡率达到了 100%,表明甲酸乙酯对米象成虫具有良好的速效性。

表 6-10 浓度及熏蒸时间对甲酸乙酯熏蒸活性的影响（25℃）

处理时间/h	校正死亡率/%			
	$30\mu L/L$	$35\mu L/L$	$40\mu L/L$	$45\mu L/L$
12	52.703±7.793 a	72.973±3.378 a	90.541±3.575 a	99.324±0.676 a
24	62.162±4.110 ab	82.432±1.351 ab	94.595±1.351 b	100.000 a
36	77.703±4.220 bc	88.514±4.730 b	99.324±0.676 c	100.000 a
48	84.460±2.945 c	91.216±0.676 b	100.000 c	100.000 a
60	86.487±4.872 c	90.541±5.405 b	100.000 c	100.000 a
F	7.711	3.742	14.466	1.000
df	4, 10	4, 10	4, 10	4, 10
P	0.004	0.041	0.000	0.452

注:表中数据为 3 次重复平均值;同列数据后不同字母者表示用邓肯氏新复极差法检验在 0.05 水平上差异显著。

6.3.2 处理温度对甲酸乙酯熏蒸效果的影响

在 $26\mu L/L$、$28\mu L/L$、$30\mu L/L$、$32\mu L/L$ 4 个浓度下,设定 16℃、19℃、22℃、25℃、28℃、31℃、34℃ 7 个温度梯度,熏蒸处理 24h,散气后检查结果。在 19℃时甲酸乙酯对米象成虫的熏蒸效果较好,而在 31℃熏蒸时则效果较差;在 19～31℃的范围内,随处理温度的升高甲酸乙酯对米象成虫的校正死亡率逐渐减小（表 6-11）。

表 6-11 处理温度对甲酸乙酯熏蒸活性的影响（24h）

处理温度/℃	校正死亡率/%			
	$26\mu L/L$	$28\mu L/L$	$30\mu L/L$	$32\mu L/L$
16	53.424±8.904 cd	57.534±4.794 cd	75.342±5.171 c	86.986±4.491 b

续表

处理温度/℃	校正死亡率/%			
	26μL/L	28μL/L	30μL/L	32μL/L
19	59.460±1.170 d	64.865±7.151 d	83.108±2.436 c	89.865±1.170 b
22	50.000±6.928 bcd	60.667±7.513 cd	80.667±1.333 c	84.000±2.000 b
25	35.333±6.566 abc	46.667±4.667 bc	62.000±4.000 b	70.000±5.033 a
28	32.000±3.464 ab	38.667±5.812 ab	50.667±2.906 ab	62.667±3.712 a
31	22.000±3.055 a	23.333±1.764 a	42.000±5.292 a	56.667±1.764 a
34	27.891±6.803 a	29.932±4.461 ab	46.939±5.399 a	63.266±4.082 a
F	5.740	8.554	17.596	13.187
df	6,14	6,14	6,14	6,14
P	0.003	0.000	0.000	0.000

注：表中数据为3次重复平均值；同列数据后不同字母者表示用邓肯氏新复极差法检验在0.01水平上差异显著。

6.3.3 甲酸乙酯对米象成虫致死中浓度的测定

熏蒸时间设定为24h和48h，分别对应20℃、25℃、30℃ 3个熏蒸温度，每个处理设定5～7个药剂浓度：在24h熏蒸时间下，20℃时的浓度梯度为21.5μL/L、23μL/L、24.5μL/L、26μL/L、27.5μL/L、29μL/L、30.5μL/L；25℃时为24μL/L、26μL/L、28μL/L、30μL/L、32μL/L、34μL/L；30℃时为26μL/L、28μL/L、30μL/L、32μL/L、34μL/L、36μL/L；在48h熏蒸时间下，20℃时的浓度梯度为20μL/L、21μL/L、22μL/L、23μL/L、24μL/L、25μL/L、26μL/L；25℃时为20μL/L、22μL/L、24μL/L、26μL/L、28μL/L、30μL/L、32μL/L；30℃时为22μL/L、24μL/L、26μL/L、28μL/L、30μL/L、32μL/L、34μL/L。使其平均校正死亡率在16%～84%之间，每个处理设3次重复。在不同处理时间和温度条件下，测定甲酸乙酯对米象成虫的熏蒸活性，并采用直线回归方程拟合死亡率概率值（Y）与浓度对数值（x）之间的关系，结果见表6-12，可以看出，24h的处理时间下20℃时LC_{50}值最小，在30℃时LC_{50}最大；处理时间为48h时得到相同的结论，说明在20℃时的熏蒸效果比在30℃时好。在相同的温度下比较两个处理时间的LC_{50}值可以看出，处理48h的LC_{50}值均小于处理24h的值，说明适当延长处理时间可以增加熏蒸效果。从拟合出的回归方程可以看出，这6个方程都具有较大的斜率值，说明米象成虫对甲酸乙酯的敏感性较为一致，因此，适当增加药剂浓度可以大幅提高熏蒸效果。

表 6-12　甲酸乙酯对米象成虫的熏蒸活性

时间/h	温度/℃	回归方程/Y=	相关系数	$LC_{50}/(\mu L/L)$	X^2
24	20	$-8.492+9.640x$	0.9878	25.094±0.230	5.0151*
	25	$-11.655+11.430x$	0.9855	28.650±0.257	4.7110*
	30	$-15.933+14.053x$	0.9892	30.875±0.229	4.3706*
48	20	$-16.976+16.116x$	0.99450	23.101±0.137	1.9758*
	25	$-8.030+9.230x$	0.99150	25.805±0.267	3.4937*
	30	$-8.418+9.341x$	0.9943	27.316±0.272	2.8577*

注：表中数据为3次重复平均值；同列数据后不同字母者表示用邓肯氏新复极差法检验在0.01水平上差异显著。

6.3.4　甲酸乙酯对未成熟期各虫态熏蒸活性比较

参照 Obeng-Ofori 等（2005）的试验设计，4000头混合性别的米象成虫接种于17kg经Co^{60} γ射线消毒过的小麦中，产卵7天后筛去成虫，将载卵的小麦充分混匀后分装在罐头瓶中，每瓶200g，用尼龙纱布封口后置于（30±1）℃的养虫室内。1天后，将部分盛小麦的罐头瓶放在精确测量体积后的大干燥器中，加药密闭后，在25℃的培养箱内熏蒸，用来测定甲酸乙酯对米象卵期的熏蒸活性。随后分别间隔7d、14d、21d进行同样的熏蒸试验，对应测定甲酸乙酯对米象低龄幼虫、高龄幼虫和蛹期的熏蒸活性。每次熏蒸结束并散气后，将罐头瓶放回养虫室内继续培养，7周后检查记录每个处理中成虫的数量。每个处理设3次重复，并设空白对照。

在同一条件下甲酸乙酯对米象蛹期的熏蒸效果最差，卵期次之，而对低龄幼虫的熏蒸效果最好。在$30g/m^3$的浓度下，处理24h米象未成熟期各虫态的死亡率均高于90%；$35g/m^3$的浓度下处理48h，包括卵、低龄幼虫和高龄幼虫的死亡率均达到100%，蛹的死亡率也达到99.611%，表明甲酸乙酯对米象未成熟期虫态的具有优良熏蒸活性（表6-13）。

表 6-13　甲酸乙酯对米象未成熟期熏蒸活性的比较

虫态	处理时间/h	死亡率/%		
		$25g/m^3$	$30g/m^3$	$35g/m^3$
卵	24	91.406±0.614 ab	96.930±1.228 ab	98.772±0.614 b
	48	96.931±0.614 cd	98.772±0.614 bc	100.000 c

续表

虫态	处理时间/h	死亡率/%		
		25g/m³	30g/m³	35g/m³
低龄幼虫	24	97.333±0.882 cd	99.333±0.333 bc	100.000 c
	48	99.000±0.577 d	99.667±0.333 c	100.000 c
高龄幼虫	24	93.973±1.772 bc	97.768±0.591 b	99.330±0.387 bc
	48	98.438±0.223 d	99.330±0.387 bc	100.000 c
蛹	24	87.549±2.552 a	93.386±1.945 a	96.109±0.778 a
	48	93.385±1.696 bc	96.887±0.778 ab	99.611±0.389 bc
F		9.441	4.950	7.649
df		7, 16	7, 16	7, 16
P		0.000	0.004	0.000

注：表中数据为3次重复平均值；同列数据后不同字母者表示差异显著。

6.3.5 小结

甲酸乙酯对米象成虫具有良好的熏蒸效果。在45μL/L的浓度下熏蒸24h，米象成虫的校正死亡率达到100%，甲酸乙酯在相对低温（19℃）时比在相对高温（31℃）时熏蒸效果好，这一特性符合当前低温储粮中害虫防治的要求。甲酸乙酯对米象未成熟期各虫态同样具有良好的熏蒸活性。

6.4 氮气与甲酸乙酯混合熏蒸对锯谷盗的毒力研究

作者团队采用广口瓶密闭熏蒸法，在实验室条件下研究了氮气与甲酸乙酯混合熏蒸对锯谷盗成虫的毒力。

6.4.1 氮气和甲酸乙酯浓度对熏蒸毒力的影响

采用广口瓶密闭熏蒸法。处理温度为24℃，氮气浓度分别为81%、84%、87%、90%、95%，甲酸乙酯浓度分别为6μL/L、8μL/L、10μL/L、12μL/L、14μL/L进行实验。具体方法为：挑取供试虫源中发育健康的锯谷盗成虫50头放置于3L广口瓶，用石蜡密封，利用气调装置将广口瓶内氮气浓度调节至实验设定浓度，再用微量注射器将一定剂量的甲酸乙酯注射进该广口瓶，并用胶带及时将注射孔密封，防止甲酸乙酯泄漏。将处理后的广口瓶放置于已设定好温度的培养箱内，全黑暗条件下进行熏蒸。每个处理设置 3 次重复，并设置对照组，在散气 24h 后检查记录成虫死亡数。

氮气和甲酸乙酯浓度对熏蒸毒力影响的实验结果如表 6-14 所示。从表 6-14 中可以看出，相同甲酸乙酯浓度条件下，氮气含量的增加可以显著提高锯谷盗成虫的熏蒸效果（$P<0.01$）。在 6μL/L 的甲酸乙酯浓度下，氮气浓度为 90% 时，锯谷盗成虫的校正死亡率为 18%，而当氮气浓度增加至 95% 时，锯谷盗成虫的校正死亡率增加至 49.3%，说明在氮气浓度为 95% 时，氧气含量减少，导致锯谷盗成虫呼吸频率加快，增加甲酸乙酯的毒杀作用，取得良好的熏蒸效果。

表 6-14 氮气和甲酸乙酯浓度对熏蒸毒力的影响（24℃，24h）

氮气浓度/%	校正死亡率/%				
	6μL/L	8μL/L	10μL/L	12μL/L	14μL/L
81	16.0±3.1 a	30.0±2.3 a	55.3±2.9 a	80.2±2.0 a	92.7±1.8 a
84	15.3±1.8 a	34.0±3.1 a	70.0±2.0 b	94.0±1.2 c	98.0±1.2 ab
87	18.7±0.7 a	50.0±3.1 b	75.3±2.9 bc	96.0±2.0 bc	98.7±0.7 ab
90	18.0±2.0 a	52.7±2.7 b	84.7±2.4 c	98.2±2.0 bc	99.3±0.7 b
95	49.3±1.8 b	82.0±1.2 c	97.3±0.7 d	100.0 c	100.0 b
F	35.38	67.31	57.80	15.01	5.60
df	4，10	4，10	4，10	4，10	4，10
P	0.00	0.00	0.00	0.00	0.01

注：表中数据为 3 个重复的平均值±标准误；同一列数值后面不同字母者表示邓肯氏新复极差法检验在 0.01 水平上差异显著。

6.4.2 熏蒸时间对氮气和甲酸乙酯混合熏蒸的影响

在氮气浓度为 87%，甲酸乙酯浓度分别为 8μL/L、10μL/L、12μL/L 条件下，设定熏蒸时间分别为 24h、36h、48h、60h、72h，全黑暗熏蒸后散气 24h 后检查记录成虫死亡数。每个处理供试锯谷盗成虫 50 头，设置 3 个重复和空白对照。在氮气浓度为 87%，温度为 24℃条件下，甲酸乙酯浓度分别为 8μL/L、10μL/L、12μL/L，熏蒸时间分别为 24h、36h、48h、60h、72h 进行的实验结果如表 6-15 所示。由表 6-15 可以看出，在相同氮气浓度、甲酸乙酯浓度条件下，随着熏蒸时间的延长锯谷盗成虫的校正死亡率无显著差异（$P>0.01$）。表明氮气和甲酸乙酯混用对锯谷盗成虫在 24h 内就可达到良好的熏蒸效果，具有速效性。

表 6-15 熏蒸时间对氮气和甲酸乙酯混合熏蒸效果的影响（87% N_2，24℃）

熏蒸时间/h	校正死亡率/%		
	8μL/L	10μL/L	12μL/L
24	50.0±3.1 a	75.3±2.9 a	96.0±2.0 a
36	50.0±1.2 a	78.0±1.2 a	96.0±0.0 a
48	50.7±0.7 a	78.7±1.3 a	96.0±1.2 a
60	54.7±0.7 a	78.7±1.8 a	96.7±1.3 a
72	56.0±0.0 a	82.7±2.9 a	96.7±0.7 a
F	3.5	1.5	0.1
df	4，10	4，10	4，10
P	0.05	0.27	0.98

注：表中数据为3个重复的平均值±标准误；同一列数值后面不同字母者表示邓肯氏新复极差法检验在0.01水平上差异显著。

6.4.3 温度对氮气和甲酸乙酯混合熏蒸毒力的影响

温度分别为15℃、18℃、21℃、24℃、27℃、30℃，氮气浓度分别为87%、90%、95%，甲酸乙酯浓度分别为8μL/L、10μL/L、12μL/L，在全黑暗条件下进行熏蒸实验。每个处理供试成虫50头，设置3次重复，并设置空白对照组，在散气24h后检查记录成虫死亡数。温度对氮气和甲酸乙酯混合熏蒸毒力的影响如表6-16～表6-18所示。方差分析表明处理温度显著影响氮气和甲酸乙酯对锯谷盗成虫的熏蒸毒力（$P<0.01$），由上述表中分析结果可以看出，在低温下氮气和甲酸乙酯混用对锯谷盗成虫的熏蒸毒力显著高于高温下熏蒸毒力（$P<0.01$），从15℃到30℃范围内随着温度的增加，锯谷盗成虫的校正死亡率呈现逐渐降低的趋势，而在氮气浓度达到95%，甲酸乙酯浓度为12μL/L时，锯谷盗成虫的死亡率均达到100%。

表 6-16 温度对氮气和甲酸乙酯混合熏蒸效果的影响（87% N_2，24h）

温度/℃	校正死亡率/%		
	8μL/L	10μL/L	12μL/L
15	80.0±2.3 c	90.0±1.2 d	100.0 c
18	78.9±1.2 c	86.0±2.3 cd	99.3±0.7 bc
21	74.7±2.9 c	79.3±0.7 bc	98.7±0.7 bc
24	50.0±3.1 b	75.3±2.9 b	96.0±2.0 b

续表

温度/℃	校正死亡率/%		
	8μL/L	10μL/L	12μL/L
27	42.0±3.1 b	45.3±2.4 a	82.0±3.1 a
30	10.7±1.8 a	40.7±0.7 a	77.3±0.7 a
F	111.8	98.9	31.0
df	5, 12	5, 12	5, 12
P	0.00	0.00	0.00

注：表中数据为3个重复的平均值±标准误；同一列数值后面不同字母者表示邓肯氏新复极差法检验在0.01水平上差异显著。

表6-17 氮气浓度90%时，温度对氮气和甲酸乙酯混合熏蒸效果的影响（90% N_2, 24h）

温度/℃	校正死亡率/%		
	8μL/L	10μL/L	12μL/L
15	91.3±1.8 d	94.0±1.2 c	100.0 b
18	89.3±0.7 d	90.0±3.5 bc	100.0 b
21	80.7±0.7 c	88.0±1.2 bc	100.0 b
24	52.7±2.7 b	84.7±2.4 b	98.0±2.0 b
27	44.7±1.3 b	82.0±2.3 b	90.7±0.7 a
30	10.7±0.7 a	40.7±0.7 a	93.3±1.8 a
F	365.4	46.2	14.5
df	5, 12	5, 12	5, 12
P	0.00	0.00	0.00

注：表中数据为3个重复的平均值±标准误；同一列数值后面不同字母者表示邓肯氏新复极差法检验在0.01水平上差异显著。

表6-18 氮气浓度95%时，温度对氮气和甲酸乙酯混合熏蒸效果的影响（95% N_2, 24h）

温度/℃	校正死亡率/%		
	8μL/L	10μL/L	12μL/L
15	92.0±1.2 d	100.0 b	100.0 a
18	90.0±1.2 d	100.0 b	100.0 a
21	87.3±0.7 cd	100.0 a	100.0 a
24	82.0±1.2 c	98.7±0.7 ab	100.0 a
27	70.0±3.1 b	97.3±0.7 a	100.0 a
30	38.0±1.2 a	96.7±0.7 a	100.0 a
F	132.5	12.0	1.0

续表

温度/℃	校正死亡率/%		
	8μL/L	10μL/L	12μL/L
df	5,12	5,12	5,12
P	0.00	0.00	0.46

注：表中数据为3个重复的平均值±标准误；同一列数值后面不同字母者表示邓肯氏新复极差法检验在0.01水平上差异显著。

6.4.4 小结

氮气和甲酸乙酯混用对锯谷盗成虫同样具有良好的熏蒸效果，具有速效性，温度对其熏蒸效果具有显著影响作用，且低温下熏蒸效果比高温下好，这一特性符合当前低温储粮的要求。

6.5 甲酸乙酯与氮气混合熏蒸对赤拟谷盗的毒力研究

采用广口瓶密闭熏蒸法，系统研究了氮气浓度、甲酸乙酯浓度、处理时间、温度等影响因子对熏蒸效果的影响。

6.5.1 氮气浓度对甲酸乙酯熏蒸效果的影响

采用广口瓶密闭熏蒸法。处理温度为20℃，熏蒸时间为24h，氮气浓度分别为78%、81%、84%、87%、90%和95%，甲酸乙酯浓度分别为10μL/L、12μL/L、14μL/L、16μL/L和18μL/L进行试验。具体方法为：挑取供试赤拟谷盗成虫50头置于3L广口瓶中，密封广口瓶，利用气调装置将广口瓶内氮气浓度调至试验设定浓度，加入一定剂量的甲酸乙酯。将处理后的广口瓶放置于已设定好温度的培养箱内，全黑暗条件下进行熏蒸。每个处理设置3次重复，并设置空白对照组，在散气24h后检查记录成虫死亡数。不同氮气浓度下甲酸乙酯的熏蒸效果如表6-19所示。从表中可以看出，相同甲酸乙酯浓度下，氮气浓度的提高可显著增加赤拟谷盗成虫的校正死亡率（$P<0.05$）。在甲酸乙酯浓度为18μL/L时，78%的氮气浓度下，试虫的校正死亡率为41.5%，而当氮气浓度90%时，校正死亡率超过90%，氮气浓度上升至95%时，赤拟谷盗全部死亡。

表 6-19　不同浓度的氮气和甲酸乙酯混合熏蒸处理赤拟谷盗成虫的死亡率（24h, 20℃）

氮气浓度/%	校正死亡率/%				
	10μL/L	12μL/L	14μL/L	16μL/L	18μL/L
78	0.7±0.7a	5.6±1.8a	13.6±2.5a	28.7±0.9a	41.5±2.5a
81	1.3±0.7ab	9.5±3.0ab	19.3±2.8a	43.2±4.4b	63.9±2.9b
84	3.3±1.3bc	21.6±3.8bc	34.1±4.3b	65.5±3.2c	78.2±3.0c
87	4.7±1.8bc	26.1±2.1c	42.6±1.9b	76.0±2.3cd	85.8±2.5d
90	6.1±1.2c	37.2±2.4c	76.3±1.9c	79.2±2.5d	90.6±1.8d
95	42.6±3.5d	91.7±7.3d	97.3±1.4d	96.1±2.3e	100e
F	35.8	32.4	96.2	44.5	100.6
df	5, 12	5, 12	5, 12	5, 12	5, 12
P	0.00	0.00	0.00	0.00	0.00

注：表中数据为 3 个重复的平均值±标准误；同一列数值后面不同字母者表示邓肯氏新复极差法检验在 0.01 水平上差异显著。

6.5.2　熏蒸时间对氮气和甲酸乙酯混合熏蒸效果的影响

在 25℃，氮气浓度为 90%，甲酸乙酯浓度分别为 12μL/L、14μL/L 和 16μL/L 条件下，设定熏蒸时间分别为 24h、36、48h、60h 和 72h，全黑暗熏蒸后检查记录成虫死亡数。每个处理供试赤拟谷盗成虫 50 头，设置 3 次重复和空白对照。在 90% 的氮气浓度下，熏蒸时间对甲酸乙酯熏蒸效果的影响结果见表 6-20。从表中可以看出，当甲酸乙酯浓度相同时，在供试的所有熏蒸时间内（24h、36h、48h、60h、72h）赤拟谷盗的校正死亡率无显著差异（$P>0.05$），说明甲酸乙酯与氮气混用可以在较短的时间内发挥熏蒸毒力，具有良好的速效性。

表 6-20　不同甲酸乙酯浓度和熏蒸时间下赤拟谷盗成虫的死亡率（25℃，90% N_2）

熏蒸时间/h	校正死亡率/%		
	12μL/L	14μL/L	16μL/L
24	26.3±2.7a	38.1±4.9a	64.4±3.6a
36	24.2±3.9a	38.4±4.0a	71.4±4.7a
48	26.3±4.8a	35.5±8.0a	63.0±7.1a
60	25.3±3.9a	35.2±6.1a	71.1±5.9a
72	30.5±5.6a	32.4±6.5a	79.6±3.2a
F	0.294	0.178	1.730

续表

熏蒸时间/h	校正死亡率/%		
	12μL/L	14μL/L	16μL/L
df	4, 10	4, 10	4, 10
P	0.876	0.945	0.220

注：表中数据为3个重复的平均值±标准误；同一列数值后面字母相同表示邓肯氏新复极差法检验在0.05水平上差异不显著。

6.5.3 温度对氮气和甲酸乙酯混合熏蒸效果的影响

温度设定15.0℃、17.5℃、20.0℃、22.5℃、25.0℃、27.5℃、30.0℃和32.5℃，氮气浓度分别为87%、90%和95%，甲酸乙酯浓度分别为12μL/L、14μL/L和16μL/L，在全黑暗条件下熏蒸处理24h。每个处理供试成虫50头，设置3次重复，并设置空白对照组。温度对氮气和甲酸乙酯混合熏蒸效果的影响见表6-21～表6-23。实验结果表明，在供试的3个氮气浓度下，温度均显著影响甲酸乙酯对赤拟谷盗的熏蒸效果，且甲酸乙酯的熏蒸效果在低温下比在高温下好，从15.0℃到32.5℃范围内随着温度的升高赤拟谷盗成虫的校正死亡率呈现逐渐降低趋势，其差异达极显著水平（$P<0.01$）。

表6-21 不同甲酸乙酯浓度和处理温度下赤拟谷盗成虫的死亡率（24h，87% N_2）

温度/℃	校正死亡率/%		
	12μL/L	14μL/L	16μL/L
15.0	32.5±3.8d	57.9±2.2e	84.4±6.7c
17.5	22.9±3.9c	43.9±6.9de	80.5±4.8c
20.0	26.1±2.1cd	42.6±1.9d	76.0±2.3c
22.5	6.0±0.6b	15.2±2.5c	27.4±2.2b
25.0	0.6±0.6a	11.0±6.8bc	22.4±2.8b
27.5	0 a	4.0±1.1b	9.9±1.3a
30.0	0 a	0 a	5.9±2.3a
32.5	0 a	0 a	3.3±0.6a
F	69.8	48.0	73.6
df	7, 16	7, 16	7, 16
P	0.00	0.00	0.00

注：表中数据为3个重复的平均值±标准误；同一列数值后面不同字母者表示邓肯氏新复极差法检验在0.01水平上差异显著。

表 6-22 不同甲酸乙酯浓度和处理温度下赤拟谷盗成虫的死亡率（24h，90% N_2）

温度/℃	校正死亡率/%		
	12μL/L	14μL/L	16μL/L
15.0	59.3±5.8d	81.6±5.3e	93.4±1.8d
17.5	40.0±5.3c	64.7±3.7de	91.9±5.1d
20.0	37.2±2.4c	76.3±1.9e	79.2±2.5c
22.5	35.6±3.3c	47.7±5.2cd	73.7±7.3c
25.0	26.3±2.7c	38.1±4.9c	64.4±3.6c
27.5	8.6±1.9b	6.0±6.0a	40.1±2.4b
30.0	2.6±0.6ab	13.4±3.4a	28.5±5.5ab
32.5	1.4±1.4a	5.4±1.8a	21.0±6.2a
F	42.4	30.5	29.4
df	7, 16	7, 16	7, 16
P	0.00	0.00	0.00

注：表中数据为3个重复的平均值±标准误；同一列数值后面不同字母者表示邓肯氏新复极差法检验在0.01水平上差异显著。

表 6-23 不同甲酸乙酯浓度和处理温度下赤拟谷盗成虫的死亡率（24h，95% N_2）

温度/℃	校正死亡率/%		
	12μL/L	14μL/L	16μL/L
15.0	87.6±1.3c	96.0±2.0c	99.4±0.6a
17.5	85.2±5.4c	98.0±1.2c	98.7±1.3a
20.0	91.7±7.3c	97.2±1.4c	96.1±2.3a
22.5	87.4±2.9c	93.3±3.3c	98.7±1.3a
25.0	64.0±3.9b	95.3±1.8c	100.0±0.0a
27.5	55.0±6.2b	83.2±2.6b	96.0±0.0a
30.0	49.2±1.7b	73.8±4.4ab	98.0±1.2a
32.5	6.9±1.4a	57.4±4.6a	99.3±0.7a
F	25.7	11.0	1.5
df	7, 16	7, 16	7, 16
P	0.00	0.00	0.24

注：表中数据为3个重复的平均值±标准误；同一列数值后面不同字母者表示邓肯氏新复极差法检验在0.01水平上差异显著。

6.5.4 不同氮气浓度下甲酸乙酯对赤拟谷盗成虫致死中浓度LC_{50}的测定

熏蒸时间设定为24h，温度条件为25℃，氮气浓度分别为78%、87%、

90%和95%。每一处理选择5～7个药剂浓度。氮气浓度78%条件下,甲酸乙酯浓度梯度为17μL/L、18μL/L、19μL/L、21μL/L、23μL/L;氮气浓度87%条件下,甲酸乙酯浓度梯度为16μL/L、17μL/L、18μL/L、19μL/L、20μL/L;氮气浓度90%条件下,甲酸乙酯浓度梯度为13μL/L、14μL/L、16μL/L、17μL/L、18μL/L;氮气浓度95%条件下,甲酸乙酯浓度梯度为8μL/L、9μL/L、10μL/L、11μL/L、13μL/L。使其平均校正死亡率在16%～84%之间,每一处理供试成虫50头,设3次重复和空白对照。在不同氮气浓度下测定甲酸乙酯对赤拟谷盗成虫的熏蒸毒力,并采用直线回归方程拟合死亡率概率值(Y)与浓度对数值(x)之间的关系(表6-24)。随着氮气浓度的增加甲酸乙酯对赤拟谷盗成虫的致死中浓度逐渐减小,说明氮气浓度的提高可明显增加甲酸乙酯的熏蒸毒力。

表6-24 不同氮气浓度下甲酸乙酯对赤拟谷盗成虫的毒力回归方程(25℃,24h)

氮气浓度/%	回归方程/Y=	相关系数 R	卡方值 X^2	LC_{50}（95%置信限,μL/L）	LC_{95}（95%置信限,μL/L）
78	$-11.70+12.68x$	0.9934	1.813*	20.72（20.01～21.43）	27.93（24.98～30.88）
87	$-18.76+19.11x$	0.9911	2.887*	17.49（17.12～17.86）	21.33（20.21～22.45）
90	$-10.79+13.50x$	0.9927	2.702*	14.76（14.32～15.20）	19.54（18.22～20.86）
95	$-1.67+6.99x$	0.9787	4.147*	8.99（8.41～9.57）	15.46（12.88～18.04）

6.5.5 小结

作者团队从甲酸乙酯与氮气混合应用的角度进行研究,结果表明,氮气浓度增加可显著提高甲酸乙酯对赤拟谷盗成虫的熏蒸效果,且在24 h以内就能发挥非常好的熏蒸活性,此外,温度对熏蒸效果影响极显著,在相对较低的温度下两者混用可以达到更好的熏蒸效果,这一特性符合当前低温储粮的要求。氮气气调技术与甲酸乙酯混用结合了两种技术的优点,可显著降低甲酸乙酯的使用浓度,减少气调技术对粮仓密闭性的依赖,降低储粮成本,增加储粮安全性,是一种非常有潜力的储粮新方法。

6.6 模拟仓中甲酸乙酯对 4 种储粮害虫的熏蒸活性研究

在小麦、玉米和稻谷等 3 种粮食的模拟仓中测定甲酸乙酯对 4 种重要储粮害虫成虫米象 *Sitophilus oryzae* L.、谷蠹 *Rhyzopertha dominica* F.、赤拟谷盗 *Tribolium castaneum* H.、嗜卷书虱 *Liposcelis bostrychophila* B. 的熏蒸活性。

6.6.1 小麦仓中甲酸乙酯对 4 种害虫的熏蒸活性

甲酸乙酯在小麦仓中对 4 种储粮害虫的熏蒸结果见表 6-25，在 30℃ 条件下用 $50g/m^3$ 的药剂浓度熏蒸处理 24h，其中上层 4 种害虫的校正死亡率达到 100％，中层、下层的谷蠹和嗜卷书虱也达到 100％ 的校正死亡率，只有米象和赤拟谷盗有少量个体存活；在 $70g/m^3$ 的浓度下 4 种害虫在上、中、下 3 层的校正死亡率都达到了 100％，说明甲酸乙酯在小麦仓中对米象、赤拟谷盗、谷蠹和嗜卷书虱等 4 种害虫具有很好的熏蒸效果，其中对谷蠹和嗜卷书虱的熏蒸效果较好，而对米象和赤拟谷盗的熏蒸效果较差。

表 6-25 小麦仓中甲酸乙酯对 4 种害虫的熏蒸活性（30℃）

虫种	校正死亡率/％								
	$50g/m^3$			$60g/m^3$			$70g/m^3$		
	上层	中层	下层	上层	中层	下层	上层	中层	下层
米象	100	95.30±0.7a	71.62±2.3a	100	99.33±0.7a	87.84±2.3a	100	100	100
赤拟谷盗	100	98.67±1.3b	90.61±3.3b	100	100 a	98.66±1.3b	100	100	100
谷蠹	100	100 b	100 c	100	100 a	100 b	100	100	100
嗜卷书虱	100	100 b	100 c	100	100 a	100 b	100	100	100
F	—	8.812	79.155	—	1.000	19.258			
df	—	3，8	3，8	—	3，8	3，8			
P	—	0.006	0	—	0.441	0.001			

注：表中数据为 3 个重复的平均值。同一列数值后面字母相同表示邓肯氏新复极差法检验差异不显著（$P<0.01$）。

6.6.2 玉米仓中甲酸乙酯对 4 种害虫的熏蒸活性

甲酸乙酯在玉米仓中对 4 种储粮害虫的熏蒸结果见表 6-26，$50g/m^3$ 的药剂浓度熏蒸处理 24h，玉米仓的上层 4 种害虫除米象的校正死亡率为 98.67％

外,其他3种害虫都达到100%的校正死亡率;70g/m³的浓度下,只有下层的米象成虫有少量存活个体,其他害虫的校正死亡率都达到100%。说明甲酸乙酯在玉米仓中对4种储粮害虫具有较好的熏蒸效果,但比小麦仓中的熏蒸效果差。

表6-26 玉米仓中甲酸乙酯对4种害虫的熏蒸活性

虫种	校正死亡率/%								
	50g/m³			60g/m³			70g/m³		
	上层	中层	下层	上层	中层	下层	上层	中层	下层
米象	98.67±1.3a	88.59±5.3a	62.00±7.6a	100	97.31±0.7a	81.33±2.4a	100	100	98.67±0.7a
赤拟谷盗	100 a	95.97±3.1ab	74.00±2.3a	100	100 b	94.67±2.4b	100	100	100 b
谷蠹	100 a	100 b	96.61±3.3b	100	100 b	100 b	100	100	100 b
嗜卷书虱	100 a	100 b	100 b	100	100 b	100 b	100	100	100 b
F	1.000	6.455	22.220	—	66.572	25.453	—	—	4.000
df	3,8	3,8	3,8	—	3,8	3,8	—	—	3,8
P	0.441	0.016	0	—	0	0	—	—	0.052

注:表中数据为3个重复的平均值。同一列数值后面字母相同表示邓肯氏新复极差法检验差异不显著($P<0.05$)。

6.6.3 稻谷仓中甲酸乙酯对4种害虫的熏蒸活性

甲酸乙酯在稻谷仓中的熏蒸效果见表6-27,从表中数据可以看出,甲酸乙酯在稻谷仓中对4种害虫的熏蒸效果较差。在70g/m³的浓度下处理24h,仅在上层的谷蠹和嗜卷书虱校正死亡率达到100%,而上层的米象和赤拟谷盗以及中、下层的4种害虫校正死亡率均较低,尤其是下层的4种害虫校正死亡率均未达到40%;即使浓度达到90g/m³时,上层米象的校正死亡率也未达到100%,而下层4种害虫的校正死亡率均低于50%,其中米象和赤拟谷盗的死亡率为0。

表6-27 甲酸乙酯在稻谷仓中对4种害虫的熏蒸活性

虫种	校正死亡率/%								
	70g/m³			80g/m³			90g/m³		
	上层	中层	下层	上层	中层	下层	上层	中层	下层
米象	76.67±5.2a	0 a	0 a	98.00±1.2a	2.67±0.7a	0 a	98.67±1.3a	12.00±8.0a	0 a

续表

虫种	校正死亡率/%								
	70g/m³			80g/m³			90g/m³		
	上层	中层	下层	上层	中层	下层	上层	中层	下层
赤拟谷盗	91.27±5.7b	7.33±6.4a	1.34±1.2ab	99.33±0.7a	13.33±4.8a	0 a	100 a	19.33±9.3a	0 a
谷蠹	100 c	73.33±10.9b	10.17±7.3b	100 a	91.67±4.4b	15.25±4.4b	100 a	91.67±6.0b	25.42±3.3b
嗜卷书虱	100 c	93.24±2.4b	33.33±1.3c	100 a	97.97±1.2b	40.00±2.3c	100 a	100 b	43.33±3.3c
F	16.840	38.451	10.629	1.997	69.286	112.181	1.000	33.183	209.65
df	3, 8	3, 8	3, 8	3, 8	3, 8	3, 8	3, 8	3, 8	3, 8
P	0.001	0	0.004	0.193	0	0	0.441	0	0

注：表中数据为3个重复的平均值。同一列数值后面字母相同表示邓肯氏新复极差法检验差异不显著（$P<0.01$）。

6.6.4 小结

本研究团队发现，甲酸乙酯在不同粮食品种的模拟仓中对害虫的熏蒸效果存在很大差别，在同一模拟仓中对不同害虫的熏蒸活性也有较大差异。在70g/m³的浓度下熏蒸24h，小麦仓的上、中、下3层全部4种害虫的校正死亡率都为100%；在玉米仓中除下层的米象有少数存活外，其余害虫的校正死亡率也达到100%；而在稻谷仓中的熏蒸效果较差，只有上层的谷蠹和嗜卷书虱校正死亡率达到100%，其余情况下害虫的死亡率均较低，即使浓度达到90g/m³时，下层4种害虫的校正死亡率也均低于50%，这说明与小麦和玉米相比，甲酸乙酯在稻谷中的穿透性较差或稻谷对甲酸乙酯具有较强的吸附性。比较不同害虫的死亡率可以看出，在相同的处理情况下4种害虫对甲酸乙酯的敏感性由强到弱依次为：嗜卷书虱＞谷蠹＞赤拟谷盗＞米象。因此，甲酸乙酯在小麦和玉米中的穿透作用较强、熏蒸效果较好，可作为小麦或玉米仓中防治上述4种害虫的候选替代药剂之一。

6.7 米象对甲酸乙酯的抗性风险评估

作者团队在室内进行甲酸乙酯对米象的抗性选育，应用数量遗传学中的现实遗传力计算方法评价米象对甲酸乙酯的抗性风险，可为甲酸乙酯在生产上科学合理地使用提供理论依据。

6.7.1 米象抗性品系的选育

挑取1000头左右发育健康的米象成虫，采用广口瓶密闭熏蒸法，以杀死种群70%左右个体的药剂浓度进行熏蒸（熏蒸时间为24h，温度为25℃），将存活的米象成虫在小麦中产卵1周后，筛除米象成虫，卵继续培养，待大量成虫羽化后1~2周内，进行下一次选育。为保证70%左右的选择压力，用药一定代数后适当提高用药浓度。起始代用F_0表示，药剂选育后第1、2、…、n代，分别以F_1、F_2、…、F_n表示。

米象对甲酸乙酯的抗性品系选育从敏感品系开始，每1代熏蒸1次（大约间隔45天），共选育8代，选育时的用药剂量以及试虫死亡率见表6-28。敏感品系以及选育8代后的抗性品系分别进行生物测定，求得其毒力回归方程（表6-29），从表6-29中可以得出，选育后获得的抗性品系的抗性系数为1.108。

表6-28 米象甲酸乙酯抗性品系的培育过程

选育代数	用药剂量/(μL/L)	校正死亡率/%
F_0	28.0	65
F_1	28.0	54
F_2	29.0	50
F_3	30.0	60
F_4	31.0	68
F_5	31.0	62
F_6	31.0	50
F_7	32.0	50

表6-29 甲酸乙酯对米象选育前后的毒力回归方程

	回归方程/Y=	相关系数 r	LC_{50}/(μL/L)	X^2
选育前	$-11.655+11.430x$	0.9855	28.65±0.26	4.7110*
选育后	$-9.998+9.987x$	0.9948	31.75±0.55	0.5629*

6.7.2 米象对甲酸乙酯的抗性现实遗传力及风险评估

进行抗性遗传力计算时，通常把抗性作为一个具有正态分布的阈性状来考虑，其分布的平均数和方差根据剂量对数——死亡率概率线计算。因此，抗性种群的现实遗传力(h^2)为选择反应(R)与选择差异(S)之比(Via S，1984，1985)，即：

$$h^2 = R/S$$

选择反应是指选择后子代与选择前整个亲代之间的平均表现型差异。选择差异是指被选择后的子代与选择前的平均表现型值的差异。

选择反应的计算公式为（Via S，1984，1985）：

$$R = [\log(\text{终 } LC_{50}) - \log(\text{初 } LC_{50})]/n$$

式中：终 LC_{50} 值是指选择 n 个世代后子代的 LC_{50} 值；初 LC_{50} 值是指进行 n 个世代选择前整个亲代的 LC_{50} 值。

选择差异的计算公式为（Via S，1984，1985）：

$$S = i \times V_P$$

式中：i 为选择强度；V_P 为表现型的标准差。

选择强度 i 通过以下公式计算（Via S，1984，1985）：

$$i = 1.583 - 0.0193336P + 0.0000428P^2 + 3.64194/P \quad (10 < P < 80)$$

$$P = 100\% - \text{校正死亡率}$$

表现型的标准差用选择前亲代的概率回归曲线斜率(b_1)和选择 n 个世代后子代的概率回归曲线斜率(b_n)的平均值的倒数来计算（Via S，1984，1985），即：

$$V_P = [(b_1 + b_n)/2]^{-1}$$

利用以上公式，可对选择多个世代后抗性品系的遗传力变化情况进行计算，进而做出抗性出现时间的预测。

米象对甲酸乙酯的抗性现实遗传力的计算结果见表 6-30。从表 6-30 中可以得出，米象对甲酸乙酯的抗性现实遗传力为 0.0646，从而可以计算出，在试验的选择压力下（平均死亡率为 57.4%），要使米象对甲酸乙酯产生 10 倍的抗性，共需要选育 179 代。

表 6-30　米象对甲酸乙酯的抗性现实遗传力

选育代数	平均选择反应			平均选择差异					现实遗传力 h^2
	初 LC_{50}（log）	终 LC_{50}（log）	选择反应 R	选择强度 i	初斜率	终斜率	标准差 δp	选择差异 S	
8	1.457	1.502	0.00557	0.9228	11.43	9.987	0.0934	0.0862	0.0646

6.7.3 小结

试验结果表明,在平均死亡率为57.4%的选择压力下,米象对甲酸乙酯的抗性现实遗传力为0.0646,在此选择压力下要使米象对甲酸乙酯产生10倍的抗性,共需要选育179代。在实际应用过程中的抗性现实遗传力(h^2)可能比环境方差相对较小的室内选择种群计算的h^2还低,因此实际应用中产生相同抗性所需的时间可能比预计的时间更长,因此,米象在短时间内对甲酸乙酯产生抗性的风险较小。

6.8 甲酸乙酯对米象乙酰胆碱酯酶和羧酸酯酶的影响

甲酸乙酯对米象表现出很高的毒力,研究团队系统研究了甲酸乙酯亚致死剂量对米象体内乙酰胆碱酯酶和羧酸酯酶的影响,以期有助于阐明该药剂的毒理机制和主要靶标。

6.8.1 甲酸乙酯对米象成虫的毒力

采用广口瓶密闭熏蒸法。先将米象成虫放于容量为1000mL的广口瓶中,再将定量的甲酸乙酯滴在熏蒸盒($d=2$cm,$h=1$cm)底部的滤纸上,然后迅速用尼龙纱布将盒子包好,置于广口瓶内,盖上瓶盖,并用保鲜膜将瓶口密封。将广口瓶置于事先设定好温度的培养箱内,全黑暗条件下进行熏蒸,24h药剂浓度设定24μL/L、26μL/L、28μL/L、30μL/L、32μL/L、34μL/L 6个梯度,48h设定浓度梯度为20μL/L、22μL/L、24μL/L、26μL/L、28μL/L、30μL/L、32μL/L,每个处理供试成虫50头,3次重复,并设空白对照,在散气24h后检查记录成虫死亡数。采用IRM害虫抗药性管理软件进行回归分析,用概率值法求出毒力回归曲线和LC_{50}值。甲酸乙酯对米象表现出很高的毒力,尤其在短时间内就能发挥很好的杀虫效果,在熏蒸处理24h后其LC_{50}为28.650μL/L,处理48h后LC_{50}为25.805μL/L(表6-31)。

表6-31 甲酸乙酯对米象成虫的熏蒸活性(25℃)

处理时间/h	回归方程/Y=	LC_{50}/(μL/L)	95%置信限	LC_{95}/(μL/L)	95%置信限	χ^2
24	$-11.655+11.430x$	28.650	28.146~29.154	39.905	37.774~42.036	4.7110*
48	$-8.030+9.230x$	25.805	25.282~26.328	38.896	36.566~41.226	3.4937*

6.8.2 乙酰胆碱酯酶活性

① 甲酸乙酯对 AChE 活性的活体抑制作用

参照 Ellman 的方法（Ellman 等，1961）。将米象成虫置于 1000mL 的广口瓶中，按照 10μL/L、15μL/L、20μL/L 的浓度加入甲酸乙酯，放置在 25℃ 全黑暗的温箱中，在熏蒸 4h、8h、16h 和 24h 后散气，分别取存活的成虫 10 头，加入预冷的 pH8.0、0.1mol/L 的磷酸缓冲液 1.5mL，于冰水浴中匀浆，匀浆液在 4℃、10000g 条件下离心 20min，取上清液冰浴待测。用碘化硫代乙酰胆碱（ATChI）（1.5mmol/L）作底物，经 AChE 水解后生成硫代胆碱和乙酸，与显色剂 DTNB（1.0mmol/L）生成黄色物质，以毒扁豆碱（1×10^{-4}mol/L）终止反应，在 412nm 处测其 OD 值，每处理重复 3 次，并测定酶液中蛋白质含量。根据消光系数 [$e=1.36\times10^{-4}$L/(mol·cm)] 将 OD 值换算成 AChE 的比活力 [nmol/(mg·min)]。以酶活抑制率表示药剂对酶活力的影响，酶活抑制率＝(对照组酶活力－处理组酶活力)/对照组酶活力×100%。

K_m 值测定的反映总体积 3.6mL，底物终浓度分别为 0.005mmol/L、0.02mmol/L、0.1mmol/L、0.5mmol/L、2.0mmol/L。计算方法参照 Wilkinson（1961）。

活体条件下未用药处理的米象成虫体内 AChE 活力变化较小，而处理试虫的酶活性差异显著，表现为抑制作用（表 6-32）。

表 6-32 活体条件下甲酸乙酯对米象 AChE 活力的影响

药剂浓度 /(μL/L)	AChE 的比活力/[nmol/(mg·min)]			
	4h	8h	16h	24h
空白对照	15.452±0.853 c	15.186±0.896 c	15.469±0.626 d	15.684±0.591 c
10	15.041±0.897 bc	13.941±0.439 bc	13.288±0.555 c	13.142±0.776 b
15	12.678±0.876 ab	11.823±0.315 ab	10.866±0.249 b	10.663±0.567 a
20	11.787±0.333 a	11.175±0.781 a	9.264±0.435 a	9.530±0.345 a

注：表中数据为 3 次重复的平均值；同一列数值后字母相同表示邓肯氏新复极差法检验差异不显著（$P<0.05$）。

在相同的处理时间下随着药剂浓度的增大，AChE 的比活力逐渐降低，10μL/L 的甲酸乙酯处理米象 16h 后，AChE 的比活力由 15.469nmol/(mg·min) 降至 13.288nmol/(mg·min)，而在 20μL/L 的浓度下处理时则降至 9.264nmol/(mg·min)；在相同的药剂浓度下随着处理时间的延长，AChE 的比活力也逐渐降低，15μL/L 的甲酸乙酯处理米象 4h 后，AChE 的比活力由 15.452nmol/(mg·min) 降至 12.678nmol/(mg·min)，而处理 24h 后则由 15.684nmol/(mg·min) 降至 10.663nmol/(mg·min)。

② 甲酸乙酯对 AChE 活性的离体抑制作用

取未用药剂熏蒸过的米象成虫，按与活体测定相同的方法提取酶液。以丙酮为溶剂，先将甲酸乙酯配成 0.1mL/L、1mL/L、10mL/L 和 100mL/L 的不同浓度，在反应体系中预加入 0.1mL 上述四种浓度的药液，再与酶液混合保温，其他同活体测定。从表 6-33 可以看出，在离体条件下甲酸乙酯对米象 AChE 的活性影响较小，尽管药剂处理后米象 AChE 活性略有提高，但与对照相比差异并不显著，不同药剂浓度造成 AChE 活性差异亦未达到显著水平（$P>0.05$）。

表 6-33 离体条件下甲酸乙酯对米象 AChE 活力的影响

药剂浓度/(mL/L)	AChE 的比活力/[nmol/(mg·min)]
空白对照	15.200±0.834 a
0.1	15.200±1.169 a
1	15.559±0.657 a
10	15.619±0.619 a
100	15.380±0.648 a

注：表中数据为 3 次重复的平均值；同一列数值后字母相同表示邓肯氏新复极差法检验差异不显著（$P<0.05$）。

③ 甲酸乙酯对 AChE 酶促反应动力学的影响

酶促反应动力学研究表明，用甲酸乙酯处理后米象成虫体内 AChE 的 K_m 值明显变大，15μL/L 和 20μL/L 的甲酸乙酯处理 8h 使 K_m 值从 6.058×10^{-3} mmol/L 增大至 8.069×10^{-3} mmol/L 和 1.728×10^{-2} mmol/L，表明甲酸乙酯的抑制降低了 AChE 对底物 ATChI 的亲和力。

6.8.3 羧酸酯酶活性

① 甲酸乙酯对 CarE 活性的活体抑制作用

参照 Van Aspernk（1962）的方法。试虫处理同 AChE 活体测定，取 10 头处理过的米象成虫，加入预冷的 pH7.0、0.04mol/L 的磷酸缓冲液 1.2mL，于冰浴条件下匀浆，匀浆液在 4℃、10000g 条件下离心 15min，取上清液冰浴，稀释 3 倍后测定 CarE 活性，母液用于测定蛋白质含量。用 α-萘酚制作标准曲线。以 α-乙酸萘酯（α-NA）（3×10^{-4}mol/L）作底物，经羧酸酯酶水解后生成 α-萘酚，与显色剂 V(1%坚固蓝 B)：V(5%SDS)＝2：5，可生成深蓝色物质，在 600nm 处测 OD 值。根据制作的标准曲线和酶原蛋白含量的测定结果，将 OD 值换算成比活力 [μmol/(mg·30min)]。

表 6-34 表明，用 10μL/L、15μL/L 和 20μL/L 的甲酸乙酯处理试虫 4h 和 8h 后，米象体内 CarE 的比活力均显著低于对照，而不同药剂浓度间差异不显著（$P>0.05$）。当处理时间增加至 16h 后，米象体内 CarE 的比活力均高于对照，但其差异并不显著（$P>0.05$）。当处理时间延长到 24h 后，20μL/L 的浓度下米象体内 CarE 的比活力显著低于对照（$P<0.05$），其他浓度与对照间差异不明显。

表 6-34　活体条件下甲酸乙酯对米象 CarE 活力的影响

药剂浓度/(μL/L)	CarE 的比活力/[μmol/(mg·30min)]			
	4h	8h	16h	24h
空白对照	9.611±0.324 b	9.605±0.191 b	9.314±0.168 a	9.354±0.200 b
10	8.190±0.496 a	8.394±0.604 a	9.781±0.737 a	9.513±0.287 b
15	8.561±0.876 ab	8.292±0.292 a	9.986±0.907 a	9.226±0.396 b
20	8.023±0.333 a	8.133±0.244 a	9.881±0.548 a	8.283±0.143 a

注：表中数据为 3 次重复的平均值；同一列数值后字母相同表示邓肯氏新复极差法检验差异不显著（$P<0.05$）。

② 甲酸乙酯对 CarE 活性的离体抑制作用

取未熏蒸过的米象成虫按与活体测定相同的方法提取酶液。药剂与酶液的处理和 AChE 离体测定相似，再按与 CarE 活体测定相同的方法分别测定 OD 值，计算比活力。离体条件下甲酸乙酯对米象 CarE 比活力有显著抑制作用（$P<0.05$），且表现为在一定药剂浓度范围内，随甲酸乙酯浓度的增高抑制能力有增强的趋势（表 6-35）。0.1mL/L 的甲酸乙酯对 CarE 比活力的抑制率为 3.256%，10mL/L 的浓度下抑制率为 10.73%，100mL/L 的抑制率为 21.201%。

表 6-35　离体条件下甲酸乙酯对米象成虫 CarE 活力的影响

药剂浓度/(mL/L)	CarE 的比活力/[μmol/(mg·30min)]	抑制率/%
空白对照	9.245±0.151 d	—
0.01	9.221±0.112 d	0.260
0.1	8.944±0.100 cd	3.256
1	8.696±0.049 c	5.938

续表

药剂浓度/(mL/L)	CarE 的比活力/[μmol/(mg·30min)]	抑制率/%
10	8.253±0.029 b	10.730
100	7.285±0.136 a	21.201

注：表中数据为 3 次重复的平均值；同一列数值后字母相同表示邓肯氏新复极差法检验差异不显著（$P<0.05$）。

6.8.4 小结

甲酸乙酯对米象成虫的熏蒸活性结果表明，甲酸乙酯对米象表现出较强的速效性，熏蒸 24h 后其 LC_{50} 为 $28.650\mu L/L$，处理 48h 后 LC_{50} 为 $25.805\mu L/L$。测定甲酸乙酯对 AChE 活性的影响，结果表明在 $15\mu L/L$、$20\mu L/L$ 的浓度下甲酸乙酯对 AChE 具有显著的抑制活性，且随着药剂浓度的增大和处理时间的延长抑制作用越来越明显，酶动力学研究表明，甲酸乙酯还可以使 AChE 与底物 ATChI 的亲和力下降，说明甲酸乙酯可能是通过影响了 AChE 的性质从而发挥其杀虫活性的，但是在离体条件下的影响却不显著，表明甲酸乙酯本身可能对 AChE 没有明显的抑制作用，而在米象体内被代谢后的产物却能明显抑制 AChE 的活性。

参考文献

白旭光.2002.储藏物害虫与防治[M].北京：科学出版社，287-290.
曹坳程.2003.溴甲烷及其替代产品[J].农药，(6)：1-5.
曹阳，刘梅，郑彦昌.2003.五种储粮害虫 11 个品系的磷化氢抗性测定[J].粮食储藏，32(2)：9-11.
曹阳，王殿轩.2000.米象和赤拟谷盗不同品系成虫的磷化氢击倒时间与其抗性之间的关系[J].郑州粮食学院学报，21(2)：1-5.
陈斌，李隆术.2002.储藏物害虫生物性防治技术研究现状和展望[J].植物保护学报，29(3)：272-278.
邓永学，王进军，鞠云美，等.2004.九种植物精油对玉米象成虫的熏蒸作用比较[J].农药学学报，6(3)：85-87.
丁伟，赵志模，李小珍.2001.熏蒸杀虫药剂的作用机理及昆虫的抗性[C].第二届全国植物农药暨第六届药剂毒理学术讨论会会论文集，433-437.
高素芬.2009.氮气气调储粮技术应用进展[J].粮食储藏，38(4)：25-28.
郭道林，蒲玮，严晓平，等.2004.国外储藏物气调与熏蒸研究进展——第八届国际储藏物气调与熏蒸大会国外报告综述[J].粮食储藏，33(6)：44-48，52.
李俊，邓永学，王进军，等.2006.甲酸乙酯对嗜卷书虱成虫的熏蒸致死作用研究[J].西南农业大学学报，28(5)：858-862.
李雁声.1994.储粮害虫对磷化氢的抗性及其防治对策[J].粮食储藏，23(5)：3-8.
梁权.1994.迎接害虫磷化氢抗性的挑战[J].粮食储藏，23(1)：3-7.
林忠莲，张立力.2001.磷化氢对谷蠹和玉米象成虫体内乙酰胆碱酯酶的影响[J].郑州工程学院学报，

22（4）：35-41.

吕建华，鲁玉杰，谭永斌，等.2006.3 种植物提取物对锯谷盗的控制作用［J］.河南工业大学学报（自然科学版），23（3）：17-20.

唐培安，邓永学，王进军，等.2006a.甲酸乙酯对赤拟谷盗不同虫态的熏蒸活性［J］.西南农业大学学报，28（1）：61-65.

唐培安，邓永学，王进军，等.2006b.甲酸乙酯对米象不同虫态的熏蒸作用［J］.植物保护学报，33（2）：178-182.

唐培安，宋伟，张婷.2010.甲酸乙酯对锯谷盗的熏蒸活性研究［J］.粮食储藏，39（6）：3-5.

唐培安，吴学友，汪峰，等.2012.氮气与甲酸乙酯混用对赤拟谷盗熏蒸活性研究［C］.Book of Abstracts of 14th ICC Cereal and Bread Congress and Forum on Fats and Oils，167-169.

王殿轩，卞科.2004.储粮熏蒸剂的发展动态与前景［J］.粮食储藏，32（5）：3-7.

王殿轩，刘炎，郜智贤，等.2010.甲酸乙酯对不同磷化氢抗性水平赤拟谷盗的毒力比较［J］.植物检疫，24（3）：23-26.

王光峰，张友军，柏连阳，等.2003.多杀菌素对甜菜夜蛾多酚氧化酶和羧酸酯酶的影响［J］.农药学学报，5（2）：40-45.

谢尊逸，贾宝琦，何凤琴.1986.米象对磷化氢抗性机理的初步研究［J］.粮食储藏，（4）：1-7.

张海燕，邓永学，王进军，等.2004.植物精油对谷蠹成虫熏蒸活性的研究［J］.西南农业大学学报（自然科学版），26（4）：423-425.

张海燕，邓永学，王进军，等.2004.植物精油防治储粮害虫的研究进展［J］.粮食储藏，32（3）：7-10.

赵志模.2001.农产品储运保护学［M］.北京：中国农业出版社，1-5.

Allen S E，Desmarchelier J M.2000.Ethyl formate as a fast fumigant for disinfestations of sampling equipment at grain export terminals［J］.Australian Post harvest Technical Conference，82-88.

Annis P C，Graver Jan E van S.2000.Ethyl formate：A fumigant with potential for rapid action［C］.Proceedings of the annual international research conference on methyl bromide alternatives and emissions reductions，70-73.

Annis P C.2000.Ethyl formate—where are we up to?［C］.Australian Postharvast Technical Conference，74-77.

Anon.1978.Ethyl formate.Monographs on fragrance raw materials［J］.Food and chemical Toxicology，16：737-739.

Cheverud J M.1996.Quantitative genetic analysis of cranial morphology in the cotton-top（*Saguinus oedipus*）and saddle-back（*S. fusciollis*）tamarins［J］.Journal of Evolutionary Biology，9(1)：5-42.

Damcevski K A，Annis P C.2000.Does ethyl formate have a role as a rapid grain fumigant? - preliminary findings［C］.Proceedings of an international conference on controlled atmosphere and fumigation in stored products，91-99.

Damcevski K A，Annis P C.2006.Influence of grain and relative humidity on the mortality of *Sitophilus oryzae*（*L.*）adults exposed to ethyl formate vapour［J］.Journal of Stored Products Research，42(1)：61-74.

Damcevski K A，Annis P C.2000.The response of three stored product insect species to ethyl formate vapour at different temperatures［C］.Proceedings of the 2nd Australian Postharvest Technical Conference，Canberra：CSIRO Entomology，78-81.

Damcevski K A，Dojchinov G，Woodman J D，et al.2010.Efficacy of vaporised ethyl formate/carbon dioxide formulation against stored-grain insects：effect of fumigant concentration，exposure time and two grain temperatures［J］.Pest Management Science，66(4)：432-438.

Dojchinov G，Damcevski K A，Woodman J D，et al.2010.Field evaluation of vaporised ethyl formate and carbon dioxide for fumigation of stored wheat［J］.Pest Management Science，66(4)：417-424.

Ellman G L，Courtney K D，Andres V J.1961.A new and rapid colorimetric determination of an acetylcholinesterase activity [J]. Biochemical Pharmacology, 7: 88-94.

Fry J D. 1992. The mixed-model analysis of variance applied to quantitative genetics: biological meaning of the parameters[J]. Evolution, 46(2): 540-550.

Haritos V S, Damcevski K A, Dojchinov G. 2003. Toxicological and regulatory information supporting the registration of VAPORMATE™ as a grain fumigant for farm storages[C]. Proceedings of the 3rd Australian Postharvast Technical Conference, 193-198.

Hashem M Y, Risha E M, El-Sherif S I, et al. 2012. The effect of modified atmospheres, an alternative to methyl bromide, on the susceptibility of immature stages of angoumois grain moth *Sitotroga cerealella* (Olivier) (*Lepidoptera: Gelechiidae*)[J]. Journal of Stored Products Research, 50: 57-61.

Lee S, Peterson C J, Coats J R. 2003. Fumigation toxicity of monoterpenoids to several stored product insects[J]. Journal of Stored Products Research, 39(1): 77-85.

Muthu M, Rajenderan S, Krishnamurthy T S, et al. 1984. Ethyl formate as a safe general fumigant [J]. Controlled atmosphere and fumigation in grain storages, 367-381.

Navarro S. 2006. Modified atmospheres for the control of stored-product insects and mites[J]. Insect Management for Food Storage and Processing, 105-146.

Obeng-Ofori D, Amiteye S. 2005. Efficacy of mixing vegetable oils with pirimiphos-methyl against the maize weevil, *Sitophilus zeamais Motschulsky* in stored maize[J]. Journal of Stored Products Research, 41(1): 57-66.

Papachristos D P, Stamopoulos D C. 2002. Toxicity of vapours of three essential oils to the immature stages of *Acanthoscelides obtectus* (Say)(*Coleoptera: Bruchidae*)[J]. Journal of Stored Products Research, 38: 365-373.

Rajenderan M M, Krishnamurthy S, Narasimhan T S. 1984. Ethyl formate as a safe general fumigant[J]. Controlled atmosphere and fumigation in grain storages, 369-381.

Ren Y L, Mahon D. 2006. Fumigation trials on the application of ethyl formate to wheat, solit faba beans and sorghum in small metal bins[J]. Journal of Stored Products Research, 42(3): 277-289.

Reuss R T, Annis P C, Khatri Y P. 2000. Fumigation of rice products with ethyl formate [C]. Proceedings of an international conference on controlled atmosphere and fumigation in stored products, 741-749.

Riudavets J, Castañé C, Alomar O, et al. 2010. The use of carbon dioxide at high pressure to control nine stored-product pests[J]. Journal of Stored Products Research, 46(4): 228-233.

Smyth Jr H F, Carpenter C P, Weil C S, et al. 1954. Range-finding toxicity data: list V[J]. AMA archives of industrial hygiene and occupational medicine, 10(1): 61-68.

Mbtoc U. 1998. Report of the methyl bromide technical options committee[J]. Nairobi, UNEP, 1-3.

Vanaspern K. 1962. A study of housefly esterase by means of a sensitive colorimetric method [J]. Journal of Insect Physiology, 8: 401-416.

Via S, Lande R. 1985. Genotype-environment interaction and the evolution of phenotypic plasticity[J]. Evolution, 39(3): 505-522.

Via S. 1986. Quantitative genetic models and the evolution pesticide resistance. In: National research council (U. S.). Pesticide resistance: strategies and tactics for management[M]. National Academies Press, 222-225.

Via S. 1984. The quantitative genetics of polyphagy in an insect herbivore. I. Genotype-envireonment interaction in larval performance on different host plant speces[J]. Evolution, 38(4): 881-905.

Von Oettingen W F. 1960 The aliphatic acids and their esters: Toxicity and potential dangers. The saturated monobasic aliphatic acids and their esters[J]. Arch. Indmt. Health, 21(1): 28-65.

Vu L T, Ren Y L. 2004. Natural levels of ethyl formate in stored grains determined using an improved method of analysis [J]. Journal of Stored Products Research, 40: 77-85.

Wilkinson G N. 1961. Statistical estimations in enzyme kinetics [J]. Journal of Biochemistry, 80: 324-332.

Wright E J, Ren Y L, Haritos V, et al. 2001. Update on ethyl formate: New toxicity data and application procedure[C]. Proceedings of the annual international research conference on methyl bromide alternatives and emissions reductions, 55-56.

Wright E J, Ren Y L, Mahon D. 2002. Field trials on ethyl formate for on-farm storage fumigation[C]. Proceedings of the annual international research conference on methyl bromide alternatives and emissions reductions, 55-57.

第七章 其他储粮害虫防治技术

7.1 硅藻土

硅藻土（diatomaceous earth，DE）属于惰性粉，是一种硅质岩石，一般是由统称为硅藻的单细胞藻类死亡以后的硅酸盐遗骸形成的，其本质是含水的非晶质 SiO_2（曹阳等，2001）。硅藻土为天然物质，杀虫机理主要是利用其颗粒与昆虫表皮摩擦而损坏表皮蜡层从而导致昆虫失水死亡（冯捷 等，2010；Mewis I et al., 2001；Nikapy A, 2006；刘小青 等，2005），硅藻土性质稳定，不会产生有毒化学残留或与环境中的物质发生反应，对哺乳动物毒性很低，不影响粮食的质量安全，是一种优良的天然杀虫剂，对防治储粮害虫具有广阔前景。

7.1.1 硅藻土对不同储粮害虫的杀虫效果测定

供试昆虫采自湖南、广东、四川、上海等全国不同省份，并已在南京财经大学食品科学与工程学院储粮害虫实验室培养数十代（培养期间无任何药剂接触），具体情况见表 7-1。

表 7-1 供试储粮害虫种类、品系名称、采集时间及来源

种类	品系	采集时间/年-月	采集地点	磷化氢抗性倍数
赤拟谷盗（*Tribolium castaneum*）	YNTC	2016-01	云南省西双版纳农户	—
杂拟谷盗（*Tribolium confusum*）	FXTc	2016-07	上海市福新面粉厂	2.3
	YLTc	2016-07	上海市英联饲料厂	3.1
	ZYTc	2016-08	湖南省怀化众源面条厂	4.3
	GZTc	2015-12	广东省广州面粉加工厂	144.7
谷蠹（*Rhyzopertha dominica*）	XXRD	2015-12	河南省新乡粮食储备库	—

续表

种类	品系	采集时间/年-月	采集地点	磷化氢抗性倍数
玉米象（*Sitophilus zeamais*）	CDSZ	2017-12	四川省成都饲料加工厂	—
锈赤扁谷盗（*Cryptolestes ferrugineus*）	WLCF	2015-12	湖南省常德武陵酒厂	—

注："—"表示该品系试虫未测定其磷化氢抗性倍数。

硅藻土对不同储粮害虫的杀虫效果见表7-2。硅藻土对不同试虫均具有较好的致死效果，不同试虫的死亡率随着处理时间的延长均不断升高，并且部分试虫对不同剂量处理在3d、7d、11d的死亡率存在显著性差异（$P<0.05$）。其中，杂拟谷盗对硅藻土的耐受性最强，在0.4g/kg的硅藻土剂量下试验30d后试虫才全部死亡，且在不同剂量下的死亡率存在显著性差异（$P<0.05$）；赤拟谷盗和谷蠹对硅藻土敏感性相对较弱，不同剂量处理在3d、7d、11d的死亡率均存在显著性差异（$P<0.05$）；玉米象和锈赤扁谷盗对硅藻土的敏感性相对较强，在不同剂量下处理3d、7d、11d后（除0.2g/kg），死亡率均达到100%且无显著性差异（$P>0.05$）。

表7-2 不同储粮害虫对不同剂量硅藻土的敏感性测定

种类	剂量/(g/kg)	死亡率/%						
		1d	3d	7d	11d	15d	20d	30d
赤拟谷盗	0.0	0.0±0.0	0.0±0.0b	0.0±0.0c	2.0±1.0c	4.0±0.0	4.0±0.0	6.0±1.0
	0.2	0.0±0.0	3.0±1.0b	8.0±2.0c	27.9±3.2b	56.3±4.3	83.7±5.6	100±0.0
	0.4	0.7±0.3	11.3±0.3a	60.0±4.0b	89.8±3.3a	100±0.0	100±0.0	100±0.0
	0.6	1.3±0.3	14.7±2.4a	58.0±6.0b	94.6±3.7a	100±0.0	100±0.0	100±0.0
	0.8	2.7±0.7	16.0±2.0a	92.0±2.0a	95.2±4.0a	100±0.0	100±0.0	100±0.0
杂拟谷盗	0.0	0.0±0.0	0.0±0.0c	0.0±0.0d	2.0±0.0d	2.0±1.0	4.0±1.0	6.0±1.0
	0.2	0.0±0.0	0.0±0.0c	0.7±0.3cd	6.1±0.7d	42.9±3.1	70.8±4.6	100±0.0
	0.4	1.3±0.3	1.3±0.3bc	5.0±1.7c	17.3±1.7c	59.2±5.2	73.5±6.3	100±0.0
	0.6	2.7±0.3	2.7±0.3b	10.0±2.0b	22.4±2.4b	71.4±4.6	89.6±3.3	100±0.0
	0.8	4.7±1.0	11.0±2.0a	41.0±4.0a	74.4±3.7a	100±0.0	100±0.0	100±0.0
谷蠹	0.0	0.0±0.0	0.0±0.0e	0.0±0.0d	4.0±1.0c	6.0±1.0	12.0±2.0	12.0±2.0
	0.2	3.3±0.3	10.0±1.0d	34.7±3.3c	46.6±4.4b	83.7±3.3	100±0.0	100±0.0
	0.4	4.0±1.0	34.7±1.3c	82.0±4.0b	97.2±2.7a	100±0.0	100±0.0	100±0.0
	0.6	6.0±2.0	46.7±1.3b	94.0±6.0a	97.2±2.2a	100±0.0	100±0.0	100±0.0
	0.8	10.0±2.0	70.0±4.0a	94.7±3.7a	100±0.0a	100±0.0	100±0.0	100±0.0

续表

种类	剂量/(g/kg)	死亡率/%						
		1d	3d	7d	11d	15d	20d	30d
玉米象	0.0	0.0±0.0	0.0±0.0b	2.0±0.0b	4.0±1.0b	6.0±1.0	12.0±2.0	16.0±2.0
	0.2	70.0±6.0	100±0.0a	100±0.0a	100±0.0a	100±0.0	100±0.0	100±0.0
	0.4	92.0±4.0	100±0.0a	100±0.0a	100±0.0a	100±0.0	100±0.0	100±0.0
	0.6	93.3±3.3	100±0.0a	100±0.0a	100±0.0a	100±0.0	100±0.0	100±0.0
	0.8	99.3±0.3	100±0.0a	100±0.0a	100±0.0a	100±0.0	100±0.0	100±0.0
锈赤扁谷盗	0.0	0.0±0.0	0.0±0.0c	4.0±1.0c	12.0±2.0b	12.0±2.0	16.0±2.0	20.0±2.0
	0.2	0.0±0.0	61.3±2.7b	85.4±3.6b	95.5±2.8a	100±0.0	100±0.0	100±0.0
	0.4	52.0±4.0	100±0.0a	100±0.0a	100±0.0a	100±0.0	100±0.0	100±0.0
	0.6	96.0±2.0	100±0.0a	100±0.0a	100±0.0a	100±0.0	100±0.0	100±0.0
	0.8	100±0.0	100±0.0a	100±0.0a	100±0.0a	100±0.0	100±0.0	100±0.0

注：同列中的不同小写字母分别表示试虫在相同时间不同剂量处理下存在显著性差异（$P<0.05$，Duncan 法）。

硅藻土对不同磷化氢抗性品系的杂拟谷盗杀虫效果见表 7-3。不同磷化氢抗性品系的杂拟谷盗（Rf 为 2.3~144.7）对硅藻土均具有敏感性（LT_{50} 为 3.45~13.59d），除 ZYTc 外，其他品系对硅藻土的敏感性不存在显著性差异（$P>0.05$），且与磷化氢抗性无关。不同品系试虫毒力回归曲线斜率相差较小（k 为 2.14~3.42），表明试虫对硅藻土的反应具有相对齐性。

表 7-3　不同磷化氢抗性品系的杂拟谷盗对硅藻土的敏感性测定

品系	截距	斜率	致死时间(95%置信限)/d		χ^2	df
			LT_{50}	LT_{99}		
FXTc	−2.07±0.14	2.72±0.14	(5.75±1.01)b	(45.22±17.71)a	62.39	19
YLTc	−2.46±0.60	3.02±0.16	(6.56±1.02)b	(42.00±15.08)a	54.15	18
ZYTc	−3.87±0.23	3.42±0.20	(13.59±3.38)a	(65.14±38.30)a	114.30	19
GZTc	−1.15±0.10	2.14±0.12	(3.45±0.77)b	(35.43±9.19)a	58.27	19

注：同列中的不同小写字母表示不同品系存在显著性差异（$P<0.05$，Duncan 法）。

7.1.2　硅藻土在不同粮食中对赤拟谷盗的杀虫效果测定

硅藻土在不同粮食中对赤拟谷盗的杀虫效果见图 7-1。试虫在 0.4g/kg 的硅藻土剂量条件下处理不同时间，试虫的死亡率随时间延长呈上升趋势，且在不同粮食中的杀虫效果存在差异。试虫在不同粮食中处理 3d、7d、11d 后的死亡率存在均显著性差异（$P<0.05$），其中，在大豆中的杀虫效果相对最强，而在玉米中的杀虫效果相对最弱；处理 3d 后，在稻谷和玉米中的杀虫效果相似；处理 11d 后，在小麦和稻谷中的杀虫效果差异较小。由此可见，杀虫效果强弱顺序为：大豆＞小麦＞稻谷＞玉米。

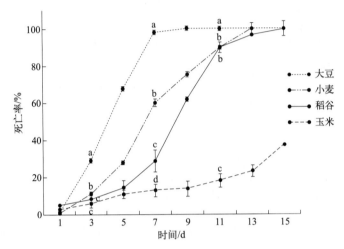

图 7-1　硅藻土在不同粮食中对赤拟谷盗的杀虫效果（死亡率变化）

同一曲线中不同小写字母表示相同时间不同处理间存在显著性差异（$P<0.05$，Duncan 法）

7.1.3　小结

本部分在实验室的条件下，采用不同剂量的硅藻土对赤拟谷盗、杂拟谷盗、玉米象、锈赤扁谷盗和谷蠹进行杀虫效果测定。结果表明，不同剂量的硅藻土对不同试虫均具有较好的致死效果且不同昆虫对硅藻土的药剂敏感性存在显著性差异（$P<0.05$）。其中，杂拟谷盗对硅藻土的耐受性最强，在 0.4g/kg 的硅藻土剂量下，试虫处理 30d 全部死亡；玉米象对硅藻土的敏感性最强，在不同硅藻土剂量下，处理 3d 后均无试虫存活，锈赤扁谷盗的敏感性相比玉米象较弱。此外，本部分还分析了具有不同磷化氢抗性水平的杂拟谷盗对硅藻土的敏感性差异，结果表明，一定剂量的硅藻土能够有效杀灭高抗性的试虫，除个别品系外，不同磷化氢抗性品系的杂拟谷盗对硅藻土的敏感性不存在显著差异（$P>0.05$），并且与磷化氢抗性无关。

本部分验证了硅藻土具有杀虫的广谱性和高效性，且对抗磷化氢害虫的防治效果较好，是一种绿色、安全的储粮害虫杀虫剂。本部分也为储粮害虫防治新技术的研发及 PH_3 抗性问题的解决提供了基本数据和策略。

7.2 氮气气调

随着国内外专家学者对氮气气调控制储粮害虫研究的开展，高氮低氧储粮技术得到了进一步的推广（许高峰，2015；郑秉照，2016；高晓敏 等，2018）。作者团队系统评价了富氮低氧环境对五种重要储粮害虫（玉米象、杂拟谷盗、锈赤扁谷盗、谷蠹和赤拟谷盗）的杀虫效果。

7.2.1 富氮低氧条件下不同储粮害虫的致死效果

供试成虫为杂拟谷盗、谷蠹、玉米象、锈赤扁谷盗以及赤拟谷盗，同时挑取不同抗性品系的赤拟谷盗，详情见表7-4和表7-5（磷化氢抗性数据来源于南京财经大学储藏物昆虫研究室）。每个处理每种试虫的数量为50头。

表7-4 不同品种的储粮害虫供试成虫情况

品种	品种简称	品种来源	采样区域
杂拟谷盗	T.Con	加工厂	广东省广州市
谷蠹	R.D	农户	湖南省衡阳市
玉米象	S.Z	农户	湖南省衡阳市
锈赤扁谷盗	C.F	加工厂	江苏省淮安市
赤拟谷盗	T.Cas	饲料厂	湖南省长沙市

表7-5 不同磷化氢抗性水平的赤拟谷盗供试成虫情况

品系简称	品系来源	采样区域	抗性系数（Rf）
JX	饲料厂	湖南省长沙市	1.8
HN	加工厂	湖南省衡阳市	3.6
HK	稻谷仓	海南省海口市	43.2
WL	加工厂	湖南省常德市	44.4
CD	加工厂	四川省成都市	395.4
SZ	加工厂	广东省深圳市	862.7

利用98%氮气控制5个不同品种储粮害虫的死亡率做LT_{50}值、LT_{99}值以及回归分析，结果见表7-6。

通过表7-6可知，不同种类的储粮害虫，对于高氮环境的耐受力存在差异。各种试虫的半致死时间分别是：玉米象为4.231d，杂拟谷盗为4.331d，锈赤扁谷盗为 5.390d，赤拟谷盗为 6.464d，谷蠹为 6.983d。由此可见，98％氮气对常见储粮害虫成虫的作用效果依次为：杂拟谷盗、玉米象＞锈赤扁谷盗＞赤拟谷盗＞谷蠹。结果表明，氮气气调控制不同储粮害虫的效果均较好，但不同品种间 LT_{50} 差异较显著。综合考虑不同品种的 LT_{50} 值与 LT_{99} 值，发现：杂拟谷盗和玉米象效果最好，且这两者之间没有显著差异；接着是锈赤扁谷盗；最后是赤拟谷盗和谷蠹，且两者之间没有显著差异。

表 7-6　98％氮气条件下不同储粮害虫的致死效果

品种	LT_{50}(95％置信限)/d	LT_{99}(95％置信限)/d	回归方程	卡方值(X^2)	相关系数(R)	df
C.F	5.390(5.047～5.732)	35.862(29.155～46.735)	$Y=-4.084+5.583x$	39.845	0.941	34
R.D	6.983(6.497～7.505)	43.072(32.912～62.595)	$Y=-4.909+5.815x$	48.232	0.905	34
T.Con	4.331(4.099～4.555)	14.018(12.462～16.235)	$Y=-5.734+9.008x$	18.036	0.959	34
S.Z	4.231(3.854～4.588)	14.867(12.371～19.278)	$Y=-5.274+8.419x$	76.374	0.953	34
T.Cas	6.464(6.235～6.686)	14.419(13.385～15.782)	$Y=-8.972+13.955x$	34.484	0.931	58

7.2.2　富氮低氧下不同磷化氢抗性水平的赤拟谷盗的致死效果

如表 7-7 所示，不同磷化氢抗性水平的赤拟谷盗，对于高氮环境的耐受力有差异，且呈现一定的交互抗性，即磷化氢抗性越高，对于高氮环境的耐受力也越强。敏感品系 JX 和 HN 的半致死时间分别为 6.464d 和 6.478d，而极高抗品系 CD 和 SZ 的半致死时间比较长，分别为 14.132d 和 14.862d。综合考虑不同磷化氢抗性水平的赤拟谷盗 LT_{50} 值和 LT_{99} 值，表明氮气气调对不同磷化氢抗性水平的储粮害虫均有一定的控制效果，并且交互抗性的作用比较明显。

表 7-7　98％氮气条件下不同磷化氢抗性水平的赤拟谷盗的致死效果

品系	LT_{50}(95％置信限)/d	LT_{99}(95％置信限)/d	回归方程	卡方值(X^2)	相关系数(R)	df
JX	6.464(6.235～6.686)	14.419(13.385～15.782)	$Y=-8.972+13.955x$	34.484	0.931	58
HN	6.478(6.062～6.882)	16.991(14.632～21.033)	$Y=-9.374+14.227x$	37.893	0.954	24
HK	10.518(10.089～10.946)	22.943(21.699～24.461)	$Y=-9.810+11.709x$	36.220	0.975	38
WL	11.397(11.139～11.651)	20.679(19.574～22.097)	$Y=-14.166+12.936x$	37.189	0.959	58
CD	14.132(13.464～14.850)	27.428(25.328～30.320)	$Y=-10.253+9.552x$	178.773	0.905	58
SZ	14.862(14.358～15.409)	33.908(31.905～36.355)	$Y=-7.603+8.166x$	55.836	0.929	58

7.2.3 不同温度下不同磷化氢抗性水平赤拟谷盗的死亡率

结合图7-2和图7-3可知，在20℃和25℃的高氮环境下，不同磷化氢抗性的赤拟谷盗，对于高氮环境的耐受力均有差异，且均呈现出一定的交互抗性，即磷化氢抗性越高，对于高氮环境的耐受力也越强。20℃的条件下，敏感品系JX在24d后死亡率达到了100%，而高抗品系SZ在24d后死亡率明显低于敏感品系的死亡率，表现出较高的耐受力。25℃的条件下，敏感品系JX以及HN分别在12d和14d死亡率达到了100%，而对于高抗品系CD以及SZ则在24d后仍有存活，表现出对于氮气气调有较高的耐受力。总体结果均表明，氮气气调对于控制不同磷化氢抗性的储粮害虫有不同的效果，尤其对磷化氢敏感的赤拟谷盗，处理效果最为理想。

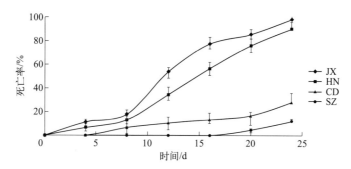

图7-2 20℃高氮环境下不同磷化氢抗性水平赤拟谷盗的死亡率

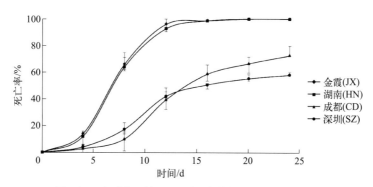

图7-3 25℃高氮环境下不同磷化氢抗性赤拟谷盗的死亡率

7.2.4 小结

本部分主要通过高氮低氧气调的方法，研究不同种类的储粮害虫和不同磷化氢抗性水平的赤拟谷盗在高氮低氧环境下的耐受力。结果表明,五种储粮害虫对于高氮低氧环境的耐受力有差异,其中谷蠹的耐受力最强,其LT_{50}值为6.983d,玉米象的耐受力最弱,其LT_{50}值为4.231d,但都表现出一定的控制效果,证明氮气气调在控制储粮害虫方面具有较强的可行性,可以替代磷化氢熏蒸逐渐成为储粮害虫绿色防控的新方法。

7.3 臭氧

本部分围绕臭氧对主要储粮害虫的毒力,深入分析不同PH_3抗性品系的害虫对臭氧的敏感性差异及臭氧熏蒸后昆虫的行为状态变化情况,在实验室条件下,验证臭氧储粮技术对高抗性储粮害虫的有效性及其适用条件,为研发高效合理的储粮害虫治理新技术提供新的思路。

7.3.1 臭氧对不同储粮害虫的毒力

臭氧对不同储粮害虫的毒力测定结果见表7-8。由表7-8可知,赤拟谷盗、杂拟谷盗、玉米象、锈赤扁谷盗、谷蠹对臭氧均具有较强的敏感性,其LT_{50}为0.58~1.53h,其中锈赤扁谷盗对臭氧的敏感性最强,LT_{50}为0.58h;LT_{99}在2.85~5.98h,其中谷蠹对臭氧的耐受性相对最强,LT_{99}为5.98h。锈赤扁谷盗和谷蠹的毒力回归曲线斜率都较小,说明这两种昆虫的种群差异性较大,对臭氧的耐受性不同。

表7-8 臭氧对不同储粮害虫的毒力

种类	品系	截距	斜率	致死时间(95%置信限)/h		χ^2	df
				LT_{50}	LT_{99}		
赤拟谷盗	QHTC	−1.70±0.19	13.34±0.96	1.34 (1.28~1.40)	2.96 (2.69~3.36)	10.47	13
杂拟谷盗	FXTc	−2.34±0.21	12.73±0.85	1.53 (1.46~1.59)	3.50 (3.17~3.95)	18.27	16
玉米象	CDSZ	−2.85±0.28	16.35±1.25	1.49 (1.31~1.66)	2.85 (2.32~4.77)	98.18	13
锈赤扁谷盗	WLCF	1.54±0.13	6.45±0.54	0.58 (0.50~0.65)	2.98 (2.30~4.43)	17.60	12
谷蠹	SMRD	−0.59±0.11	6.67±0.44	1.26 (1.09~1.35)	5.98 (4.62~8.83)	36.26	16

7.3.2 臭氧对不同磷化氢抗性品系的赤拟谷盗、杂拟谷盗的毒力

由表7-9可知,赤拟谷盗6个品系对磷化氢抗性系数相差巨大(Rf为1.7~862.7),但对臭氧的敏感性差异不大(LT_{50}为1.12~1.34h);杂拟谷盗不同磷化氢抗性品系(Rf为2.3~144.7)对臭氧的敏感性略有差异(LT_{50}为1.08~1.53h),但与磷化氢抗性无相关性,表明臭氧与磷化氢之间无交互抗性。除个别品系外,多数品系的毒力回归曲线斜率相似(k为12.11~14.97),表明害虫对臭氧的反应具有相对齐性。

表7-9 臭氧对不同磷化氢抗性品系的赤拟谷盗、杂拟谷盗的毒力测定

种类	品系	截距	斜率	致死时间(95%置信限)/h		χ^2	df
				LT_{50}	LT_{99}		
赤拟谷盗	XKTC	-1.34 ± 0.18	14.52 ± 1.07	1.24 (1.18~1.29)	2.56 (2.34~2.89)	6.76	13
	TLTC	-1.05 ± 0.17	14.77 ± 1.16	1.18 (1.13~1.23)	2.41 (2.19~2.75)	7.26	12
	CKTC	-1.71 ± 0.26	14.97 ± 1.42	1.30 (1.23~1.37)	2.64 (2.36~3.09)	3.92	13
	QHTC	-1.70 ± 0.19	13.34 ± 0.96	1.34 (1.28~1.40)	2.96 (2.69~3.36)	10.47	13
	HKTC	-1.03 ± 0.17	14.23 ± 1.06	1.18 (1.13~1.23)	2.49 (2.26~2.82)	12.75	13
	SZTC	-0.97 ± 0.18	19.11 ± 1.68	1.12 (1.08~1.17)	1.96 (1.79~2.21)	3.69	12
杂拟谷盗	FXTc	-2.34 ± 0.21	12.73 ± 0.85	1.53 (1.46~1.59)	3.50 (3.17~3.95)	18.27	16
	ZYTc	-0.69 ± 0.17	20.46 ± 2.02	1.08 (1.04~1.12)	1.81 (1.66~2.06)	1.73	12
	GZTc	-1.34 ± 0.17	12.11 ± 0.90	1.29 (1.14~1.43)	3.09 (2.47~4.79)	52.38	12

7.3.3 不同品系的赤拟谷盗和杂拟谷盗经臭氧熏蒸后的行为状态变化

赤拟谷盗和杂拟谷盗经臭氧熏蒸后表现出正常爬行、非正常爬行和死亡3种行为状态,其中,经臭氧熏蒸1h后,处于非正常爬行状态的试虫比例较大(24%~66%)且持续时间长(8~10d)(图7-4)。非正常爬行的试虫经过一段时间的饲养后,多数趋于正常爬行,正常爬行的试虫比例增加16%~60%,而死亡比例增加6%~24%(表7-10)。

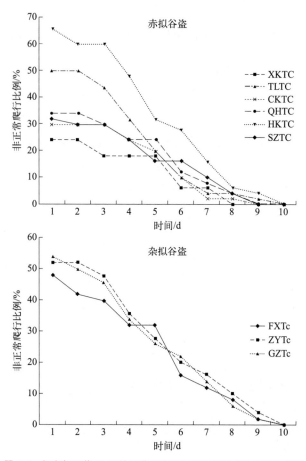

图 7-4 经臭氧熏蒸 1h 后处于非正常爬行状态的试虫比例变化情况

表 7-10 不同品系赤拟谷盗、杂拟谷盗臭氧熏蒸 1h 后的死亡率变化

种类	品系	正常爬行/%		死亡/%	
		1d	10d	1d	10d
赤拟谷盗	XKTC	54.0	74.0	12.0	26.0
	TLTC	46.0	70.0	4.0	30.0
	CKTC	60.0	76.0	10.0	24.0
	QHTC	72.0	88.0	4.0	12.0
	HKTC	24.0	84.0	10.0	16.0
	SZTC	54.0	72.0	14.0	28.0
杂拟谷盗	FXTc	36.0	74.0	16.0	26.0
	ZYTc	26.0	66.0	22.0	34.0
	GZTc	26.0	64.0	20.0	36.0

7.3.4 小结

本部分在实验室条件下,测定了臭氧对赤拟谷盗、杂拟谷盗、玉米象、锈赤扁谷盗、谷蠹的毒力,发现在 0.84g/m³ 的臭氧环境下,上述害虫在 5.98h 内均能被全部杀死,且不同虫种间敏感性差异较大,其中谷蠹对臭氧的耐受性最强(LT_{99} 为 5.98h)。通过深入分析赤拟谷盗和杂拟谷盗这两种害虫对臭氧耐受性及与 PH_3 抗性的相关性,评估了臭氧熏蒸后昆虫的行为状态及其恢复能力的差异,验证了臭氧熏蒸对储粮害虫的高效性和广谱性,表明臭氧与磷化氢无交互抗性,可用于储粮害虫防治及磷化氢抗性治理。

7.4 射频

作者团队针对小麦中 5 种主要储粮害虫,使用频率为 40.68MHz 的射频杀虫仪研究物理加热杀虫技术,针对粮库中常见的耐温害虫谷蠹,研究射频处理时间、极板间距及粮层厚度对射频杀虫的影响。筛选出射频杀虫的最优条件,在此条件下研究对赤拟谷盗、锯谷盗、长角扁谷盗和玉米象的杀灭效果,并初步分析射频处理对小麦成分的影响。

7.4.1 射频处理时间对小麦杀虫效果的影响

首先针对该台射频杀虫仪,在极板间距 10cm,粮层厚度 9cm 的条件下,分析装有小麦的处理盒中温度的均一性,通过不同部位 6 路温度传感器检测表明,随着处理时间的延长,粮粒表面温度呈线性增加,通过对不同部位温度的分析,射频对实验中粮食加热的温度较为均匀(图 7-5,$R^2=0.9804$),每分钟约升温 6.9℃,当射频处理 360s 时,粮食的平均温度达到 60℃(图 7-5)。通常情况下,储粮害虫成虫在 60℃下保温 30s 左右则能达到杀灭效果,而谷蠹是最耐高温的害虫(侯莉侠 等,2017),因此射频对谷蠹的有效杀灭能作为其他储粮害虫的参考。射频处理时间对谷蠹的杀灭效果如图 7-6 所示,处理时间对谷蠹的死亡率有极显著影响($P<0.01$),在 240~390s 内,随着射频处理时间的延长,其死亡率升高。处理时间为 240s 时,死亡率最低,为 23.3%;当射频处理时间从 240s 延长至 300s 时,死亡率达到 76.3%;处理时间为 330~390s 时,死亡率较高,均高达 93% 以上。处理时间延长的同时,能耗也

在不断增大，因此，为了保证杀虫效果，同时尽量减小能耗，处理时间不宜超过 330s。

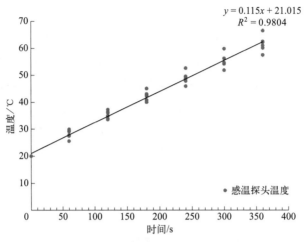

图 7-5　射频处理下温度图

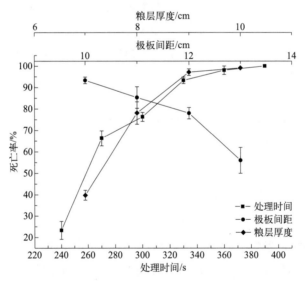

图 7-6　射频处理时间、极板间距、粮层厚度对谷蠹死亡率的影响

7.4.2　粮层厚度对小麦杀虫效果的影响

将小麦放入 28cm×19cm×10cm 的 PP 塑料盒中，虫笼放置在距粮粒表面 2cm 处，同时通过改变小麦的体积来调整小麦的粮层厚度，分别置于射频仪的平行极板之间进行射频处理。实验结果如图 7-6 所示，调整小麦的粮层厚度，

射频处理对于小麦中谷蠹的死亡率也随之改变。粮层厚度对谷蠹的死亡率有极显著影响（$P<0.01$），随着粮层厚度的增加，死亡率随之上升，粮层厚度为 7cm、8cm 时，死亡率分别为 40.7%、79%；当粮层厚度由 8cm 增加为 9cm 时，死亡率上升了 14.3%，高达 93.3%；粮层厚度为 10cm 时，死亡率最大，为 100%。随着粮层厚度的增加，射频设备的载荷提高，输出功率提高，电流变大，小麦温度上升速率明显增加，谷蠹死亡率也上升明显。在本实验条件下，粮层厚度为 10cm 时，仪器已接近输出功率的峰值，即将出现过载情况。因此，本研究中粮层厚度不宜超过 10cm。

7.4.3 极板间距对小麦杀虫效果的影响

在射频处理物料的过程中，被加热的产品放在两个平行极板之间，通过改变两个极板间距来调节处理腔频率，进而控制处理腔频率与机器固有频率耦合到负载中的输出功率。在一定范围内，射频极板间距与耦合功率呈反比例关系，极板间距越大，输出功率越小。由图 7-6 可知，极板间距对谷蠹的死亡率有极显著影响（$P<0.01$）。随着射频仪极板间距的增大，谷蠹的死亡率逐渐降低。在极板间距由 10cm 到 13cm 不断增大的过程中，谷蠹死亡率由 93.3% 下降至 56%。这是由于随着极板间距的增大，输出功率减小，小麦的升温速率随之下降，相同处理时间下，谷蠹吸收电磁波能较小，导致死亡率明显下降。在本实验条件下，极板间距过小会导致处理腔频率与射频仪固有频率耦合，从而出现过载情况。因此，极板间距不宜低于 10cm。

7.4.4 射频杀虫工艺优化及对其余 4 种害虫的杀灭效果

基于上述单因素实验结果，对粮层厚度（A）、极板间距（B）、处理时间（C）三个因素在不同水平下进行 $L_9(3^3)$ 正交试验，每个实验组重复三次，并对结果进行分析。结果见表 7-11。

由表 7-11 分析可知，三个因素对于杀虫效果的影响大小依次为极板间距（B）＞处理时间（C）＞粮层厚度（A）（$R_B>R_C>R_A>R_D$）。对正交试验数据进行方差分析，由表 7-12 可知，粮层厚度、极板间距、射频处理时间均对小麦中谷蠹的死亡率有极显著影响，射频杀虫的最优组合为 $A_3B_1C_3$，即粮层厚度 9cm、极板间距 10cm、射频处理时间 330s。在该条件下，谷蠹死亡率为 93.3%，远高于正交试验的其余组合。

通过对赤拟谷盗、锯谷盗、长角扁谷盗和玉米象进行射频杀虫处理，4种害虫的死亡率均达到94%以上（表7-13）。结果表明，射频杀虫最优条件下，对小麦中常见的储粮害虫有极好的杀虫效果，为射频技术防治储粮害虫提供了理论基础。

表7-11 正交试验设计及结果

处理号	A	B	C	D	死亡率/%		
					1	2	3
1	1	1	1	1	20.00	16	22
2	1	2	2	2	2.00	8	6
3	1	3	3	3	10.00	20	18
4	2	1	2	3	20.00	18	26
5	2	2	3	1	20	14	44
6	2	3	1	2	0	0	12
7	3	1	3	2	96	95	93
8	3	2	1	3	24	12	10
9	3	3	2	1	8	12	4
k_1	13.5	45.1	12.9	17.8			
k_2	17.1	15.5	11.5	34.7			
k_3	39.3	9.3	45.6	17.5			
R	25.8	35.8	34.1	17.2			

表7-12 正交试验结果方差分析表

差异源	平方和	自由度	均方	F 值	显著性
A	3512.89	2	1756.44	20.26	**
B	6576.89	2	3288.44	37.92	**
C	6674.67	2	3337.33	38.49	**
D	1734.22	20	86.71		
总和	18498.67				

注：**表示差异极显著，$P<0.01$。

表7-13 射频对5种主要储粮害虫的杀灭效果

试虫	谷蠹	锯谷盗	长角扁谷盗	玉米象	赤拟谷盗
死亡率/%	93.30±1.50	98.00±2.00	94.00±5.00	96.70±3.40	94.00±3.50

7.4.5 射频处理对小麦成分的影响及成本预估

在最优的条件下，进行小麦中储粮害虫的射频杀虫处理，测定处理前后小麦成分的变化。由表7-14可知，利用射频方法处理小麦，在杀灭小麦中的储粮害虫的同时，小麦的水分、蛋白质、湿面筋值等成分与未处理前的无显著性差异（$P>0.05$）。根据小麦品种的品质指标，处理前后的小麦湿面筋值均大于30%，即属于强筋宜存小麦。

射频杀虫仪额定功率为2kW，处理腔功率为0.92～1.6kW即每小时耗电2kW·h左右。利用40.68MHz，2kW的射频杀虫仪对小麦进行杀虫处理，其处理成本约为0.049元/kg［以0.7元/(kW·h)电计算］，化学熏蒸灭虫成本约为0.014～0.018元/kg（Wang et al.，2007），射频处理成本约是化学熏蒸的3倍，但射频热处理对样品成分具有明显的优势，未来可考虑运用射频进行粮食干燥与杀虫联合处理，以期降低使用成本。传统的害虫防治通常采用磷化氢熏蒸等化学处理方法，给生态环境和粮食食品安全造成了较大压力，射频处理是保证粮食储藏安全的绿色生态害虫防治技术。

表7-14 处理前后小麦成分变化表

指标	处理前	处理后
水分/%	8.58±0.13	8.50±0.14
蛋白质/%	14.95±0.13	15.02±0.10
淀粉/%	65.63±0.22	65.85±0.13
湿面筋/%	35.23±0.72	35.48±0.57

7.4.6 小结

利用射频处理小麦，在极板间距10cm、粮层厚度9cm、处理时间330s的条件下，谷蠹、赤拟谷盗、锯谷盗、长角扁谷盗和玉米象的死亡率均达90%以上。且射频处理前后小麦成分差异不显著，不影响粮食的食用价值。由此可见，射频热处理杀虫技术为储粮害虫的防治技术提供了新的技术途径。

7.5 增效醚

本部分测定了5个品系的赤拟谷盗对磷化氢和敌敌畏的抗性水平、PBO对赤拟谷盗P450酶活性的抑制作用及PBO对磷化氢的增效作用，以期为磷化氢的合理使用，延缓赤拟谷盗对磷化氢的抗性发展及抗性赤拟谷盗有效治理提供依据。

7.5.1 不同品系赤拟谷盗的磷化氢、敌敌畏抗性水平

供试赤拟谷盗中4个品系采自中国的不同地区,另有1个品系为澳大利亚默多克大学赠送(表7-15),并在南京财经大学储藏昆虫研究室培养数代。培养所用饲料为全麦粉,试虫培养在温度(30±1)℃,相对湿度75%,无光照的恒温恒湿培养箱中,选择羽化后1至2周内,生长状况良好的同一世代的赤拟谷盗成虫进行实验。

表7-15 供试赤拟谷盗采集信息

品系	品系代号	采集时间	采集来源
深圳	SZ	2015年12月	广东省深圳某粮库
淄博	ZB	2015年1月	山东省淄博某粮库
澳大利亚	AUS	—	默多克大学任永林教授赠送
上海福新	FX	2016年7月	上海福新面粉厂
云南	YN	2016年1月	云南西双版纳农户

磷化氢对不同品系赤拟谷盗的毒力测定结果(表7-16)表明,各品系赤拟谷盗对磷化氢的敏感性不同,SZ、ZB属于极高抗性品系,其抗性系数均大于160,其中SZ品系的赤拟谷盗抗性最强,其LC_{50}为7763.9μg/L,抗性系数达862.7;AUS为中等抗性品系,其LC_{50}为136.4μg/L,抗性系数达15.2;FX、YN两个品系的赤拟谷盗均为敏感品系,其抗性系数低于5。

表7-16 不同品系赤拟谷盗对磷化氢的抗性水平

品系	LC_{50} (95%置信限)/(g/L)	LC_{99} (95%置信限)/(g/L)	df	回归方程	抗性系数
FX	24.7 (23.1~26.2)	118.1 (99.8~146.2)	17	$Y=-4.770+3.424x$	2.8
YN	27.2 (26.7~27.5)	55.2 (53.2~60.1)	13	$Y=-10.565+7.465x$	3.0
AUS	136.4 (116.6~152.8)	429.6 (292.8~1410.9)	11	$Y=-19.687+9.222x$	15.2
ZB	3091.6 (2943.6~3216.5)	7236.4 (6524.9~8350.5)	16	$Y=-21.984+6.299x$	343.5
SZ	7763.9 (7401.6~8143.6)	18552.6 (15936.3~23245.4)	13	$Y=-47.249+12.146x$	862.7

赤拟谷盗对敌敌畏的抗性水平如表7-17所示,5个品系的致死中浓度

（LC_{50}）值在 0.065～0.135g/L 之间，其中 SZ 品系最敏感，以此作为基准计算其他品系的相对抗性水平，结果表明 5 个品系的相对抗性水平在 2.1 倍以内，差异较小，说明这 5 个品系对敌敌畏的敏感性较为一致。

表 7-17　不同品系赤拟谷盗对敌敌畏的抗性水平

品系	LC_{50}（95%置信限）/(g/L)	LC_{99}（95%置信限）/(g/L)	df	毒力回归方程	相对抗性系数
FX	0.070（0.065～0.076）	0.490（0.360～0.771）	13	$Y=6.282+5.448x$	1.1
YN	0.079（0.076～0.082）	0.193（0.171～0.225）	13	$Y=13.082+11.866x$	1.2
AUS	0.135（0.128～0.144）	0.421（0.351～0.546）	13	$Y=8.095+9.318x$	2.1
ZB	0.085（0.082～0.089）	0.175（0.155～0.208）	13	$Y=15.736+14.726x$	1.3
SZ	0.065（0.06～0.069）	0.268（0.212～0.318）	16	$Y=8.868+7.465x$	1

7.5.2　PBO 对细胞色素 P450 比活力的影响

PBO 不同处理时间对不同品系赤拟谷盗的 P450 活性的影响如图 7-7 所示。未经 PBO 处理，P450 比活力与赤拟谷盗磷化氢的抗性水平呈正相关，极高抗品系 SZ 和 ZB P450 比活力显著高于敏感品系（$P<0.05$）；中等抗品系 AUS P450 比活力稍高于敏感品系。PBO 处理后，5 个品系赤拟谷盗的 P450 比活力均受到显著抑制，且随着处理时间的增加酶活性抑制率增大，抑制作用

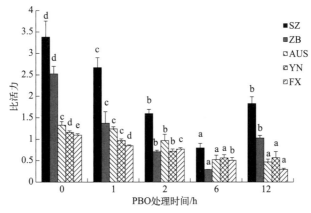

图 7-7　PBO 不同处理时间对不同品系赤拟谷盗的 P450 活性的影响

图中数据为平均值±标准差；柱上不同字母均表示差异显著（$P<0.05$，Duncan 法）

增强。在处理 6h 后，大部分品系的酶活性抑制率达到最大值，抑制率在 50.9%～88.5%之间，其中高抗性品系（76.6%、88.5%）的酶活性抑制率显著高于中抗品系（60.7%）和敏感品系（50.9%、53.6%）。

7.5.3 PBO 对磷化氢的增效作用

PBO 对磷化氢的增效作用由表 7-18 可知，处理 6h 时，PBO 对不同抗性的赤拟谷盗均有不同程度的增效作用，增效作用达 50%以上，其中 PBO 对极高抗品系 ZB、SZ 的增效作用最显著，增效作用分别为 132.7%、172.0%；对敏感品系 FX 的增效作用较低，增效作用为 57.3%。

表 7-18 PBO 对磷化氢的增效作用

品系	PH_3 处理浓度/(g/L)	处理前死亡率/%	处理后死亡率/%	增效作用/%
FX	18.2	31.6±2	49.7±1.3a	57.3
YN	22.8	31.7±1.52	57.4±1.6b	81.1
AUS	115.4	30.5±1.37	50.1±1.1a	64.3
ZB	2580.6	27.8±0.92	64.7±2.1c	132.7
SZ	7600.0	29.6±0.67	80.5±2.5d	172.0

注：表中数据为平均值±标准差；同列中的不同小写字母表示不同品系存在显著性差异（$P<0.05$，Duncan 法）。

7.5.4 小结

本部分利用酶标仪检测血红素过氧化酶活性的方法测定了 PBO 对赤拟谷盗 P450 酶活性的影响，结果表明，不同品系的赤拟谷盗 P450 酶活性与磷化氢抗性水平呈正相关，其中极高抗品系 P450 比活力显著高于敏感品系。在 12h 的处理时间内，随着时间的增加，PBO 对 P450 酶活性的抑制率逐渐增加，在处理 6h 时抑制率基本达到最大值，其中抗性品系的抑制率高于敏感品系。总之，PBO 对赤拟谷盗细胞色素 P450 酶具有显著的抑制作用，且抑制效果与抗性系数和 PBO 处理时间有关。PBO 对磷化氢的增效实验结果表明，赤拟谷盗细胞色素 P450 被抑制后，对磷化氢的敏感性显著提高，初步判断赤拟谷盗对磷化氢的抗性与细胞色素 P450 有关，并且研究发现，增效剂 PBO 对于敏感品系的增效作用比抗性品系弱。因此，PBO 可作为赤拟谷盗磷化氢抗性治理的辅助药剂。

7.6 机械通风

作者团队探究了机械通风对粮堆内嗜卷书虱种群的影响。研究发现，机械通风对粮堆内嗜卷书虱具有较好的防治效果，其死亡率随着通风时间的增加可达100%。嗜卷书虱死亡率随着机械通风时单位面积通风量的增加而增加，且成线性相关：0.033m/s 单位面积通风量时，函数关系为：$y=8.2226x+9.6107$；0.048m/s 单位面积通风量时，函数关系为：$y=8.5649x+36.364$；0.062m/s 单位面积通风量时，函数关系为：$y=4.8905x+56.843$。

7.6.1 模拟仓及设备参数

本实验设计并制作了小型模拟实验仓，用于模拟粮库仓房机械通风系统及嗜卷书虱生存活动的粮堆生态环境，详见图7-8。

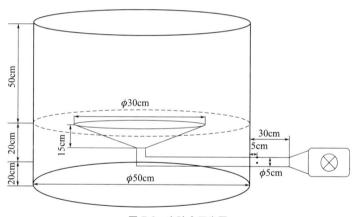

图7-8 实验仓示意图

模拟仓筒体为亚克力材料，高90cm、外径50cm、厚度1cm，通风筛板直径50cm，开孔率为30%，通风管道直径5cm、长55cm，出风口为直径30cm的喇叭口，便于气流均匀分布在粮堆底部。

模拟仓通风筛板上方装载实验小麦，模拟嗜卷书虱在粮堆表层的生存环境，实验粮堆内布设实验虫笼及温湿度传感器。

使用密度为300目的纱布制作15cm×24cm一端开口的袋状虫笼，见图7-9。

如图7-10所示，将模拟仓装填至25cm深，分别在5cm和20cm深处铺设

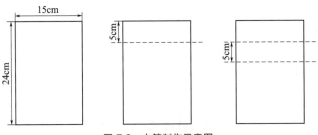

图 7-9　虫笼制作示意图

虫笼，每层布 8 处实验点，实验点距仓壁 5cm 呈圆形分布。在粮堆中线 5cm 和 20cm 深处埋设温湿度传感器探头，每隔 20min 记录数据并定时下载。

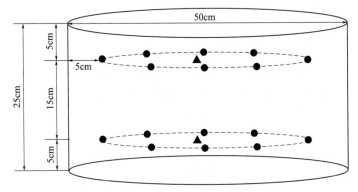

图 7-10　仓内实验点及温湿度检测点示意图

实验采用分环法（吴子丹 等，2012）计算测点位置，在测试孔处测得风机风速并记录测试结果。

如图 7-11 所示，虚线内圆形面积为 π_1，虚线与实线间圆环面积为 π_2，令 $\pi_1 = \pi_2$，计算半径 $r = 3.5$，图中虚线上互成 90° 的 4 个点即为风机风速测试点。

模拟仓总风量　$Q = 3600 \times A\bar{v}$

单位面积通风量　$V = \dfrac{Q}{A_1}$

式中　Q——机械通风系统总风量，m^3/h；

　　　A——通风管道横截面积，m^2；

　　　$\bar{v}$——平均风速，m/s；

　　　V——单位面积通风量，m/s；

　　　A_1——仓体水平截面积，m^2。

实验分别采用 0.033m/s、0.048m/s、0.062m/s 单位面积通风量进行机械通风，探

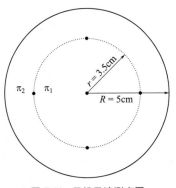

图 7-11　风机风速测点图

究不同风量对嗜卷书虱的防治效果，通风系统参数详情见表 7-19。

表 7-19 机械通风系统参数表

测试管风速/(m/s)	总通风量/(m³/h)	单位面积通风量/(m/s)
3.32	23.46	0.033
4.78	33.77	0.048
6.19	43.73	0.06

7.6.2 机械通风时间对嗜卷书虱死亡率的影响

采用 0.033m/s 单位面积通风量机械通风进行实验，随着机械通风时间延长，观察通风处理后嗜卷书虱死亡率变化，研究机械通风对嗜卷书虱的防治效果，如图 7-12 所示。

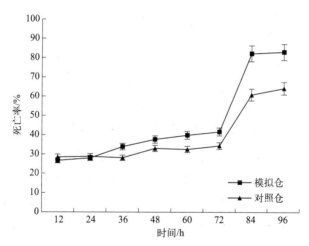

图 7-12 0.033m/s 单位面积通风量通风时间对嗜卷书虱的影响

由图 7-12 可知，机械通风由 12h 至 96h，粮堆内嗜卷书虱死亡率由 22.7%上升至 83.7%。实验前 24h，模拟仓与对照仓嗜卷书虱死亡率基本相同；实验至 48h，模拟仓嗜卷书虱死亡率较对照仓高 5%；实验至 96h，模拟仓嗜卷书虱死亡率较对照仓高 17%，分别为 83.7%、67.0%。

0.033 m/s 单位面积通风量机械通风对嗜卷书虱的存活有影响，粮堆内嗜卷书虱死亡率随通风时间的延长而增加，当通风至 60h，嗜卷书虱死亡率为 40%；当通风至 80h，嗜卷书虱死亡率高达 80%。

7.6.3 不同单位面积通风量对嗜卷书虱死亡率的影响

实验采用不同单位面积通风量进行机械通风，对比分析粮堆内嗜卷书虱死亡率的变化差异。

由图 7-13 可知，0.062m/s 单位面积通风量通风由 12h 至 96h，粮堆内嗜卷书虱死亡率由 62.3% 上升至 93.8%；0.048m/s 单位面积通风量通风由 12h 至 96h，粮堆内嗜卷书虱死亡率由 47.8% 上升至 98.7%。

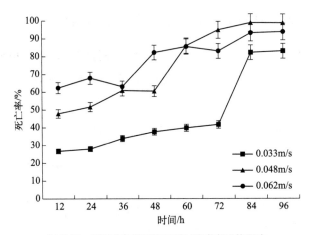

图 7-13 不同单位面积通风量对嗜卷书虱的影响

粮堆内嗜卷书虱初始死亡率随单位面积通风量的增加而增加，其防治效果与单位面积通风量的增加成正相关。嗜卷书虱虫体含水量高，当处于机械通风环境中时，通风带走体表水分，使其脱水死亡。单位面积通风量越大，风速越大，嗜卷书虱脱水速率越快，机械通风是造成嗜卷书虱死亡的主要原因之一。

0.033m/s、0.048m/s、0.062m/s 单位面积通风量通风下，粮堆内嗜卷书虱死亡率达 80% 时所需时间分别为 84h、60h、48h。将不同单位面积通风量通风对嗜卷书虱防治效果的曲线进行方程拟合，如图 7-14 所示。

0.033m/s 单位面积通风量：$y=8.2226x+9.6107$，$R^2=0.7786$；

0.048m/s 单位面积通风量：$y=8.5649x+36.364$，$R^2=0.9229$；

0.062m/s 单位面积通风量：$y=4.8905x+56.843$，$R^2=0.874$。

根据方程计算，当嗜卷书虱死亡率达 100% 时，0.033m/s、0.048m/s、0.062m/s 单位面积通风量通风所需时间分别为 132h、89h、106h。

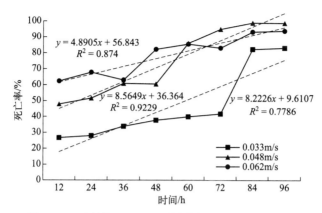

图 7-14　不同单位面积通风量对嗜卷书虱防治效果影响趋势

7.6.4　机械通风对不同取样层嗜卷书虱死亡率的影响

机械通风对不同取样层嗜卷书虱的防治效果，详见图 7-15～图 7-17。

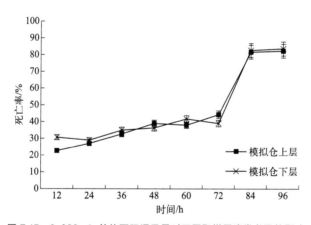

图 7-15　0.033m/s 单位面积通风量对不同取样层嗜卷书虱的影响

由图 7-15 可知，实验期间，模拟仓不同取样层间嗜卷书虱死亡率差别较小，在±5%的范围内交替变化，即 0.033m/s 单位面积通风量对不同取样层间的嗜卷书虱防治效果无差异。

由图 7-16 可知，实验期间，模拟仓下层嗜卷书虱死亡率一直较上层高 5%，0.048m/s 单位面积通风量对下层嗜卷书虱防治效果较好，是由于实验采用上行式通风，气流自下而上穿过粮堆，下层风速较大，对嗜卷书虱影响大。

如图 7-17 所示，通风前期，模拟仓下层嗜卷书虱死亡率较上层高 10%；通风中期，模拟仓下层嗜卷书虱死亡率较上层高 5%；通风后期，不同取样层

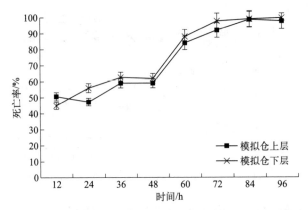

图 7-16　0.048m/s 单位面积通风量对不同取样层嗜卷书虱的影响

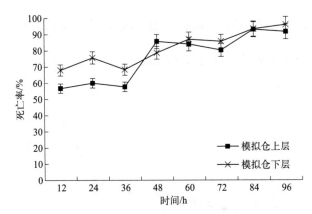

图 7-17　0.062m/s 单位面积通风量对不同取样层嗜卷书虱的影响

间嗜卷书虱死亡率趋于相同。由于嗜卷书虱数量有限，随着通风时间的延长，嗜卷书虱死亡率不断升高趋于100%，不同取样层间差距逐渐减小趋于一致。

7.6.5　机械通风过程中温度及湿度变化对嗜卷书虱成虫的影响

机械通风过程中模拟仓粮堆内温度在 22～24.5℃ 之间，对照仓粮堆内温度在 22～23℃ 之间。如图 7-18 所示。

已有研究表明嗜卷书虱在 20～35℃，55%～85%（相对湿度）时，可以满足其生长繁殖的温湿度要求（王进军　等，1999；孙冠英　等，1999）。本实验在预实验的基础上，选择温度范围为 22～24.5℃，既能满足嗜卷书虱生长最适温度，又能模拟粮仓度夏书虱开始大规模发生时的温度。

本实验初始湿度条件为 71%～73%，通风测试时实验仓的湿度逐渐降低，

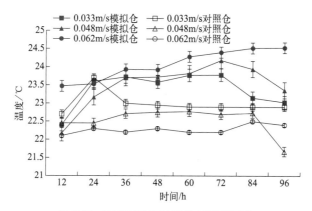

图 7-18 机械通风过程中粮堆内部温度变化

对照仓湿度基本不变，如图 7-19 所示。

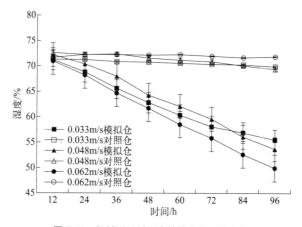

图 7-19 机械通风过程中粮堆内部湿度变化

通风结束时，由图 7-19 可以得出 0.033m/s、0.048m/s、0.062m/s 单位面积通风量机械通风实验仓粮堆内湿度分别为 55.5%、53.7%、49.9%，由图 7-13 可以得出嗜卷书虱死亡率分别为 83.7%、93.8%、98.7%，两者成显著负相关。由图 7-13 和图 7-19 可知，机械通风过程中粮堆内湿度降低是造成嗜卷书虱死亡的主要原因之一，与王进军（1999）、孙冠英（1999）等研究结论一致。

7.6.6 机械通风处理后粮仓小麦水分含量变化

用校准后的水分测定仪测定机械通风实验前后粮仓小麦的水分含量，探究不同单位面积通风量对小麦水分含量的影响，为粮库工作者选取防治粮堆内嗜卷书虱的机械通风工艺提供参考。

如图 7-20 所示，机械通风前后模拟仓小麦的水分含量大幅度减少，且下降幅度随单位面积通风量的增大而增加。0.033m/s、0.048m/s、0.062m/s 单位面积通风量机械通风前后，小麦的水分含量分别下降了 1.26％、4.91％、5.70％。实验仓小麦粮堆水分减少的主要原因是：一方面，模拟仓单位面积通风量较大，采用开放式通风，水分减少较快；另一方面，模拟仓尺寸较小，实验粮食仅有 35kg，粮堆整体受外界环境和机械通风影响较大，小麦水分减少较快。

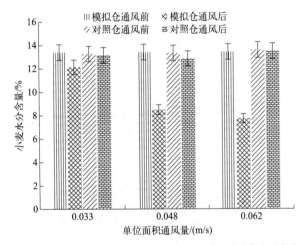

图 7-20 不同单位面积通风量机械通风前后小麦的水分含量变化

7.6.7 小结

0.033m/s 单位面积通风量机械通风对粮堆内嗜卷书虱有明确的生态调控效果，随着通风时间的增加，粮堆内嗜卷书虱死亡率可达到 100％，使用机械通风进行粮堆内嗜卷书虱种群防控是可行的。嗜卷书虱致死速率随机械通风单位面积通风量的增大而加快，其防治效果与单位面积通风量成线性相关。在 0.033m/s、0.048m/s、0.062m/s 单位面积通风量时，嗜卷书虱致死率与通风时间分别满足下列函数关系：$y=8.2226x+9.6107$、$y=8.5649x+36.364$、$y=4.8905x+56.843$。0.033m/s、0.048m/s、0.062m/s 单位面积通风通风下，粮堆内嗜卷书虱死亡率达 80％时所需时间分别为 84h、60h、48h。

不同取样层嗜卷书虱死亡率差异随单位面积通风量的增大而增加。0.033m/s 单位面积通风量通风对不同取样层间的嗜卷书虱防治效果无差异；0.048m/s

单位面积通风量通风时，下层嗜卷书虱死亡率较上层高5%；0.062m/s单位面积通风量通风时，下层嗜卷书虱死亡率较上层高10%。

在开放式机械通风过程中，粮堆内湿度随机械通风单位面积通风量的增加而降低，粮堆内湿度随机械通风降低是致使嗜卷书虱死亡的主要原因之一。

相同外界条件下，机械通风前后模拟仓小麦水分含量下降幅度随单位面积通风量的增大而增加。但是，综合研究书虱机械通风物理防控结论中的防治效果、防治时间、通风粮堆水分损耗等因素，在达到防治粮仓内嗜卷书虱目的的同时，应最大限度地降低生产成本、减少损失，所以推荐使用0.033m/s单位面积通风量进行嗜卷书虱的通风调控，也可以进行环流通风调控，减少粮堆水分损耗。

参考文献

白旭光.2002.储藏物害虫与防治［M］.北京：科学出版社，376-449.
曹阳，李桂杰，杨峰灏，等.2001.不同湿度下硅藻土对嗜虫书虱成虫的致死效果［J］.粮食储藏，30(5)：9-12.
陈渠玲，邓树华，周剑宇，等.2001.臭氧防霉、杀虫和去毒效果的探讨［J］.粮食储藏，30(2)：16-19.
陈艳，谢更祥，王涛，等.2017.臭氧熏蒸杀灭储粮害虫效果的研究［J］.食品科技，(1)：284-287.
程小丽，武传欣，刘俊明，等.2011.储粮害虫防治的研究进展［J］.粮食加工，36(5)：70-73.
邓树华，吴树会，潘琴，等.2019.储粮害虫物理防治技术研究［J］.粮食与油脂，32(1)：16-18.
董晓欢，黄俊熹，彭朝兴，等.2017.浅圆仓氮气气调膜上控温储粮试验［J］.粮食储藏，(4)：32-35.
冯捷.2010.植物精油、硅藻土及结合处理对玉米象和赤拟谷盗的控制作用［D］.南京：南京农业大学.
高晓敏，陆东升.2018.高大平房仓小麦绿色充氮气调杀虫储粮应用实践［J］.粮食加工，43(5)：78-80.
韩孝强.2012.论了解粮堆生态系统的必要性［J］.农村实用科技信息，(5)：29.
侯莉侠.2017.采后板栗射频杀虫灭菌技术及方法研究［D］.咸阳：西北农林科技大学.
冷本好，王飞，李孟泽，等.2015.高大平房仓富氮低氧气调储粮生产试验［J］.粮油仓储科技通讯，(2)：34-37.
李宝升，李岩峰，凌才青，等.2015.气调储粮技术的发展与应用研究［J］.粮食加工，(5)：71-73.
李翠莲，黄中培，方北曙.2008.臭氧杀菌消毒技术在食品工业中的应用［J］.湖南农业科学，(4)：119-121.
李丹丹，李浩杰，张志雄，等.2015.我国氮气气调储粮研发和推广应用进展［J］.粮油仓储科技通讯，(5)：37-41.
梁沛.2001.小菜蛾对阿维菌素抗性的分子机制研究［D］.北京：中国农业大学.
刘小青，曹阳，李燕羽.2005.硅藻土防治储粮害虫研究和应用进展［J］.粮食储藏，34(2)：32-36.
刘嫣红，杨宝玲，毛志怀.2010.射频技术在农产品和食品加工中的应用［J］.农业机械学报，41(8)：115-120.
孟宪兵.2011.臭氧杀虫除菌技术的实仓应用［J］.粮食储藏，40(3)：14-17.
施火结，张绍英，郑文鑫.2014.国外射频波农产品产后虫害控制的研究进展［J］.中国农业大学学报，19(5)：197-202.
施火结.2015.基于能量空域调控的射频加热花生酱均匀性研究［D］.北京：中国农业大学.
孙冠英，曹阳，姜永嘉.1999.温湿度对嗜卷书虱实验种群生长发育的影响［J］.中国粮油学报，(06)：

58-62.

孙华保，赵林辉，徐晓东，等.2016.不同氮气浓度、不同虫粮等级下氮气气调储粮实仓对比试验［J］.粮食加工，41(2)：63-65.

孙相荣.2012.25℃条件下不同氮气浓度对储粮害虫控制效果研究［J］.粮食储藏，41(1)：4-9.

唐为民，张旭晶，巫幼华，等.2000.国内外储粮害虫防治技术研究的新进展（2）［J］.四川粮油科技，(3)：29-31.

王进军，赵志模，李隆术.1999.嗜卷书虱的实验生态研究［J］.昆虫学报，(03)：277-283.

王力，陈赛赛，胡育铭.2016.充氮气调储粮技术研究与应用［J］.粮油食品科技，24(5)：102-105.

王云阳.2012.澳洲坚果射频干燥技术研究［D］.咸阳：西北农林科技大学.

吴益东，杨亦桦，陈进，等.2000.增效醚（PBO）对棉铃虫细胞色素P450的抑制作用及拟除虫菊酯的增效作用［J］.昆虫学报，43(2)：138-142.

吴子丹，张忠杰，曹阳，等.2012.粮仓横向通风方法及其系统［P］.CN101569263B，2012-07-04.

吴子丹.2011.绿色生态低碳储粮新技术［M］.北京：中国科学技术出版社，23-56.

许高峰.2015.我国粮食储藏技术现状、问题及对策研究［J］.粮食储藏，44(4)：1-5.

许新新，谭瑶，高希武.2012.绿盲P450基因的克隆及增效醚对P450酶活性的抑制作用［J］.应用昆虫学报，49(2)：324-334.

严晓平，宋永成，王强，等.2010.一定条件下96％以上氮气控制主要储粮害虫试验［J］.粮食储藏，39(1)：3-5.

杨健，吴芳，宋永成，等.2011.30℃条件下不同氮气浓度对储粮害虫控制效果研究［J］.粮食储藏，40(6)：7-12.

杨莉玲，李忠新，朱占江，等.2013.连续式干果射频杀虫机的研制［J］.新疆农机化，(05)：21-22.

杨长举，唐国文，薛东.2004.21世纪的储粮害虫防治［J］.湖北植保，(5)：45-48.

禹建辉，谢令德，沈茜，等.2013.湖北不同地区锈赤扁谷盗磷化氢抗性比较［J］.武汉工业学院学报，32(2)：22-25.

张建军，曲贵强，李燕羽，等.2007.高纯氮气对储粮害虫致死效果的研究［J］.粮食储藏，36(5)：11-14.

张友军，张文吉，姚桂兰.1996.增效剂PBO、TPP对田间棉铃虫抗性种群增效作用研究［J］.农药科学与管理，(2)：12-14.

郑秉照.2016.富氮低氧气调储粮技术的应用［J］.粮油仓储科技通讯，32(05)：35-38.

庄占兴，韩书霞.1997.增效剂的增效作用与棉铃虫抗性水平之间的关系研究［J］.农药科学与管理，(1)：17-19.

Agrafioti P，Athanassiou C G，Subramanyam B H. 2019. Efficacy of heat treatment on phosphine resistant and susceptible populations of stored product insects[J]. Journal of Stored Products Research，81(3)：100-106.

Akbay H，Isikber A A，Saglam O，et al. 2018. Efficiency of ozone gas treatment against *Plodia interpunctella*（Hübner）(*Lepidoptera*：*Pyralidae*)（Indian meal moth）in hazelnut[C]. Proceedings of the 12th International Working Conference on Stored-Product Protection，695-698.

Andrew Y L，Felix D G，John H P. 2007. Involvement of esterases in diazinon resistance and biphasic effects of piperonyl butoxide on diazinon toxicity to *Haematobia irritans irritans*（*Diptera*：*Muscidae*）[J]. Pesticide Biochemistry Physiology，87(2)：147-155.

Rincon A M，Singh R K. 2016. Inactivation of Shiga toxin-producing and nonpathogenic Escherichia coli in non-intact steaks cooked in a radio frequency oven[J]. Food Control，62：390-396.

Ashraf O A，Subrahmanyam B. 2010. Pyrethroid synergists suppress esterase-mediated resistance in Indian strains of the cotton bollworm，*Helicoverpa armigera*（Hübner）[J]. Pest management science，97(3)：279-288.

Athanassiou C G，Kavallieratos N G，Brabec D L，et al. 2019. Using immobilization as a quick diagnostic indicator for resistance to phosphine [J]. Journal of Stored Products Research，82(6)：17-26.

Athanassiou C G, Kavallieratos N G, Vayias B J, et al. 2008. Evaluation of a new enhanced diatomaceous earth formulation for use against the stored products pest, *Rhyzopertha dominica* (*Coleoptera*: *Bostrychidae*)[J]. International Journal of Pest Management, 54(1): 43-49.

Beckett S J, Morton R. 2003. Mortality of *Rhyzopertha dominica*, (F.) (*Coleoptera*: *Bostrychidae*) at grain temperatures ranging from 50℃ to 60℃ obtained at different rates of heating in a spouted bed[J]. Journal of Stored Products Research, 39(3):313-332.

Boreddy S R, Thippareddi H, Froning G, et al. 2016. Novel radiofrequency - assisted thermal processing improves the gelling properties of standard egg white powder[J]. Journal of Food Science, 81(3): E665-E671.

Feng Y N, Shu Z, Wei S, et al. 2011. The sodium channel gene in *Tetranychus cinnabarinus* (*Boisduval*): identification and expression analysis of a mutation association with pyrethroid resistance [J]. Pest Management Science, 67(8): 904-912.

Fields P G. 2018. Temperature: implications for biology and control of stored-product insects [C]. Proceedings of the 12th International Working Conference on Stored-Product, 412-413.

Hardin J A, Jones C L, Bonjour E L, et al. 2010. Ozone fumigation of stored grain: closed-loop recirculation and the rate of ozone consumption [J]. Journal of Stored Products Research, 46(3): 149-154.

Hou L, Johnson J A, Wang S. 2016. Radio frequency heating for postharvest control of pests in agricultural products: A review[J]. Postharvest Biology & Technology, 113:106-118.

Isikber A A, Athanassiou C G. 2015. The use of ozone gas for the control of insects and microorganisms in stored products [J]. Journal of Stored Products Research, 64: 139-145.

Jeong S G, Kang D H. 2014. Influence of moisture content on inactivation of *Escherichia coli* O157:H7 and *Salmonella enterica* serovar *Typhimurium* in powdered red and black pepper spices by radio-frequency heating[J]. International Journal of Food Microbiology, 176(1640):15-22.

Johnson J A, Valero K A, Wang S, et al. 2004. Thermal death kinetics of red flour beetle (*Coleoptera*: *Tenebrionidae*)[J]. Journal of Economic Entomology, 97(6):1868.

Johnson J A, Wang S, Tang J. 2003. Thermal death kinetics of fifth-instar *Plodia interpunctella* (*Lepidoptera*: *Pyralidae*)[J]. Journal of Economic Entomology, 96(2):519-524.

Kabir B G J, Lawan M. 2016. Relative susceptibility of four coleopteran stored-product insects to diatomaceous earth silicosec [J]. Life Sciences, (3): 113-122.

Katsuya N, Kei S, Toshihru T, et al. 2004. Phenobarbital induction of permethrim detoxification and phenobarbital metabolism in susceptible and resistant strains of the beet armyworm *Spodoptera exigua* (Hübner) [J]. Pesticide Biochemistry Physiology, 79: 33-41.

Kells S A, Mason L J, Maier D E, et al. 2001. Efficacy and fumigation characteristics of ozone in stored maize [J]. Journal of Stored Products Research, 37(4): 371-382.

Lu B, Ren Y, Du Y Z, et al. 2009. Effect of ozone on respiration of adult *Sitophilus oryzae* (L.), *Tribolium castaneum* (Herbst) and *Rhyzopertha dominica* (F.) [J]. Journal of Insect Physiology, 55 (10): 885-889.

Mahroof R, Amoah B. 2018. Toxic effects of ozone on selected stored product insects and germ quality of germinating seeds [C]. Proceedings of the 12th International Working Conference on Stored-Product Protection, 591-595.

Mcdonough M X, Mason L J, Woloshuk C P. 2011. Susceptibility of stored product insects to high concentrations of ozone at different exposure intervals [J]. Journal of Stored Products Research, 47(4): 306-310.

Mewis I, Uirichs C. 2001. Action of amorphous diatomaceous earth against different stages of the stored product pests *Tribolium confusum*, *Tenebrio molitor*, *Sitophilus granarius* and *Plodia interpunctella*

[J]. Journal of Stored Products Research, 37(2): 153-164.

Nelson S O. 1973. Insect-control studies with microwaves and other radiofrequency energy[J]. Bulletin of the Esa, 19(3):157-163.

Nikapy A. 2006. Diatomaceous earths as alternatives to chemical insecticides in stored grain [J]. Insect Science, (6): 421-429.

Piyasena P, Dussault C, Koutchma T, et al. 2003. Radio frequency heating of foods: principles, applications and related properties--a review. [J]. CRC Critical Reviews in Food Technology, 43(6): 587-606.

Qu M J, Han Z J, Xu X J, et al. 2003. Triazophos resistance mechanism in rice stem borer (*Chilo suppressalis* Walker) [J]. Plant Molecular Biology, 77: 99-105.

Rowlands I. 1993. The fourth meeting of the parties to the Montreal Protocol: report and reflection[J]. Environment Science & Policy for Sustainable Development, 35(6):25-34.

Shono T, Zhang L, Scott J G. 2004. Indoxacarb resistance in the housefly [J]. Pesticide Biochemistry Physiology, 80(2): 106-112.

Silva G N, Faroni L R D, Cecon P R, et al. 2016. Ozone to control *Rhyzopertha dominica* (*Coleoptera*: *Bostrichidae*) in stored wheat grains [J]. Journal of Stored Products and Postharvest Research, 7(4): 2141-6567.

Sousa A H, Faroni L R D'A, Guedes R N C, et al. 2008. Ozone as a management alternative against phosphine-resistant insect pests of stored products [J]. Journal of Stored Products Research, 44(4): 379-385.

Sousa A H, Faroni L R D'A, Silva G N, et al. 2012. Ozone toxicity and walking response of populations of *Sitophilus zeamais* (*Coleoptera*: *Curculionidae*) [J]. Journal of Economic Entomology, 105(6): 2187-2195.

Sun Y P, Johnson E R. 1960. Synergistic antagonistic actions of insecticide-synergist combinations and their mode of action [J]. Food Chemistry, 8: 261-266.

Wakil W, Ashfaq M, Ghazanfar M U, et al. 2010. Susceptibility of stored-product insects to enhanced diatomaceous earth [J]. Journal of Stored Products Research, 46(4): 248-249.

Wang R L, Zhang K, Baerson S R, et al. 2017. Identification of a novel cytochrome P450 *CYP321B1* gene from tobacco cutworm (*Spodoptera litura*) and RNA interference to evaluate its role in commonly used insecticides [J]. Insect Science, 24(2): 235-247.

Wang S, Monzon M, Johnson J A, et al. 2007. Industrial-scale radio frequency treatments for insect control in walnuts : I: Insect mortality and product quality[J]. Postharvest Biology & Technology, 45(2):240-246.

Xinyi E, Subramanyam B, Li Beibei B. 2017. Efficacy of ozone against phosphine susceptible and resistant strains of four stored-product insect species [J]. Insects, 8(2): 42.

Yan R, Huang Z, Zhu H, et al. 2014. Thermal death kinetics of adult *Sitophilus oryzae*, and effects of heating rate on thermotolerance[J]. Journal of Stored Products Research, 59:231-236.

Yang Y H, Wu Y D, Chen S, et al. 2005. Jewess oxidases in pyrethroid resistance in *Helicoverpa armigera* from Asia [J]. Pesticide Biochemistry Physiology, 34(7): 763-773.

Zhou L, Wang S. 2016. Verification of radio frequency heating uniformity and *Sitophilus oryzae*, control in rough, brown, and milled rice[J]. Journal of Stored Products Research, 65:40-47.

Ziaee M, Moharramipour S. 2012. Efficacy of Iranian diatomaceous earth deposits against *Tribolium confusum* Jacquelin du Val (*Coleoptera*: *Tenebrionidae*) [J]. Journal of Asia-Pacific Entomology, 15(4): 547-553.

第八章

RNAi在储粮害虫防治应用中的研究现状及展望

基于RNAi的害虫防治技术具有较高的物种专一性，另外，通过选择不同的靶标基因以及不同的dsRNA片段可以控制抗性害虫的产生，因此被认为具有重要的生产应用前景（Vogel et al.，2019）。近年来，多篇文献从其作用机理、效率影响机制等方面对RNAi技术在作物害虫防治领域的研究情况进行了系统性的总结（Vogel et al.，2019；Vélez et al.，2018；徐雪亮 等，2021；胡少茹 等，2019）。而本章将首次从储粮害虫防控的角度，对RNAi技术的重要进展和应用前景进行概括，期望为未来利用该技术对储粮害虫进行生物学研究以及绿色防治提供参考。

8.1 RNAi在储粮害虫中的研究现状

总的来说，基于RNAi的害虫防控就是通过设计合适的dsRNA序列，使其特异性地靶向害虫生长发育过程中的必需基因，在dsRNA进入害虫细胞后激活RNAi反应，从而抑制靶标基因的表达来降低虫体的适应性甚至使其死亡。2017年，美国环保署（EPA）批准了第一个基于RNAi的害虫防治产品，标志着RNAi害虫防治产品的商品化开端（Head et al.，2017）。值得注意的是，储粮害虫中的RNAi研究起步较早，尤其是在靶标基因筛选、应用途径等方面进行了大量的探索，取得了一些重要进展。

8.1.1 RNAi应用于鞘翅目储粮害虫的可行性情况

鞘翅目是储粮昆虫中种类最多、数量最大的一类害虫，该类昆虫不仅能够直接取食储藏的粮油食品，还能通过次级代谢物的分泌对储粮产生间接的危害，同时多种鞘翅目害虫已经对传统的熏蒸方式产生了较高的抗性，因此，开发基于RNAi的新型害虫防治方法对该类害虫防控的意义重大（Perkin et al.，

2016；Schlipalius et al.，2012；Hubhachen et al.，2004）。在储粮昆虫中，赤拟谷盗是最早使用 RNAi 进行研究的对象，Brown 等在赤拟谷盗卵期注射致畸基因 *Deformed* 的 dsRNA，导致胚胎畸形和死亡（Mahaffey et al.，2003），并且随着赤拟谷盗全基因组的测序，该虫逐渐作为模式昆虫被广泛用于 RNAi 的研究之中。对于该虫的研究表明，跟发育相关的基因能够作为潜在的 RNAi 靶标位点用于害虫防治。例如，Arakane 等（2005，2009）就发现向赤拟谷盗幼虫注射微量几丁质去乙酰化酶基因（*chitin deacetylase*，CDA）或几丁质合成酶基因（*chitin synthase*，CHS）的 dsRNA 后，试虫的几丁质代谢被干扰，死亡率显著提高。相较于零星的功能基因鉴定，"iBeetle"项目则利用 dsRNA 显微注射技术在全基因组解析的基础下对 1/3 的赤拟谷盗基因（约 5000 个）进行了大面积的功能分析，对每个候选基因沉默后的表型进行了统计（Schmitt-Engel et al.，2015），在此基础上，Ulrich 等（2015）通过分析抑制后出现致死表型的快慢和死亡试虫比例对致死基因进行筛选，挑选出了 11 个防治赤拟谷盗效率最高的 RNAi 靶标基因（表 8-1），而这些基因在其他物种中的同源基因同样表现出了极强的致死效应（Yoon et al.，2016）。另外，在赤拟谷盗中的研究还表明，利用 RNAi 抑制部分细胞色素 P450 基因的表达能够使得抗性害虫恢复对磷化氢等化学药剂的敏感性，为抗性治理提供了新思路（Zhu et al.，2010；Wang et al.，2020）。

表 8-1 赤拟谷盗 RNAi 高效致死基因

基因名	基因编号	基因功能	全致死天数（3ng/μL）
TcCact	TC002003	核转录抑制因子	8
TcSrp54k	TC002574	信号识别因子	6
TcRop	TC011120	Syntaxin 结合蛋白	8
TcaSnap	TC013571	NSF 附着蛋白	6
TcShi	TC011058	内吞蛋白	6
TcPp1α-96A	TC015321	磷酸酶	8
TcPcf11	TC008263	RNA 结合蛋白	6
TcHsc70-3	TC004425	热激蛋白	6
TcRpn7	TC006375	蛋白酶体亚单位	6
TcGw	TC006679	P-body 功能蛋白	6
TcRpt3	TC007999	ATP 酶	6

伴随着 RNAi 在赤拟谷盗中的大量应用，该技术在其他鞘翅目储粮害虫中

的效果也逐渐得到了证实。在玉米象（*Sitophilus zeamais*）中，Vallier 等（2009）通过 dsRNA 注射（200ng/头）将肽聚糖识别蛋白（peptidoglycan recognition protein）基因的表达量敲低至对照组的 2%，而 Huang 等（2020）利用 dsRNA 喂食玉米象，抑制了细胞色素 P450 相关基因的表达，提高了试虫对松油烯-4-醇的敏感性。在烟草甲研究中，研究人员通过向初孵幼虫连续喂食含有靶向致死基因 *SNF7* 或 *26Sprot* 的 dsRNA 溶液，20 天后的试虫死亡率分别为 95% 和 93%（Koo 等，2020）。在锈赤扁谷盗（*Cryptolestes ferrugineus*）中，Zhang 等（2020）分别通过喂食和注射 dsRNA 的方式，成功抑制了几丁质合成酶基因 *CHS2* 的表达。另外在药材甲 *Stegobium paniceum* 中，通过注射靶向几丁质乙酰化基因 *CDA1* 的 dsRNA，可以影响试虫的蜕皮现象，进而造成试虫死亡（Yang 等，2018）。

通过以上研究可以发现，抑制害虫生理及生长发育中关键基因表达，能够影响害虫的生长发育情况，从而导致害虫的死亡，这也表明利用 RNAi 防治鞘翅目储粮害虫的可能性高。

8.1.2　RNAi 应用于其他储粮害虫的可行性情况

除了鞘翅目甲虫外，还有蜚蠊目、啮目和鳞翅目中的昆虫同样对储粮造成了严重危害。其中，研究人员利用蜚蠊目害虫作了大量 RNAi 相关工作。Martín 等（2006）通过向德国小蠊（*Blattella germanica*）幼虫和成虫注射 dsRNA，抑制了核受体基因（*RXR/USP*）的表达，从而大大提高了试虫死亡率；另一个研究中，研究人员向德国小蠊末龄幼虫注射靶向蜕皮激素受体基因（Ecdysone receptor isoform-A）的 dsRNA，导致试虫出现了发育迟缓、畸形等现象，最终产生了明显的防治效果（Cruz 等，2006）；Lin 等（2017）则向德国小蠊喂食脂质体载体包裹的 dsRNA，通过沉默微管蛋白基因（α-tubulin）造成了害虫死亡。在另一种储粮中常见的蜚蠊目害虫美洲大蠊（*Periplaneta americana*）中，Wang 等（2016）利用注射和喂食 dsRNA 的方式，显著抑制了美洲大蠊几丁质酶基因的表达，抑制效率分别为 82% 以及 47%；另外，我国科学家还利用 RNAi 技术对美洲大蠊全基因组测序后拼接比对的大量基因数据进行了功能鉴定，对影响该虫生长发育、免疫等生理现象的重要基因进行了解析，为基于 RNAi 的防治研究打开了新的思路（Li et al.，2018b）。

对于鳞翅目储粮害虫 RNAi 研究主要集中在印度谷螟（*Plodia interpunctella*）

中，Fabrick等（2004）通过胚胎注射dsRNA的方式成功抑制了色氨酸加氧酶基因（tryptophan oxygenase）的表达，影响了孵化后幼虫的眼发育情况；有研究者利用dsRNA注射，成功抑制了蜕皮激素20-hydroxyecdysone的生成，引起了下游发育相关基因的过量表达（Fabrick等，2004）；Han等（2017）通过dsRNA注射的方式激活了印度谷螟幼虫体内的RNAi反应，有效沉默了胞内钙非依赖型磷脂酶A2（Calcium-independent cellular phospholipase A2）基因的表达，从而提高了脂质过氧化水平，进一步分析还发现试虫的抗细菌免疫能力也受到了显著的影响。另外，在另一种鳞翅目储粮害虫粉斑螟蛾（*Cadra cautella*）中，注射靶向卵黄原蛋白受体基因（vitellogenin receptor）的dsRNA片段，可以导致成虫生育力以及幼虫孵化率显著降低，产生了良好的防治效果（Fabrick et al.，2004）。

啮目的书虱类害虫同样对粮油食品的安全储藏造成了严重影响，对于其RNAi的研究发现，嗜卷书虱（*Liposcelis bostrychophila*）体内酯酶（esterase）家族的部分基因在喂食dsRNA后能够得到显著抑制，进一步实验表明，试虫对马拉硫磷杀虫剂的敏感性也得到了明显的升高，提高了防治效率（Wei等，2020）。

通过以上研究可以发现，目前在储粮害虫中，对于鞘翅目和䗛蠊目昆虫的RNAi相关研究较多，但同时也发现，虽然利用RNAi对鳞翅目及书虱类储粮害虫进行防治具有可行性，但仍需在靶标基因、应用方式等方面进行系统性探索。

8.2 影响储粮害虫RNAi效率的关键因素

RNAi具有极高的序列特异性，因此在具体应用过程中能够实现对害虫的专一性防治，近年的研究也表明，利用RNAi对储粮害虫进行有效防治的可行性较高，相关理论研究取得了很大的进展。但是，研究结果同样表明害虫的RNAi效率还会受到多种因素的影响。以下，将从昆虫种类与递送方式选择、靶标基因与dsRNA分子设计这两个方面进行重点介绍。

8.2.1 昆虫种类与递送方式影响RNAi效率

注射和喂食体外合成的dsRNA是在储粮昆虫学研究中使用最多的两种递

送方式（Vogel et al.，2019；Chan et al.，2017）。然而目前的研究结果表明，RNAi 效率会随着昆虫种类和递送方式的不同而发生巨大的变化（Scott et al.，2013）。大部分鳞翅目昆虫对于 dsRNA 注射和喂食的敏感性都较低，一般情况下，只有进行 dsRNA 大量注射才能实现靶标基因的显著抑制（Terenius et al.，2011），作者实验室的研究结果表明，利用人工饲料混合 dsRNA 对印度谷螟进行连续性喂食难以产生有效的 RNA 沉默。然而在德国小蠊和赤拟谷盗中，注射和喂食 dsRNA 被证明对其不同的靶标基因和生命阶段都是行之有效的（Martín et al.，2006；Miller et al.，2012）。近年来，研究人员针对昆虫 RNAi 种间差异开展了一些研究，发现 dsRNA 胞外降解、dsRNA 细胞吸收和 RNAi 核心机制差异可能是昆虫 RNAi 种间效率差异的关键原因。

Wang 等（2016）利用包括美洲大蠊在内的 4 种不同害虫进行 RNAi 效率和降解比较实验发现，不同昆虫血淋巴的 dsRNA 降解能力是影响注射 RNAi 效率的重要因素，而肠道 dsRNA 降解能力是影响喂食 RNAi 效率的重要因素，昆虫种间的 RNAi 效率差异与其体内的 dsRNA 酶促降解能力密切相关，这种降解能力决定了昆虫体内靶标组织附近的 dsRNA 暴露剂量从而影响了 RNAi 效率。在此基础上，Peng 等（2020）对不同种类昆虫的核酸酶生化特性进行了分析，然后又通过体外异源表达、基因沉默对赤拟谷盗体内的 4 种 dsRNA 酶（TCdsRNase）进行了功能鉴定，发现其中的 TCdsRNase-1 可能具体参与了外源 dsRNA 在肠道和血淋巴内的降解过程。另外，有研究者发现了一种仅在几种鳞翅目昆虫中特异性表达的核酸酶基因 *dsREase*，通过功能验证，发现其能够快速降解 dsRNA，但是目前该酶在鳞翅目储粮害虫中的功能尚待解析（Li 等，2018a）。

dsRNA 只有进入细胞才能发挥出高效的 RNA 干扰效率。但是，dsRNA 进入细胞涉及多种机制和影响因素，而这些因素的种间差异都会导致 RNAi 效率的不同。在线虫中 dsRNA 的细胞吸收主要是通过跨膜通道蛋白 SID-1（systemic RNAi defective-1）的运输（Feinberg et al.，2003），而 Tomoyasu 等（2008）发现沉默赤拟谷盗体内 *SID-1* 相关基因并不影响 RNAi 效率，之后，Xiao 等（2015）发现网格蛋白介导的内吞作用可能具体介导了 dsRNA 进入赤拟谷盗细胞的过程。但是研究人员发现，胞饮作用、吞噬作用以及 SID-1 通道蛋白对于其他种类害虫吸收 dsRNA 也具有重要的意义（Zhu et al.，2020）。另外，在 dsRNA 入胞过程中，内体逃逸和载脂蛋白同样影响了 dsRNA 的内化效率。因此，研究代表性储粮害虫中的 dsRNA 吸收机制有助于针对性提高

RNAi 防治效率。

　　RNAi 核心机制会影响沉默效率。一方面是核心机制的基因元件组成情况影响了 RNAi 效率，例如在赤拟谷盗中 RNAi 核心基因 *Ago2* 和 *R2D2* 各有两个同源基因，而在一些 RNAi 效率较低的昆虫中则只有一个（Tomoyasu et al.，2008）；同时，Yoon 等（2008）在赤拟谷盗中鉴定出了鞘翅目特有的 *StaufenC* 基因，该基因参与了赤拟谷盗高效 RNAi 过程。另一方面，核心基因的表达情况影响了 RNAi 效率，例如当 dsRNA 被注射进入德国小蠊时，关键基因 *Dcr2* 能够在 6h 内上调 5 倍，而在多数 RNAi 低效昆虫中则没有发现这种现象（徐雪亮 等，2021）。这些因素可能是导致昆虫种间 RNAi 效率多样性的原因之一。

8.2.2　靶标基因与 dsRNA 分子设计影响 RNAi 效率

　　合适的 RNAi 靶标基因需要具有：①蛋白质产物半衰期较短；②表达于 dsRNA 较易到达的体内位置。例如在赤拟谷盗体内，烟碱型乙酰胆碱受体（nicotinic acetylcholine receptors）的稳定期大于 2 周，因此很难通过沉默该基因进行害虫防治（Rinkevich et al.，2013）；另外，昆虫体内的中央神经系统和生殖器官有类似于人体内血脑屏障的机制，影响了 dsRNA 体内分布（Scott et al.，2013）。

　　dsRNA 分子长度和靶向序列位置的选择是设计 RNAi 实验时需要考虑的两个重要因素。在 dsRNA 长度选择上，研究人员发现 RNAi 效率同 dsRNA 长度存在正相关，例如在赤拟谷盗中，Miller 等（2012）发现 69~520bp 的 dsRNA 都能产生显著的沉默效果，其中长 dsRNA 激发的 RNAi 更明显；在此基础上，Wang 等（2018）发现不同长度 dsRNA 在赤拟谷盗中产生的 RNAi 效率遵循以下规律，480bp≈240bp＞120bp＞60bp ≫ 21bp，进一步研究表明赤拟谷盗 RNAi 核心机制对不同长度 dsRNA 的亲和力没有明显差异；21bp dsRNA 在赤拟谷盗中无法发挥 RNAi 作用的原因是细胞吸收障碍；而导致较长 dsRNA（≥60bp）出现 RNAi 效率差异的主要原因是昆虫体内核酸酶对不同长度 dsRNA 的降解能力存在差异。对 dsRNA 靶向序列位置的研究发现，由同一个目标基因设计的不同位置的 dsRNA 所产生的基因沉默效果会有一定差异，例如在赤拟谷盗中，dsRNA 具有较多的剪切偏好性位点，而在鳞翅目害虫中具有特定的 dsRNA 剪切偏好性位点（例如 GGU）(Guan et al.，2018）。

所以在 RNAi 应用中要关注该问题。

8.3 提高储粮害虫 RNAi 率的有效方法

提高害虫 RNAi 敏感性的主要思路在于提高 dsRNA 在昆虫体内的持续性，增加细胞吸收能力以及核心元件的工作效率。目前主要有转基因和基因载体两种方法在昆虫学领域得到了广泛应用。在储粮害虫研究过程中，研究人员发现脂质体、壳聚糖和量子点等基因载体有助于增加 dsRNA 在害虫体内的递送效率。具体来说，Avila 等（2018）利用支链两亲多肽（BAPC）提高了喂食 dsRNA 在赤拟谷盗体内的运输扩散能力，提高了 RNAi 效率；在德国小蠊中的研究表明，脂质体材料可以保护 dsRNA 免遭体液中核酸酶降解，从而实现了 100% 的致死效率，另外，Huang 等（2018）用脂质体包被 dsRNA 的方法，发现只需要少量 dsRNA 就能在德国小蠊体内实现对靶标基因的沉默效果；在鳞翅目储粮害虫中，作者以印度谷螟为研究对象发现单独喂食 dsRNA 无法产生有效的基因沉默，但是在利用壳聚糖、量子点 CQD 和脂质体 Lipofectamine2000 对 dsRNA 进行包裹后，3 种载体都能有效提高靶标基因的 RNAi 致死效率，其中 CQD 的增效最好（图 8-1）。

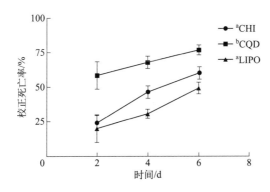

图 8-1　不同纳米载体复合 dsG3PDH 喂食的印度谷螟的校正死亡率

以不同载体递送 dsEGFP 产生的害虫死亡率（均小于 10%）进行校正分析；CHI 为壳聚糖，CQD 为量子点 CQD，LIPO 为脂质体 Lipofectamine2000。不同小写字母表明处理组间存在显著性差异（$P<0.05$，Kruskal-Wallis test）

但是目前，基因载体在害虫 RNAi 中的增效机理尚缺乏深入探究，在此后的研究中，一方面需要对更多的载体材料进行测试筛选；另一方面也需要对载体的增效机理进行系统性解读，助力开发具有靶标特性，高效的 dsRNA 递送系统。

8.4 展望

RNAi 具有高效、专一性强等优点,因此被广泛应用于储粮害虫基因功能鉴定及其防治研究中。目前 dsRNA 注射和饲喂在多种储粮害虫中都取得了明显的沉默效果,为 RNAi 技术应用于储粮害虫防治提供了理论依据。然而,目前该技术在储粮害虫防治实践中还受到 RNAi 效率的制约,一方面储粮害虫种类与 dsRNA 递送方式影响了 RNAi 效率,造成这种现象的原因可能包括:dsRNA 胞外降解、dsRNA 细胞吸收和 RNAi 核心机制差异等。另一方面,靶标基因与 dsRNA 分子设计同样也会影响基于 RNAi 的储粮害虫防治效率。包括脂质体、量子点和壳聚糖在内的多种基因载体可以通过提高 dsRNA 在害虫体液中的半衰期和细胞吸收、扩散效率,从而增强基因沉默效果。此后的研究中还需要对 RNAi 靶标基因、效率决定机制及相关增效技术进行更加深入的探索,另外,RNAi 应用到储粮害虫防控中还需要对其安全性以及 dsRNA 在粮堆中的稳定性进行系统性评价,从而促进 RNAi 技术在储粮害虫防控中的应用实践。

参考文献

胡少茹,关若冰,李海超,等. 2019. RNAi 在害虫防治中应用的重要进展及存在问题 [J]. 昆虫学报,62(4):506-515.

徐雪亮,王奋山,刘子荣,等. 2021. RNA 干扰技术在昆虫学领域研究进展 [J]. 生物技术通报,37(01):255-261.

Arakane Y,Dixit R,Begum K,et al. 2009. Analysis of functions of the chitin deacetylase gene family in *Tribolium castaneum* [J]. Insect Biochemistry and Molecular Biology,39:355-365.

Arakane Y,Muthukrishnan S,Kramer K J,et al. 2005. The *Tribolium chitin* synthase genes *TcCHS1* and *TcCHS2* are specialized for synthesis of epidermal cuticle and midgut peritrophic matrix [J]. Insect Molecular Biology,14:453-463.

Avila L A,Chandrasekar R,Wilkinson K E,et al. 2018. Delivery of lethal dsRNAs in insect diets by branched amphiphilic peptide capsules [J]. Journal of Controlled Release,273:139-146.

Chan S Y,Snow J W. 2017. Uptake and impact of natural diet-derived small RNA in invertebrates:Implications for ecology and agriculture [J]. RNA Biology,14:402-414.

Cruz J,Mané-Padrós D,Bellés X,et al. 2006. Functions of the ecdysone receptor isoform-A in the hemimetabolous insect Blattella germanica revealed by systemic RNAi in vivo [J]. Developmental Biology,297:158-171.

Fabrick J A,Kanost M R,Baker J E. 2004. RNAi-induced silencing of embryonic tryptophan oxygenase in the Pyralid moth,*Plodia interpunctella* [J]. Journal of Insect Science,4(1):15.

Feinberg E H,Hunter C P. 2003. Transport of dsRNA into cells by the transmembrane protein SID-1 [J].

Science, 301:1545-1547.

Guan R, Hu S, Li H, et al. 2018. The in vivo dsRNA cleavage has sequence preference in insects [J]. Frontiers in Physiology, 9:1-9.

Han G D, Na J, Chun Y S, et al. 2017. Chlorine dioxide enhances lipid peroxidation through inhibiting calcium-independent cellular PLA2 in larvae of the Indianmeal moth, *Plodia interpunctella* [J]. Pesticide Biochemistry and Physiology, 143:48-56.

Head G P, Carroll M W, Evans S P, et al. 2017. Evaluation of smartstax and smartstax PRO maize against western corn rootworm and northern corn rootworm: efficacy and resistance management[J]. Pest Management Science, 73(9): 1883-1899.

Huang J H, Liu Y, Lin Y H, et al. 2018. Practical use of RNA interference: Oral delivery of double-stranded RNA in liposome carriers for cockroaches [J]. Jove-Journal of Visualized Experiments, 1-6.

Huang Y, Liao M, Yang Q, et al. 2020. Knockdown of NADPH-cytochrome P450 reductase and *CYP6MS1* increases the susceptibility of *Sitophilus zeamais* to terpinen-4-ol [J]. Pesticide Biochemistry and Physiology, 162:15-22.

Hubhachen Z, Jiang H, Schlipalius D, et al. 2004. A CAPS marker for determination of strong phosphine resistance in *Tribolium castaneum* from Brazil [J]. Journal of Pest Science, 93: 127-134.

Koo J, Chereddy S C R R, Palli S R. 2020. RNA interference-mediated control of cigarette beetle, *Lasioderma serricorne* [J]. Archives of Insect Biochemistry and Physiology, 104:1-11.

Li H C, Fan Y J, Christiaens O, et al. 2018a. A nuclease specific to lepidopteran insects suppresses RNAi [J]. Journal of Biological Chemistry, 93:6011-6021.

Li S, Zhu S, Jia Q, et al. 2018b. The genomic and functional landscapes of developmental plasticity in the American cockroach[J]. Nature communications, 9(1): 1008.

Lin Y H, Huang J H, Liu Y, et al. 2017. Oral delivery of dsRNA lipoplexes to German cockroach protects dsRNA from degradation and induces RNAi response [J]. Pest Management Science, 73:960-966.

Mahaffey J P, Denell R E, Brown S J, et al. 2003. Using RNAi to investigate orthologous homeotic gene function during development of distantly related insects [J]. Evolution & Development, 1:11-15.

Martin D, Maestro O, Cruz J, et al. 2006. RNAi studies reveal a conserved role for RXR in molting in the cockroach Blattella germanica [J]. Journal of Insect Physiology, 52:410-416.

Miller S C, Miyata K, Brown S J, et al. 2012. Dissecting systemic RNA Interference in the red flour beetle *Tribolium castaneum*: Parameters affecting the efficiency of RNAi [J]. PLoS ONE, 7(10): e47431.

Nayak M K, Daglish G J, Phillips T W, et al. 2020. Resistance to the fumigant phosphine and its management in insect pests of stored products: A global perspective [J]. Annual Review of Entomology, 65:1-18.

Peng Y, Wang K, Chen J, et al. 2020. Identification of a double-stranded RNA-degrading nuclease influencing both ingestion and injection RNA interference efficiency in the red flour beetle *Tribolium castaneum* [J]. Insect Biochemistry and Molecular Biology, 125:103440.

Perkin L C, Adrianos S L, Oppert B. 2016. Gene disruption technologies have the potential to transform stored product insect pest control [J]. Insects, 7(3): 46.

Rinkevich F D, Scott J G. 2013. Limitations of RNAi of α6 nicotinic acetylcholine receptor subunits for assessing the in vivo sensitivity to spinosad [J]. Insect Science, 20:101-108.

Schlipalius D I, Valmas N, Tuck A G, et al. 2012. A core metabolic enzyme mediates resistance to phosphine gas[J]. Science, 338(6108): 807-810.

Schmitt-Engel C, Schultheis D, Schwirz J, et al. 2015. The iBeetle large-scale RNAi screen reveals gene functions for insect development and physiology[J]. Nature communications, 6(1): 7822.

Scott J G, Michel K, Bartholomay L C, et al. 2013. Towards the elements of successful insect RNAi [J]. Journal of Insect Physiology, 59:1212-1221.

Terenius O, Papanicolaou A, Garbutt J S, et al. 2011. RNA interference in Lepidoptera: An overview of successful and unsuccessful studies and implications for experimental design [J]. Journal of Insect Physiology, 57:231-245.

Tomoyasu Y, Miller S C, Tomita S, et al. 2008. Exploring systemic RNA interference in insects: a genome-wide survey for RNAi genes in *Tribolium* [J]. Genome Biology, 9:1-22.

Ulrich J, Dao V A, Majumdar U, et al. 2015. Large scale RNAi screen in *Tribolium* reveals novel target genes for pest control and the proteasome as prime target [J]. BMC Genomics, 16:1-9.

Vallier A, Vincent-Monégat C, Laurençon A, et al. 2009. RNAi in the cereal weevil Sitophilus spp: Systemic gene knockdown in the bacteriome tissue [J]. BMC Biotechnology, 9:1-7.

Vélez A M, Fishilevich E. 2018. The mysteries of insect RNAi: A focus on dsRNA uptake and transport [J]. Pesticide Biochemistry and Physiology, 151:25-31.

Vogel E, Santos D, Mingels L, et al. 2019. RNA interference in insects: Protecting beneficials and controlling pests [J]. Frontiers in Physiology, 9:1-21.

Wang K, Liu M, Wang Y, et al. 2020. Identification and functional analysis of cytochrome P450 *CYP346* family genes associated with phosphine resistance in *Tribolium castaneum* [J]. Pesticide Biochemistry and Physiology, 168:104622.

Wang K, Peng Y, Fu W, et al. 2018. Key factors determining variations in RNA interference efficacy mediated by different double-stranded RNA lengths in *Tribolium castaneum* [J]. Insect molecular biology, 28(2): 235-245.

Wang K, Peng Y, Pu J, et al. 2016. Variation in RNAi efficacy among insect species is attributable to dsRNA degradation in vivo [J]. Insect Biochemistry and Molecular Biology, 77:1-9.

Wei D D, He W, Miao Z Q, et al. 2020. Characterization of esterase genes involving malathion detoxification and establishment of an RNA interference method in *Liposcelis bostrychophila* [J]. Frontiers in Physiology, 11:1-13.

Xiao D, Gao X, Xu J, et al. 2015. Clathrin-dependent endocytosis plays a predominant role in cellular uptake of double-stranded RNA in the red flour beetle [J]. Insect Biochemistry and Molecular Biology, 60: 68-77.

Yang W J, Xu K K, Yan X, et al. 2018. Functional characterization of chitin deacetylase 1 gene disrupting larval-pupal transition in the drugstore beetle using RNA interference [J]. Comparative Biochemistry and Physiology Part B: Biochemistry and Molecular Biology, 219: 10-16.

Yoon J S, Mogilicherla K, Gurusamy D, et al. 2018. Double-stranded RNA binding protein, Staufen, is required for the initiation of RNAi in coleopteran insects [J]. Proceedings of the National Academy of Sciences, 115(33): 8334-8339.

Yoon J S, Shukla J N, Gong Z J, et al. 2016. RNA interference in the Colorado potato beetle, Leptinotarsa decemlineata: Identification of key contributors [J]. Insect Biochemistry and Molecular Biology, 78:78-88.

Zhang M, Du M, Wang G, et al. 2020. Identification, mRNA expression, and functional analysis of chitin synthase 2 gene in the rusty grain beetle, *Cryptolestes ferrugineus* [J]. Journal of Stored Products Research, 87: 101622.

Zhu F, Parthasarathy R, Bai H, et al. 2010. A brain-specific cytochrome P450 responsible for the majority of deltamethrin resistance in the QTC279 strain of *Tribolium castaneum* [J]. Proceedings of the National Academy of Sciences of the United States of America, 107:8557-8562.

Zhu K Y, Palli S R. 2020. Mechanisms, applications, and challenges of insect RNA interference [J]. Annual Review of Entomology, 65:1-19.

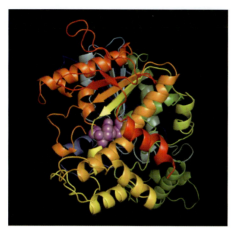
图 4-14 嗜卷书虱 AChE1 的模拟三维结构

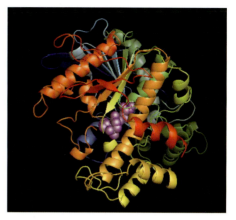
图 4-37 嗜虫书虱 AChE1 的模拟三维结构

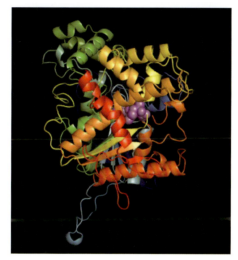
图 4-38 嗜虫书虱 AChE2 的模拟三维结构

图 5-27 赤拟谷盗 3 个表皮蛋白氨基酸序列结构分析

各蛋白质保守结构域、低复杂度结构域、信号肽和跨膜区域分别用黑色、粉色、蓝色和红色盒子表示

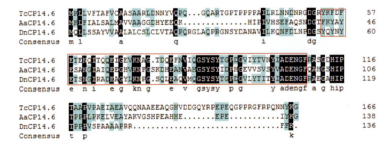

图 5-28　赤拟谷盗 CP14.6 氨基酸序列多重比对结果

AaCP14.6,埃及伊蚊；DnCP14.6,果蝇；红色方框表示几丁质结合域 ChtBD4

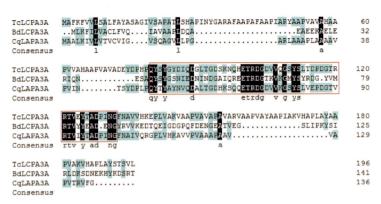

图 5-29　赤拟谷盗 LCPA3A 氨基酸序列多重比对结果

BdLCPA3A,桔小实蝇；CqLCPA3A,致倦库蚊；红色方框表示几丁质结合域 ChtBD4

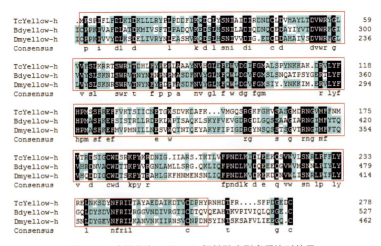

图 5-30　赤拟谷盗 Yellow-h 氨基酸序列多重比对结果

Bdyellow-h,桔小实蝇；Dmyellow-h,黑腹果蝇；红色方框表示 MRJP 保守结构域